Jean-Henri Fabre

Erinnerungen eines Insektenforschers

[Souvenirs entomologiques.
Études sur l'instinct et les mœurs des insectes]

Zweite Folge (1879)

Jean-Henri Fabre

Erinnerungen eines Insektenforschers

II

Aus dem Französischen von Friedrich Koch,

bearbeitet von Heide Lipecky

Mit Beiträgen von Rémy de Gourmont

und Christian Thanhäuser

Mit Federzeichnungen von Christian Thanhäuser

Matthes & Seitz Berlin

Inhalt

Entomologische Erinnerungen.

Zweite Folge

I
Der Harmas

Genau das habe ich mir gewünscht, hoc erat in votis[1]: ein Stück Land, oh!, nicht groß, aber umzäunt und den Unannehmlichkeiten der öffentlichen Straße entzogen, vernachlässigt, unfruchtbar, ausgedörrt, gut für Disteln und Hautflügler. Hier könnte ich, von Passanten ungestört, Sandwespe und Grabwespe befragen, mich diesem schwierigen Gespräch widmen, bei dem Frage und Antwort in der Sprache des Experiments erfolgen. Hier könnte ich ohne zeitraubende Streifzüge, ohne mühselige, nervenaufreibende Gänge Angriffspläne ersinnen, Fallen legen und jederzeit die Resultate überprüfen. Hoc erat in votis! Ja, das war mein Wunsch, mein lang gehegter Traum, der immerfort in den Nebeln der Zukunft verschwand.

Ja, es ist nicht einfach, sich ein Laboratorium im Freien zu leisten, wenn einen die Sorge um das tägliche Brot bedrängt. Vierzig Jahre kämpfte ich mit unerschütterlichem Mut gegen die elenden Miseren des Lebens, und nun ist das lang ersehnte Laboratorium da. Wie viel Ausdauer und hartnäckige Arbeit mich das gekostet hat, mag ich nicht sagen. Es ist da und, was wichtiger ist, mit ihm vielleicht ein bisschen Muße. Ich sage: vielleicht, denn noch immer habe ich ein paar Ringe der Zwangsarbeiterketten am Bein. Der Wunsch ist wahr geworden. Ein bisschen spät, meine schönen Insekten! Ich fürchte, dass mir der Pfirsich dargeboten wird, wenn ich ihn bald nicht mehr beißen kann. Ja, es ist ein bisschen spät. Aus den weiten Horizonten des Anfangs ist ein gedrücktes erstickendes Gewölbe geworden, das jeden Tag niedriger wird. Ich trauere dem Vergangenen nicht nach, außer denen, die ich verloren habe;

ich trauere nicht einmal meinen Jugendjahren nach, denn ich hoffe auf nichts mehr; von der Last der Erfahrungen erschöpft, bin ich an einem Punkt angelangt, wo man sich fragt, ob sich das Leben noch lohnt.

Um mich Ruinen, nur ein Stück Mauer steht noch unerschütterlich auf seinem Fundament aus Kalk und Sand: meine Leidenschaft für die wissenschaftliche Wahrheit. Reicht das, meine lieben fleißigen Hautflügler, für das Unternehmen, eurer Geschichte gebührlich ein paar Seiten hinzuzufügen?

Werden meine Kräfte den guten Willen nicht im Stich lassen? Warum habe ich euch so lange vernachlässigt? Das haben Freunde mir vorgeworfen. Ach, sagt es diesen Freunden, die auch die euren sind, sagt ihnen, es war nicht Vergessen, nicht Müdigkeit noch Nachlässigkeit! Ich dachte an euch; ich war überzeugt, dass die Höhle der Knotenwespe uns noch schöne Geheimnisse enthüllen kann und dass die Jagd der Heuschrecken-Sandwespe noch neue Überraschungen für uns bereithält. Aber mir fehlte die Zeit, ich war allein, verlassen, kämpfte gegen ein schlimmes Schicksal. Bevor man philosophiert, musste man leben. Sagt es ihnen, und sie werden mir verzeihen.

Andere tadelten meine Sprache, die nicht feierlich, besser gesagt, nicht akademisch trocken ist. Sie fürchten, dass eine Seite, die man ohne Ermüdung liest, nicht immer die Wahrheit zum Ausdruck bringt. Wenn ich ihnen glauben würde, dann ist man nur tief, wenn man dunkel ist. Kommt alle herbei, ihr Stachelträger, ihr mit den gepanzerten Flügeln, übernehmt meine Verteidigung und sagt zu meinen Gunsten aus! Berichtet, wie vertraut ich mit euch lebe, wie geduldig ich euch beobachte, wie gewissenhaft ich euer Tun aufzeichne! Eure Aussagen stimmen überein: Ja, meine Seiten sind nicht mit leeren Formeln und gelehrten Hirngespinsten gespickt; sie berichten, was ich beobachtet habe, nicht mehr und nicht weniger; und wollte jemand euch befragen, wird er dasselbe hören.

Und dann, meine geliebten Insekten: Wenn ihr diese guten Leute nicht zu überzeugen vermögt, weil ihr nicht die Wucht der

Langeweile habt, dann sag ich es ihnen: Ihr schlitzt das Tier auf, ich studiere es lebend; ihr macht aus ihm ein Objekt des Abscheus und des Mitleids, ich mache es liebenswert; ihr arbeitet in einer Werkstatt, wo gefoltert und zerstückelt wird, ich beobachte unter blauem Himmel beim Gesang der Zikaden; ihr behandelt Zelle und Protoplasma mit Chemikalien, ich studiere den Instinkt in seinen erhabensten Formen; ihr erforscht den Tod, ich erforsche das Leben. Und warum soll ich meine Gedanken nicht zu Ende führen? Die Wildschweine haben das klare Quellwasser aufgewühlt; die Naturgeschichte, dieses großartige Studium für die Jugend, ist durch Zellvermehrung etwas Widerliches, Abstoßendes geworden. Wenn ich für Gelehrte schreibe, für Denker, die eines Tages versuchen, das schwierige Problem des Instinkts ein wenig zu entwirren, dann schreibe ich auch und gerade für die Jungen. Ich möchte ihnen die Naturgeschichte nahebringen, die ihr ihnen so verleidet habt. Und aus diesem Grund bediene ich mich nicht eurer wissenschaftlichen Prosa, die allzu oft einem Idiom von Wilden entlehnt zu sein scheint, auch wenn ich im genau umrissenen Bereich der Wahrheit bleibe.

Aber das muss mich jetzt nicht kümmern. Ich möchte von dem Stück Land sprechen, das nach meinem lang gehegten Plan ein Labor für lebendige Insektenforschung werden soll, von dem Stück Land, das ich in der Einsamkeit eines kleinen Dorfes nun endlich bekommen habe. Es ist ein Harmas. So nennt man hier steinige, von Thymian überwucherte Brachen. Sie sind zu mager und lohnen das Pflügen nicht. Im Frühjahr streift hier das Schaf umher, wenn es zufällig mal geregnet hat und etwas Grün sprießt. Aber weil mein Harmas in einer Masse von Steinen ein paar Klumpen roter Erde enthält, hat er Anfänge von Kultivierung erlebt; hier soll einmal Wein angebaut worden sein. Und tatsächlich fördern die Ausgrabungen zum Baumpflanzen hier und da Reste dieser kostbaren, schon halb verkohlten Stümpfe zutage. Das einzige Gerät, das in diesen Boden eindringt, ist die dreizinkige Forke; sie war also schon mal hier, und das bedaure ich, denn dadurch ist die ursprüngliche Vegetation

verschwunden. Kein Thymian, kein Lavendel, keine Schildlaus-Eichen, diese Zwergweiden mit ihren Büschen, über die man mühelos hinwegsteigt. Da diese Pflanzen, vor allem die zwei erstgenannten, mir als Hautflügler-Weide nützen können, muss ich sie wieder auf dem Boden ansiedeln, von dem die Forke sie vertrieben hat.

Was es reichlich und ohne mein Zutun gibt, das sind die Eindringlinge, die sich in jedem Boden ausbreiten, der sich selbst überlassen wurde. An erster Stelle die Quecke, dieses abscheuliche Gras, das wir in drei Jahren erbitterten Kriegs nicht ausgerottet haben. Die zweithäufigsten sind die Flockenblumen, alle von störrischem Aussehen, dornenstarrend oder mit sternförmigen Hellebarden, die Sonnwend-Flockenblume, die Berg-Flockenblume, die Sterndistel, an der man wie in einem Fuchseisen hängen bleibt, und die Raue Flockenblume; erstere überwiegt. Hier und da überragt die wilde Spanische Golddistel, deren Spieße stark wie Nägel sind, das Gewirr der Flockenblumen wie ein Kandelaber. Noch größer ist die Algerische Eselsdistel, deren einzelner aufrechter Stängel ein bis zwei Meter hoch wird und in dicken rosa Knöpfen endet. Mit ihrer Rüstung steht sie der Golddistel kaum nach. Nicht zu vergessen der Stamm der Disteln! Da ist die grausame Kratzdistel; sie ist derart bewaffnet, dass der Sammler nicht weiß, wo er anfassen soll; dann die weit verzweigte Dünnköpfige Distel, deren Blattnerven in Lanzenspitzen auslaufen; schließlich die Schwärzliche Distel, die sich zu einer Stachelrosette schließt. Dazwischen kriechen in langen stachelbewehrten Schnüren die Brombeertriebe mit ihren bläulichen Früchten. Wer das Dornendickicht besucht, wenn die Hautflügler dort Honig sammeln, braucht hohe Stiefel oder muss blutiges Kitzeln in den Waden in Kauf nehmen. Solange der Boden feucht vom Frühlingsregen ist, hat diese raue Vegetation einen gewissen Charme, wenn die Spitzen der Golddistel und die langen Stängel der Eselsdistel den aus den gelben Köpfen der Sonnwend-Flockenblume gewebten Teppich überragen. Aber in den trockenen Sommertagen ist alles nur eine öde Fläche, und ein Streichholzflämmchen reicht, um alles in Brand zu setzen. Von solcher Art ist oder vielmehr war das liebliche Paradies, als ich es in Besitz nahm, um vertrauten Umgang mit dem Insekt zu pflegen. Vierzig Jahre Kampf aufs Messer haben sich gelohnt.

Paradies sagte ich; und aus meiner Sicht ist dieses Wort nicht fehl am Platz. Dieses verfluchte Fleckchen, dem keiner ein paar Rübensamen anvertrauen mochte, erweist sich für die Hautflügler als ein Paradies auf Erden. Die gewaltige Wildnis aus Disteln und Flockenblumen lockt alle herbei. Nie sah ich auf meinen entomologischen Streifzügen auf einer Stelle eine solche Population vereint. Alle Zünfte geben sich hier ein Stelldichein. Da sind die Jäger, die jede Beute jagen, die Stampferde-Maurer, die Baumwollzeug-Weber, die Ausschießer von zugeschnittenen Stücken aus einem Blatt oder aus Blütenblättern, die Pappe-Baumeister, die Stukkateure, die Kreide anrühren, die Zimmerer, die Holz durchbohren, die Bergleute, die unterirdische Stollen graben, die Goldschlägerhäutchen-Bearbeiter und wer weiß, wer sonst noch!

Wer ist denn das? Eine Wollbiene. Sie kratzt den spinnwebartigen Stängel der Sonnwend-Flockenblume ab und sammelt so einen Ballen Watte, den sie stolz in den Kieferzangen trägt. Unter der Erde wird sie daraus filzgefütterte Wattesäcke für den Honigvorrat und für das Ei anfertigen. Und jene, die so scharf auf Beute sind? Es sind Blattschneider, die unterm Bauch eine schwarze, weiße oder feuerrote Bürste zum Ernten haben. Sie verlassen die Disteln, um die nahen Büsche aufzusuchen und schneiden dort aus den Blättern ovale Stücke heraus, die dann zu einem Behälter für das Erntegut zusammengefügt werden. Und die dort im schwarzen Samt? Das sind Mörtelbienen, die mit Zement und Kies arbeiten. Auf den Kieseln im Harmas werden wir ihre Maurerarbeiten ohne weiteres finden. Und dann die da, die laut brummend plötzlich auffliegen? Das sind Pelzbienen, die in alten Mauern und in den besonnten Steilhängen der Umgebung siedeln.

Und hier sind die Mauerbienen. Die eine stapelt ihre Zellen in der Wendeltreppe eines leeren Weinbergschneckenhauses; eine andere greift das Mark in einem trockenen Brombeerrankenstückchen an und erlangt für ihre Larven einen Wohnzylinder, den sie in Etappen durch Zwischendecken unterteilt. Eine dritte verwendet den natürlichen Kanal eines abgeschnittenen Schilfrohrs; eine vierte wohnt mietfrei in alten Mörtelbienengängen. Und hier sind die Groß- und Langhörner, bei denen die Männchen hohe Hörner tragen; die Hosenbienen, die an den Hinterbeinen einen großen Haarpinsel als Erntewerkzeug besitzen; die so artenreichen Sandbienen, die Schmalbienen mit dem zarten Leib. Ich vermag den ganzen Haufen gar nicht aufzuzählen. Wenn ich die Gäste meiner Disteln alle auflisten wollte, würde wohl fast das ganze Volk der Honigsammler vorbeimarschieren. Ein gelehrter Insektenforscher in Bordeaux, Professor Perez, dem ich meine Funde zur wissenschaftlichen Bestimmung schicke, erkundigte sich, ob ich besondere Jagdmethoden hätte, weil ich ihm so viele seltene Stücke, ja sogar Neuheiten sende. Ich bin kein sehr erfahrener Jäger und erst recht kein eifriger, denn mich interessiert das im Freien wirkende Insekt mehr als das in einer Schachtel aufgespießte. Meine Jagdgeheimnisse beschränken sich auf meine buschige Pflanzschule aus Disteln und Flockenblumen.

Durch einen höchst glücklichen Zufall fand sich die zahlreiche Familie der Honigsammler mit dem Volk der Jäger vereint. Für den Bau von Einfriedungsmauern hatten die Maurer im Harmas große Sand- und Steinhaufen verteilt. Die Arbeiten zogen sich hin, und die Materialien wurden gleich im ersten Jahr okkupiert. Die Mörtelbienen hatten sich zwischen den Steinen ihre Schlafzimmer eingerichtet, wo sie in dichtgedrängten Haufen übernachteten. Die kräftige Rundfleckige Eidechse, die, wenn sie zu sehr gejagt wird, gegen Menschen wie Hunde ihren Rachen aufreißt, hatte sich hier eine Höhlung gemacht, um dem Skarabäus aufzulauern; der mit seinem weißen Talar und den schwarzen Flügeln wie ein Dominikaner gekleidete Ohren-Steinschmätzer hat sich auf den höchsten Stein gesetzt und singt sein kurzes, ländliches Liedchen. Sein Nest mit den himmelblauen Eiern muss irgendwo im Haufen sein. Der kleine Dominikaner ist mit den vielen Steinen verschwunden. Das bedauere ich, er wäre ein charmanter Nachbar gewesen. Das Verschwinden der Rundfleckigen Eidechse bedauere ich überhaupt nicht.

Der Sand beherbergte eine andere Population. Die Kreiselwespen kehrten die Schwelle ihrer Erdhöhle und fegten den Staub in hohem Bogen hinter sich; die Languedoc-Grabwespe zerrte ihre Heuschrecke an den Fühlern herbei; eine Raubwespe (Stizus) kellerte ihre Zikadenkonserven ein. Zu meinem Leidwesen haben die Maurer alle diese Beutemacher vertrieben; aber wenn ich sie eines Tages zurückrufen will, brauche ich bloß einen Sandhaufen hinzuschütten: dann sind alle bald wieder da.

Nicht verschwunden sind die Sandwespen, die anders wohnen; ich sehe sie über Gartenwege und Rasen fliegen und Raupen suchen, die einen im Frühjahr, die anderen im Herbst; die Wegwespen, die so munter fliegen und mit den Flügeln schlagen, durchstöbern alle Ecken nach Spinnen. Die größte lauert auf die Narbonne-Wolfsspinne, deren Höhle im Harmas nicht selten ist. Sie ist ein senkrechtes Loch mit einem Rand aus seidenumwundenen Grashalmen. Auf dem Boden des Schlupfwinkels sieht man die wie kleine Diamanten leuchtenden Augen der kräftigen Spinne; für die meisten ein entsetzlicher Anblick. Was für ein Wildbret und was für eine gefährliche Jagd für die Wegwespe! Und hier gibt es an einem heißen Sommernachmittag die Amazonen-Ameisen, die in langen Bataillonen aus den Schlafsälen ihrer Kaserne marschieren und sich auf einen weiten Weg machen, um Sklaven zu fangen. Wenn wir Zeit haben, werden wir ihren Raubzügen folgen. Und hier ist noch etwas: An einem verrotteten Grashaufen sind eineinhalb Zoll lange Dolchwespen, die lässig umherfliegen und in den Haufen eintauchen. Sie wurden von der reichen Beute angelockt, den Larven der Blatthornkäfer, Nashornkäfer und Rosenkäfer.

Was für Studienobjekte, und kein Ende! Das Haus war ebenso vernachlässigt wie das Grundstück. Als der Mensch weg war und Ruhe herrschte, kamen die Tiere und bemächtigten sich des Ganzen. Die Grasmücke hat sich im Flieder angesiedelt; der Grünfink wohnt im Schutz der dichten Zypressen; der Spatz steckte unter je-

den Dachziegel Lappen und Stroh; in den Platanenwipfeln zwitschert der Mittelmeerzeisig, dessen weiches Nest nicht größer als eine halbe Aprikose ist. Die Zwergohreule lässt dort ihr eintöniges Flöten ertönen; der Vogel Athens, der Steinkauz, ist gekommen, um zu seufzen und zu miauen. Vor dem Haus ist ein großes Bassin, das von einem Aquädukt gespeist wird, der auch die Wasserbehälter des Dorfes versorgt. Hierher kommen in der Liebessaison die Lurche aus dem Umkreis von einem Kilometer. Die Kreuzkröte mit dem gelb gestreiften Rücken, die manchmal groß wie ein Teller wird, kommt, um ein Bad zu nehmen; in der Dämmerung sieht man an den Rändern die Geburtshelferkröte hüpfen; an den Hinterbeinen des Männchens hängt eine Traube von Eiern. Von weit her kommt der gutmütige Familienvater mit seinem kostbaren Packen, den er ins Wasser bringt und sich dann unter eine Steinplatte verzieht, wo er seinen glockenhellen Ruf erschallen lässt. Und schließlich die Laubfrösche. Wenn sie nicht im Laubwerk der Bäume quaken, ergehen sie sich in graziösen Kopfsprüngen. In Maiennächten wird der Teich zu einem betäubenden Orchester, bei dem man unmöglich Tischgespräche führen oder schlafen kann. Da musste man Ordnung schaffen, vielleicht waren die Mittel etwas zu hart. Aber was soll man machen? Wer schlafen will und nicht kann, wird grausam.

Noch dreister sind sie Hautflügler; sie haben das Haus besetzt. An meiner Schwelle, mitten im Bauschutt, nistet die Weißstreifige Grabwespe; wenn ich hinein will, muss ich aufpassen, damit ich nicht ihre Höhlen beschädige und den emsigen Bergmann zertrete. Ich habe diesen leidenschaftlichen Grillenjäger wohl fast ein Vierteljahrhundert nicht gesehen. Als ich ihn kennenlernte, ging ich kilometerweit, um ihn zu sehen; in der drückenden Hitze des Augusts war das jedes Mal eine Expedition. Heute finde ich ihn vor meiner Tür, wir sind vertraute Nachbarn. Die Laibung der geschlossenen Fenster bietet dem Spinnentöter eine mild temperierte Wohnung. Das aus Erde gemauerte Nest ist an der Wand aus Steinquadern befestigt. Der Spinnenjäger schlüpft durch ein kleines Loch hinein, das bei geschlossenen Fensterläden offenbleibt. Auf dem Sims bauen einzelne Mörtelbienen ihre Zellengruppe; an der Innenseite der angelehnten Fensterläden baut eine Lehmwespe ihr kleines Erdgewölbe, aus dem ein kurzer geschwungener Hals ragt. Erdwespe und Feldwespe sind meine Gäste; sie kommen zum Tisch, um zu sehen, ob die aufgetragenen Trauben richtig reif sind.

Das ist, obwohl die Liste unvollständig ist, eine ebenso zahlreiche wie erlesene Gesellschaft. Das Gespräch mit ihr wird meine Einsamkeit gewiss verzaubern, wenn ich sie denn herauszufordern weiß. Meine lieben Tiere von einst, meine alten Freunde und andere, neuere Bekannte, alle sind da, gehen auf Jagd, sammeln Nektar, bauen Nester in enger Nachbarschaft. Übrigens, wenn es nötig ist, den Beobachtungsort zu wechseln: Ein paar hundert Schritt weiter ist das Bergland mit seinem Dickicht aus Erdbeerbäumen, Zistrosen und Baumheide, mit seinen von der Kreiselwespe so geliebten Sandflächen, seinen Mergelhängen, die verschiedene Hautflügler nutzen. Und weil ich diese Schätze voraussah, bin ich aus der Stadt ins Dorf geflüchtet, ich bin nach Sérignan gekommen, um Rüben zu jäten und Salat zu wässern.

Am Atlantik und am Mittelmeer werden teure Labore errichtet, wo man kleine Meerestiere zerschneidet, die für uns kaum interessant sind; man gibt viel Geld für starke Mikroskope aus, für feine Sezierinstrumente, für Fangausrüstungen, Boote, Fischer, Aquarien, um zu erfahren, wie sich der Vitellus eines Ringelwurms gliedert, eine Frage, deren ganze Bedeutung ich nie begreifen konnte, und man verschmäht die kleinen Landtiere, die doch in ständiger Beziehung zu uns leben, die der allgemeinen Psychologie Material von unschätzbarem Wert liefern, die aber nur zu oft dem öffentlichen Wohl schaden, weil sie die Ernte vernichten. Wann gibt es endlich ein Labor für Insektenforschung, wo man nicht tote, in 36%igen Branntwein eingelegte Insekten, sondern lebendige studiert, ein Labor, das sich mit dem Instinkt befasst, mit dem Verhalten, der Lebensweise, der Arbeit, den Kämpfen und mit der Propagierung dieser kleinen Welt, mit der die Landwirtschaft und die Philosophie sehr ernsthaft zu rechnen haben? Die Lebensgeschichte eines Rebenschädlings zu kennen wäre womöglich wichtiger, als zu wissen, wie ein bestimmter Nerv des Rankenfüßlers endet. Im Experiment die Grenzen zwischen Intelligenz und Instinkt zu bestimmen, durch Vergleichen der Fakten in der tierischen Ahnenreihe zu zeigen, ob die menschliche Vernunft eine irreduzible Fähigkeit ist oder nicht, das alles dürfte wichtiger sein als die Zahl der Fühlerglieder eines Krebstiers. Für diese ungeheuren Fragen wäre ein Heer von Arbeitern erforderlich, und wir haben nicht einen. In Mode sind Weichtiere und Pflanzentiere. Die Meerestiefen werden mit verstärkten Schleppnetzen erkundet, der Erdboden, den wir mit Füßen treten, bleibt unbekannt. In der Erwartung, dass sich die Mode ändert, eröffne ich das Harmas-Labor für lebendige Entomologie, und dieses kostet den Steuerzahler keinen Centime.

II
Die Borstige Sandwespe

An einem Maientag ging ich hin und her, Ausschau haltend nach Neuem, das sich im Harmas-Laboratorium ereignen mochte. Favier arbeitete nicht weitab im Gemüsegarten. Wer ist Favier? Ich kann gleich ein paar Worte zu ihm sagen, denn von ihm wird in meinen Erzählungen noch des Öfteren die Rede sein.

Favier ist ein alter Soldat. Unter afrikanischen Johannisbrotbäumen hat er sich eine Hütte aus Lehm gebaut, in Konstantinopel Seeigel gegessen und auf der Krim während der Feuerpausen Stare gejagt. Er hat viel gesehen und vieles im Gedächtnis bewahrt. Im Winter, wenn die Feldarbeit gegen vier Uhr endet, wenn die Abende lang und Rechen, Forke und Schubkarre weggestellt sind, kommt er in die Küche und setzt sich auf die Kacheln am Herd, in dem Ilexknüttel lodern. Die Pfeife wird hervorgeholt, mit speichelfeuchtem Daumen kunstvoll gestopft und andächtig geraucht. Daran denkt er seit Stunden, aber er hat sich beherrscht, denn Tabak ist teuer. Die

Entbehrung hat den Reiz verdoppelt, und kein einziger der in regelmäßigen Abständen erfolgenden Züge wird vertan.

Unterdessen beginnt das Gespräch. Favier ist auf seine Art einer jener alten Barden, die ihrer Geschichten wegen den besten Platz am Herd erhielten, nur dass er in der Kaserne zum Erzähler wurde. Alle Hausbewohner, ob groß und klein, hören ihm interessiert zu. Seine Sprache ist kraftvoll und anschaulich, doch stets schicklich. Wir wären enttäuscht, wenn er nach getaner Arbeit nicht erschiene, um sich in die Schornsteinecke zu setzen. Was erzählt er denn, dass er so begehrt ist? Er erzählt, was er von dem Staatsstreich sah, dem wir das verhasste Kaiserreich verdanken; von dem Schnaps, der ausgeteilt wurde, und von den Schüssen in die Menge. Er versichert, immer nur auf die Mauer gezielt zu haben, und das glaube ich ihm: Er wirkt so betrübt und beschämt, dass er, obgleich völlig unschuldig, an diesem Schurkenstück beteiligt war.

Er erzählt von seinen Wachen in den Schützengräben vor Sewastopol, von seinem furchtbaren Schreck, als er nachts allein auf Posten, im Schnee hockend, einen, wie er sagte, Blumentopf neben sich herunterfallen sah, der aufflammte, brannte und ringsum alles erleuchtete. Die Höllenmaschine drohte jeden Moment zu explodieren; unser Mann war verloren. Nichts passierte: Der Blumentopf erlosch friedlich. Es war ein Leuchtgeschoss, mit dem man die vorgeschobenen Stellungen des Angreifers im Dunkeln erkunden wollte.

Auf das Drama der Schlacht folgt die Komödie der Kaserne. Er erzählt von den Mysterien des Kommissfraßes, den Geheimnissen des Kochgeschirrs, den komischen Kümmernissen des Knasts. Und da sein mit sarkastischen Ausdrücken gewürztes Repertoire unerschöpflich ist, naht die Essenszeit, noch ehe jemand sagen konnte, wie lang doch der Abend sei.

Favier ist mir durch ein Bravourstück aufgefallen. Ein Freund hatte mir aus Marseille ein Paar Riesenkrabben geschickt, Maja squinado, die Meerspinne der Fischer. Ich war beim Auspacken, als die Arbeiter vom Mittag zurückkehrten, Maler, Maurer und Putzer, die das vernachlässigte Haus herrichteten. Beim Anblick dieser merkwürdigen Tiere mit dem stachligen Panzer, die auf hohen Beinen saßen, wodurch sie Riesenspinnen ähnelten, schrien die Anwesenden überrascht, ja entsetzt auf. Favier kümmerte das nicht, und eine grässliche, sich wild wehrende Spinne geschickt ergreifend, sagte er: »Die kenn ich, die hab ich in Warna gegessen. Hervorragend!« Und er schaute die Umstehenden schalkhaft an, als wollte er sagen: Ihr seid aus eurem Loch nie herausgekommen.

Und noch ein Streich von ihm. Eine Nachbarin hatte auf ärztlichen Rat Meerbäder in Cette genommen. Von dort hatte sie etwas Seltsames mitgebracht, eine fremdartige Frucht, von der sie sich viel erhoffte. Wenn man sie ans Ohr hielt und schüttelte, klapperte sie, ein Beweis, dass sie Samen enthielt. Sie war rund und stachlig. Am einen Ende war eine Art geschlossene Knospe mit einer kleinen weißen Blüte, am anderen eine leichte Delle mit Löchern. Die Nachbarin eilte zu Favier, um ihm ihren Fund zu zeigen, und bat ihn, mir davon zu berichten. Sie würde mir die kostbaren Samen überlassen; daraus sollte ein wunderbarer Strauch wachsen, der meinen Garten schmückte. – »Dies ist die Blüte, und das ist der Stiel«, sagte sie und zeigte Favier die beiden Enden ihrer Frucht.

Favier lachte laut los. – »Das ist ein Seeigel«, rief er, »eine Meereskastanie, die hab ich in Konstantinopel gegessen!« Und so gut er konnte, erklärte er ihr, was ein Seeigel ist. Die Frau verstand kein Wort und blieb bei ihrer Behauptung. Sie glaubte, Favier beschwindelte sie, weil er neidisch war, damit so kostbare Samen nicht durch ihn zu mir gelangten. Der Fall wurde mir vorgelegt. – »Dies ist die Blüte, und das ist der Stiel«, wiederholte die gute Frau. Ich sagte ihr, die »Blüte« sei die Gruppe der fünf weißen Zähne des Seeigels und der »Stiel« das Gegenteil des Mundes. Sie ging, nicht völlig überzeugt. Es kann sein, dass jetzt die Samen der Frucht, die in der leeren Schale klappernden Sandkörner, in einem alten schartigen Blumentopf keimen.

Favier kennt also vieles, vor allem dadurch, dass er es gegessen hat. Er kennt den Wert eines Dachsrückens, die Qualität einer Fuchskeule; er weiß, was das beste Stück der Strauchnatter ist; er hat die Perleidechse, die berüchtigte Perle des Südens, in Öl gebräunt und ein Rezept für gebratene Heuschrecken erfunden. Ich staune über die unmöglichen Gerichte, zu denen ihn sein kosmopolitisches Leben genötigt hat.

Und ich staune nicht minder über sein scharfes Auge und sein Gedächtnis. Ich brauche ihm bloß eine Pflanze zu beschreiben, die für ihn ein namenloses, uninteressantes Unkraut ist; und wenn es in unseren Wäldern wächst, bin ich ziemlich sicher, dass er es mir bringt oder mir sagt, wo ich es finde. Nicht einmal die Mikrobotanik kann seinen Scharfblick beirren. Um meine bereits publizierte Arbeit über die Sphaeriaceae (Kugelpilze) des Vaucluse zu vervollständigen, botanisiere ich bei schlechtem Wetter, wenn das Insekt nicht aktiv ist, geduldig mit der Lupe. Wenn der Boden hart gefroren oder vom Regen matschig ist, hole ich Favier von seiner Gartenarbeit weg und nehme ihn mit in den Wald; und dort, im Brombeergestrüpp, suchen wir die mikroskopischen Gewächse, welche die überall herumliegenden Reiser wie schwarze Punkte bedecken. Die größten Arten nennt er »Schießpulver«, ein passender Name, mit dem die Botaniker schon eine dieser Sphaeriaceae bezeichneten. Er ist ganz stolz auf seinen Haufen, der viel reichhaltiger ist als meiner. Als er auf eine prächtige Rosselinia stößt, eine Masse schwarzer, von purpurroter Watte umhüllter Wärzchen, rauchen wir eine Pfeife, um die Begeisterung des Augenblicks zu würdigen.

Besonders gut versteht es Favier, mir auf meinen Streifzügen lästige Leute vom Leibe zu halten. Der Bauer ist neugierig, er fragt wie ein Kind; aber seine Neugier ist mit Bosheit gewürzt, und in seinen Fragen steckt unausgesprochener Spott. Was er nicht versteht, macht er lächerlich. Und was ist lächerlicher als ein Herr, der eine mit einem Stück Gaze gefangene Fliege oder einen verfaulten Holzsplitter durch ein Glas betrachtet? Flavier schneidet die spöttische Befragung mit einem Wort ab.

Vornüber gebeugt, suchen wir Schritt für Schritt den Boden nach prähistorischen Zeugnissen ab, die am Südhang so häufig sind: Serpentinbeile, schwarze Tonscherben, Pfeil- und Speerspitzen, Splitter, Schaber, Feuersteinkerne. – »Was macht dein Herr mit solchen Feuersteinen?« fragte ein Dazukommender. »Daraus macht er Glaserkitt«, versicherte Favier ihm ernst.

Ich hatte eine Handvoll Kaninchenköttel aufgesammelt, in denen mir die Lupe ein Sporengewächs zeigte, das der Untersuchung wert war. Da erscheint ein Schwätzer, der mich den kostbaren Fund sorgsam in eine Tüte stecken sah. Er vermutet ein einträgliches Geschäft, einen verrückten Handel. Für einen Mann vom Lande muss sich alles in Geld übersetzen lassen. In seinen Augen mache ich mit diesen Kötteln ein Vermögen. – »Wozu nimmt dein Herr diese Böhnchen?« fragt er Favier hinterhältig. – »Die destilliert er und gewinnt daraus Essenz«, erwidert mein Mann herrlich dreist. Von dieser Enthüllung verblüfft, dreht sich der Frager um und geht.

Aber verweilen wir nicht länger bei diesem schalkhaften und so schlagfertigen Soldaten, und kommen wir zu dem, was im Harmas-Laboratorium meine Aufmerksamkeit erregte. Einige Sandwespen erkundeten zu Fuß und mit kurzen Zwischenflügen bald grasige, bald kahle Stellen. Ich hatte sie schon Mitte März an einem schönen Tag gesehen, als sie sich genüsslich im Wegestaub wärmten. Sie gehörten alle zur selben Art, zur Ammophila hirsuta Kirb. Im ersten Band dieser Erinnerungen habe ich bekannt gemacht, wie sie überwintert und im Frühling jagt, wenn die anderen Räuberischen Hautflügler noch in ihrem Kokon gefangen sind; ich habe beschrieben, wie sie die für ihre Larve bestimmte Raupe operiert und wie sie die vielen Stachelstöße über die verschiedenen Nervenzentren verteilt. Diese so kluge Vivisektion hatte ich nur ein Mal gesehen und wollte sie nochmals sehen. Vielleicht war mir damals, vom langen Laufen ermüdet, etwas entgangen; und selbst wenn ich alles richtig gesehen hatte, war es ratsam, die Beobachtung zu wiederholen, um ihr eine unbestreitbare Authentizität zu geben. Ich füge hinzu: Sollte man auch hundertmal dabei sein, würde man dieses Schauspiels nicht überdrüssig werden, dessen Zeuge ich von Neuem zu werden wünschte.

Ich überwachte also meine Sandwespen seit ihrem ersten Erscheinen; und da ich sie zu Hause hatte, ein paar Schritte von meiner Tür entfernt, musste ich sie irgendwann bei der Jagd antreffen, wenn ich nur beharrlich genug blieb. Die zweite Märzhälfte und der April vergingen mit vergeblichem Warten; entweder war die Zeit des Nestbaus noch nicht gekommen, oder ich war nicht wachsam genug. Am 17. Mai bot sich endlich die glückliche Gelegenheit.

Einige Sandwespen erschienen mir sehr geschäftig; folgen wir einer besonders emsigen. Ich sehe, wie sie den festgetretenen Gartenweg noch einmal harkt, bevor sie ihre Raupe hineinschafft, die einige Meter weiter vermutlich bereits gelähmt abgelegt worden war. Da die Sandwespe die Höhle als geeignet und die Tür als breit genug für ein umfängliches Wildbret erachtet, sucht sie jetzt ihren Fang. Sie findet ihn leicht. Es ist ein Grauer Wurm, der auf der Erde liegt und in den schon die Ameisen eingedrungen sind. Dieses ihr von den Ameisen streitig gemachte Stück verschmäht die Jägerin. Viele Räuberische Hautflügler, die ihre Höhle vollenden oder auch gerade beginnen wollen, packen ihren Fang auf höher gelegene Stellen, etwa auf einen Grasbüschel, wo er vor Räubern sicher ist. Die Sandwespe kennt dieses kluge Verfahren, hat aber die Vorsichtsmaßnahme diesmal vielleicht unterlassen, oder das schwere Stück ist heruntergefallen, und jetzt zerren die Ameisen um die Wette an dem prächtigen Proviant. Die Diebe zu verjagen ist unmöglich: Für einen abgewehrten kämen zehn andere. Das meint wohl auch der Hautflügler; denn als er den Überfall erkennt, geht er wieder auf Jagd, ohne sich einzumischen, was auch zu nichts führte.

Die Erkundungen erstrecken sich auf einen Umkreis von zehn Metern. Die Sandwespe erkundet den Boden zu Fuß, Stück für Stück, ohne Hast; mit ihren bogenartig gekrümmten Fühlern peitscht sie die Erde. Nackte Erde, steinige Stellen, Rasen, alles wird gleichermaßen durchsucht. Fast drei Stunden lang, bei größter Hitze und Schwüle, der am nächsten Tag Regen und noch am Abend ein paar Tropfen folgen, beobachte ich die Ammophila und lasse sie nicht

aus den Augen. Wie schwer ist es doch für einen Hautflügler, einen Grauen Wurm zu finden, den er so dringend braucht!

Nicht weniger schwer ist es für einen Menschen. Man weiß, wie ich es mache, um dabei zu sein, wenn ein Hautflügler seine Beute wie ein Chirurg operiert, mit dem Ziel, seinen Larven regloses, aber nicht totes Fleisch zu servieren. Ich nehme dem Räuber das Wildbret weg und lege ihm eine lebende Beute hin, die genauso aussieht. Das gedachte ich mit der Sandwespe zu tun, damit sie, die ihre erlegte Raupe jeden Moment wiederfinden musste, ihre Operation wiederholte. Daher brauchte ich schnellstens Graue Würmer.

Favier arbeitet im Garten. Ich rufe: »Kommen Sie schnell, ich brauche Graue Würmer!« Die Sache wird erklärt. Er ist übrigens seit Längerem im Bilde. Ich habe ihm von meinen Tierchen erzählt und von den Raupen, die sie jagen; er kennt ungefähr die Lebensweise des Insekts, mit dem ich mich beschäftige. Es wird verstanden, und das Suchen fängt an. Er gräbt an den Salatköpfen, kratzt an den Erdbeerpflanzen, untersucht die Iris-Rabatten. Ich kenne seinen Scharfblick und seine Intelligenz; ich vertraue ihm. Doch die Zeit verstreicht. »Also was ist mit dem Grauen Wurm, Favier?« – »Ich finde keinen!« – »Verdammt! Dann müssen die anderen ran! Claire, Aglaé, kommt alle her; sucht und findet!« Alle Hausbewohner sind im Einsatz. Sie entfalten eine Geschäftigkeit, die der sich ankündigenden Ereignisse würdig ist. Ich, der ich an meinen Posten gebunden bin, weil ich die Sandwespe beobachten muss, folge mit dem einem Auge der Jägerin, mit dem anderen halte ich Ausschau nach dem Grauen Wurm. Es tut sich nichts: Drei Stunden vergehen, und keiner findet die Raupe.

Auch die Sandwespe nicht. Ich sehe sie beharrlich an rissigen Stellen suchen. Sie trägt Erde ab, quält sich; mühselig hebt sie trockene Bröckchen, groß wie Aprikosenkerne, hoch. Doch diese Stellen werden bald aufgegeben. Da kommt mir ein Verdacht: Dass vier oder fünf von uns vergeblich einen Grauen Wurm suchen, heißt ja nicht, dass die Sandwespe genau so ungeschickt ist wie wir. Wo der Mensch machtlos ist, triumphiert oft das Insekt. Sein äußerst feiner Sinn kann es nicht stundenlang irreführen. Vielleicht spürt der Graue Wurm den Regen und hat sich tiefer eingegraben? Die Jägerin weiß, wo er liegt, aber sie kriegt ihn nicht aus seinem tiefen Versteck. Dass sie einige Stellen nach mehreren Versuchen aufgibt, geschieht nicht aus Mangel an Scharfsinn, sondern weil ihr die Kraft zum Graben fehlt. Wo die Ammophila kratzt, muss ein Grauer Wurm sein; die Stelle wird nur deshalb verlassen, weil das Herausziehen ihre Kräfte übersteigt. Ich bin dumm, dass ich nicht gleich daran gedacht habe. Würde sich denn ein erfahrener Wilddieb so lange mit einer Stelle befassen, wo nichts ist? Also vorwärts!

Deshalb will ich dem Insekt helfen. Es wühlt gerade an einer bestellten, völlig freien Stelle. Es verlässt sie wie schon etliche andere. Ich mache mit dem Messer weiter, finde nichts und gebe auf. Das Insekt kehrt zurück und setzt meine Ausgrabungen an einem bestimmten Punkt fort. Ich verstehe: »Hau ab, du Tollpatsch!«, scheint es mir zuzurufen, »ich zeig dir, wo der Wurm liegt.« Nach diesen Hinweisen grabe ich an der gewünschten Stelle und hole einen Grauen Wurm heraus. Tadellos, meine schlaue Ammophila! Ich wusste doch, du scharrst mit deinem Rechen nicht an einem leeren Kaninchenbau!

Von da an ist es eine Trüffeljagd, der Hund zeigt sie, und der Mann holt sie heraus. Nach dieser Methode fahre ich fort: Die Sandwespe zeigt mir die Stelle, ich lege sie mit dem Messer frei. So erhalte ich einen zweiten Grauen Wurm, einen dritten und vierten. Es sind stets kahle Stellen, die vor wenigen Monaten mit der Gabel umgegraben wurden. Außen verweist nichts auf die Raupe. Nun gut, Favier, Claire, Aglaé und ihr anderen, was meint ihr? In drei Stunden habt ihr nicht einen Grauen Wurm herausgeholt, und jetzt, da ich beschlossen habe, der schlauen Jägerin zu helfen, liefert sie mir so viele, wie ich will.

Ich besitze jetzt genügend Exemplare zum Tauschen; lassen wir der Jägerin ihren fünften Fund, den sie mit meiner Hilfe ausgrub. Ich entwickele nun in nummerierten Absätzen die Akte des grandiosen Dramas, das sich vor meinen Augen abspielt. Die Beobachtung erfolgt unter den günstigsten Umständen: Ich liege auf der Erde, ganz nah bei der Opferpriesterin, und keine Einzelheit entgeht mir.

1) Mit ihren gebogenen Kieferzangen packt die Ammophila die Raupe im Genick. Der Graue Wurm zappelt, rollt seinen verzerrten Hinterleib auf und entrollt ihn wieder. Der Hautflügler bleibt gelassen; beiseite tretend, weicht er den Schlägen aus. Sein Stachel trifft das Gelenk zwischen Kopf und erstem Segment auf der Bauchmittellinie, wo die Haut dünner ist. Der Spieß bleibt eine Zeitlang in der Wunde. Dies ist offenbar der Hauptstoß, der den Grauen Wurm bändigen und ihn besser handhabbar machen soll.

2) Die Ammophila lässt ihr Wildbret los. Sie legt sich flach auf die Erde, macht wilde, unkoordinierte Bewegungen, rollt sich auf die Seite, zuckt, zappelt, flattert, als ob sie sich in Lebensgefahr befände. Ich fürchte, die Jägerin hat einen üblen Schlag abbekommen. Ich bin erschüttert, weil ich den wackeren Hautflügler so erbärmlich enden sehe und weil ein Experiment scheitert, das mich Stunden des Wartens gekostet hat. Aber da beruhigt sich die Ammophila, bürstet ihre Flügel, frisiert die Fühler und geht wieder in Angriffshaltung. Was ich für Todeskrämpfe hielt, war nur ihr Siegestaumel. Der Hautflügler hat sich auf seine Weise dazu beglückwünscht, das Monster bezwungen zu haben.

3) Der Operateur packt die Raupe an der Rückenhaut, jetzt weiter unten, und sticht ins zweite Bauchsegment. Dann sehe ich, wie er auf dem Grauen Wurm langsam zurückgeht, wie er mit den Kiefern, diesen weiten Zangen mit den gebogenen Backen, am Rücken immer tiefer greift und den Stachel ins nächste Segment stößt. Dieses Zurückgehen und das immer tiefere Ansetzen am Rücken erfolgen mit methodischer Präzision, als würde die Jägerin ihr Wildbret vermessen. Bei jedem Rückwärtsschritt sticht der Spieß ins nächste Segment. Auf diese Weise werden die drei Brustsegmente mit den echten Beinen, die beiden nächsten ohne Beine und die vier Segmente mit den Stummelbeinen verletzt. Insgesamt neun Stöße. Die vier letzten Segmente werden ignoriert: Drei haben keine Beine

und das letzte oder dreizehnte hat Stummelbeine. Die Operation verläuft ohne größere Schwierigkeiten; nach dem ersten Dolchstoß wehrt sich der Graue Wurm kaum noch.

4) Schließlich öffnet die Ammophila ihre Kieferzangen, so weit es geht, packt den Kopf des Wurms, kaut ihn, drückt ihn maßvoll zusammen, aber verletzt ihn nicht. Das Komprimieren erfolgt mit geübter Langsamkeit, das Insekt scheint nach jedem Druck die Wirkung zu prüfen; es hält inne, wartet, beginnt von Neuem. Damit diese Gehirnmanipulation den gewünschten Zweck erreicht, muss sie in Grenzen bleiben; werden sie überschritten, treten der Tod und bald auch die Verwesung ein. Deshalb mäßigt der Hautflügler seine Kompressionen, die übrigens zahlreich sind, etwa zwanzig.

Der Chirurg ist fertig. Der Operierte liegt auf der Seite, halb aufgerollt. Er ist reglos, gelähmt und außerstande, sich beim Transport ins Logis zu wehren; er ist für das Würmchen, das er ernähren soll, ungefährlich. Die Ammophila lässt ihn am Operationsort liegen und kehrt zum Nest zurück. Ich folge ihr. Im Hinblick auf die Einlagerung nimmt sie einige Ausbesserungen vor. Ein am Dach hervorstehender Kiesel könnte den Transport der sperrigen Beute behindern. Er wird herausgerissen. Die schwere Arbeit wird vom Knirschen der sich aneinander reibenden Flügel begleitet. Die hintere Kammer ist nicht groß genug; sie wird erweitert. Die Arbeiten ziehen sich hin, und die Raupe, die ich aus den Augen gelassen habe, um keine Aktion des Hautflüglers zu versäumen, wird von Ameisen befallen. Als wir, die Ammophila und ich, zurückkommen, ist sie schwarz vor emsigen Zerstücklern. Dies ist für mich ein bedauerlicher Zwischenfall und für die Ammophila ein ärgerliches Ereignis; denn sie hat zweimal das gleiche Missgeschick ereilt.

Die Ammophila ist anscheinend entmutigt. Umsonst ersetze ich die Raupe durch einen Grauen Wurm aus meiner Reserve; sie verschmäht ihn. Außerdem schreitet der Abend voran, der Himmel ist dunkel geworden, sogar ein paar Tropfen fallen. Unter diesen Umständen braucht man nicht mit einer Wiederaufnahme der Jagd

zu rechnen. Es ist also alles zu Ende, ohne dass ich meine Grauen Würmer wie geplant verwenden kann. Die Beobachtung hat mich, ohne Unterbrechung, von dreizehn bis achtzehn Uhr beschäftigt.

III
Ein unbekannter Sinn; der Graue Wurm

Ich habe eben die Jagdmanöver der Sandwespe genauestens beschrieben. Die Fakten erschienen mir so folgenreich, dass ich mich, selbst wenn das Harmas-Laboratorium nichts weiter hergäbe, allein durch diese Beobachtung für entschädigt hielte. Die Operationsmethode, die der Hautflügler sich zu eigen gemacht hat, um den Grauen Wurm zu lähmen, ist das Höchste, das ich im Instinktbereich jemals erlebte. Was für ein angeborenes Wissen, sehr geeignet, uns zum Nachdenken zu bringen! Was für eine kluge Logik, was für eine Sicherheit bei diesem unbewussten Physiologen!

Wer diese Wunder mit ansehen möchte, kann sich kaum auf das verlassen, was ihm ein Gang durch die Felder vielleicht zufällig offenbart; und selbst wenn sich die glückliche Gelegenheit böte, wäre kaum Zeit, sie auszunützen. Eine Beobachtung, für die ich fünf Stunden ohne Unterbrechung aufgewendet habe, noch dazu ohne die geplanten Versuche abschließen zu können, erfordert zu einer guten Durchführung die Muße, die man zu Hause hat. Den Erfolg verdanke ich also meinem ländlichen Laboratorium. Dieses Geheimnis vermache ich dem, der diese herrlichen Studien fortsetzen will; die Ernte ist unerschöpflich, hier gibt es Garben für alle.

Wenn man die Jagd der Ammophila in der Reihenfolge ihrer Handlungen verfolgt, stellt sich zuerst die Frage: Woher weiß der Hautflügler, wo der Graue Wurm vergraben liegt?

Außen verweist nichts auf das Versteck der Raupe, jedenfalls nichts, was das Auge sehen kann. Der Boden, in dem das Wildbret sich verbirgt, kann nackt oder grasig, steinig oder sandig, glatt oder von kleinen Rissen durchzogen sein. Diese Unterschiede sind der Jägerin gleichgültig; sie erkundet alle Stellen. Überall, wo der Hautflügler verharrt und mit einiger Beharrlichkeit wühlt, fällt mir trotz aller Aufmerksamkeit nichts auf; und doch muss es hier einen Grauen Wurm geben, wovon ich mich gerade fünfmal hintereinander überzeugte, als ich Handlangerdienste für das Insekt leistete, das zunächst vor einer Arbeit zurückschreckte, die seine Kräfte weit überstieg. Das Sehen steht hier sicher nicht in Frage.

Was dann? Der Geruchssinn?[2] Machen wir uns kundig. Die Suchorgane sind die Fühler, alles beweist es. Mit ihren bogenartigen Spitzen, die unentwegt vibrieren, klopft das Insekt den Boden ab. Zeigt sich ein Riss, schieben sich die zitternden Fäden hinein und sondieren; wenn sich ein Grasbüschel mit seinem Rhizomgeflecht ausbreitet, wühlen sie in den Vertiefungen mit verdoppeltem Zittern. Ihre Enden legen sich einen Moment lang darauf und passen sich der untersuchten Stelle gleichsam an. Man könnte sie für zwei Tastfäden halten, zwei lange unvergleichlich geschickte Finger, die sich durch Befühlen kundig machen. Aber durch Befühlen werden wir nicht erkennen, was da unter der Erde ist. Befühlen müsste man den Grauen Wurm; und der ist ein paar Zoll tief in seiner Höhle eingeschlossen.

Dann denkt man ans Riechen. Die Insekten haben unstrittig einen Geruchssinn, oft einen hoch entwickelten. Die Totengräber, die Aaskäfer, die Stutz- und Speckkäfer eilen von allen Seiten zu der Stelle, wo ein kleiner Kadaver liegt, der beseitigt werden muss. Von ihrem Geruchssinn geleitet, laufen die Bestatter zum toten Maulwurf.

Aber auch wenn sicher ist, dass das Insekt einen Geruchssinn hat, fragt man sich, wo er sitzt. Viele sagen, in den Fühlern. Das wollen wir gelten lassen, obwohl schwer zu verstehen ist, wie ein Stängel aus gliedartig aneinanderhängenden hornigen Segmenten die Aufgabe einer Nase erfüllen kann, die ganz anders gebaut ist. Obwohl die Apparate sich im Aufbau überhaupt nicht ähneln, sind die Eindrücke, die sie aufnehmen, identisch? Obwohl die Werkzeuge ungleich sind, sind ihre Funktionen gleichartig?

Zudem gibt es im Falle unseres Hautflüglers ernste Einwände. Das Riechen ist eher ein passiver als ein aktiver Sinn; im Gegensatz zum Tasten geht es dem Eindruck nicht voraus, er erleidet ihn; er erkundet die duftende Ausdünstung nicht, er nimmt sie auf, wenn sie kommt. Die Fühler der Ammophila sind immer in Bewegung; sie informieren sich, sie gehen dem Eindruck voraus. Den Eindruck wovon? Wäre es wirklich ein Geruchseindruck, dann wäre Unbeweglichkeit günstiger als ständige Bewegung.

Aber es kommt noch besser: Riechen ohne Geruch hat keinen Daseinsgrund. Ich habe den Grauen Wurm selbst untersucht; ich habe ihn von jungen Nasen beschnuppern lassen, die viel empfindlicher als meine waren; keine hat bei der Raupe auch nur die Spur eines Geruchs festgestellt. Wenn der für seine feine Nase berühmte Hund die Trüffel im Boden aufspürt, leitet ihn der Duft des Knöllchens, den auch wir, selbst durch die Erde, wahrnehmen können. Zwar hat der Hund einen Geruchssinn, der feiner als unserer ist und weiter reicht, er nimmt lebhaftere und dauerhaftere Eindrücke auf; dennoch wird er von duftenden Ausdünstungen beeinflusst, die in entsprechender Nähe auch für unsere Nasen wahrnehmbar sind.

Wenn gewünscht, würde ich der Ammophila einen Geruchssinn zugestehen, der so empfindlich wie der des Hundes, ja noch empfindlicher ist; aber es muss ein Duft vorhanden sein; und ich frage mich, wie etwas, das für uns selbst vor den Nasenlöchern geruchlos ist, für ein Insekt noch trotz der Erde dazwischen duften kann. Wenn Sinne dieselben Funktionen haben, reagieren sie auf dieselben Reize, vom Menschen bis hin zum Einzeller. Wo es für uns absolut dunkel ist, kann meines Wissens kein Tier klar sehen. Nun könnte man sagen, dass das tierische Empfindungsvermögen eigentlich immer gleich, aber verschieden stark ist: Diese Spezies vermag mehr, jene weniger; was die eine wahrnimmt, kann die andere nicht wahrnehmen. Nichts könnte richtiger sein; jedoch sind die Insekten anscheinend im Allgemeinen nicht sehr geruchsempfindlich; die Dünste, die sie anlocken, sind ohne besonders feinen Geruchssinn wahrzunehmen. Wenn Speckkäfer, Aas- und Stutzkäfer sich in die Tüte eines nach Aas stinkenden Aronstabs stürzen, um nicht mehr herauszukommen, wenn Mückenschwärme einen toten Hund mit aufgedunsenem blauem Bauch umschwirren, ist ringsherum alles verpestet. Und braucht das Insekt, um Gammelfleisch und verfaulten Käse zu entdecken, eine feine Witterung? Wo immer wir solche, sicherlich von ihrer Witterung geleitete Horden herbeieilen sehen, riechen auch wir etwas.

Bleibt das Hören. Auch ein Sinn, über den die Entomologen nicht hinreichend aufgeklärt sind. Wo sitzt er? In den Fühlern, sagt man. Diese zarten vibrierenden Stängel sind offenbar gut dazu geeignet, bei einem Schallstoß zu schwanken. Die Ammophila, die ihr Umfeld mit den Fühlern erkundet, gewahrt dann den Grauen Wurm durch ein leises Geräusch in der Erde, Kieferzangen, die an einer Wurzel nagen, eine Raupe, die ihre Kruppe bewegt. Welch ein schwacher Ton und welche Schwierigkeit, ihn durch die schwammigen Matratzen des Erdreichs zu verbreiten!

Der Ton ist mehr als schwach, er ist gleich Null. Der Graue Wurm hat eine nächtliche Lebensweise. Tagsüber, in seiner Höhle hingekauert, regt er sich nicht. Er nagt auch nicht; zumindest nicht jene Exemplare, die ich auf Hinweis des Hautflüglers ausgrub, aus dem einfachen Grund, weil nichts zu nagen da war. Sie lagen in einer Erdschicht ohne Wurzeln völlig reglos und also geräuschlos. Der Gehörsinn ist ebenso auszuschließen wie der Geruchssinn.

Die Frage kommt wieder, dunkler denn je. Wie weiß die Ammophila, wo der Graue Wurm in der Erde liegt? Die Fühler sind unstrittig das Organ, das sie leitet. Sie funktionieren hier nicht als Geruchsapparate, zumindest wenn man einräumt, dass ihre trockene hornige Oberfläche nichts von dem empfindlichen Bau hat, den der übliche Geruchssinn verlangt, und trotzdem für Gerüche empfänglich ist, die für uns keine sind. Das hieße zugeben, dass grobe Werkzeuge zu vollkommener Arbeit führen. Sie funktionieren auch nicht als Hörapparat, denn hier gibt es kein Geräusch, das wahrzunehmen wäre. Was also ist ihre Rolle? Ich weiß es nicht und habe keine Hoffnung, es je zu wissen.

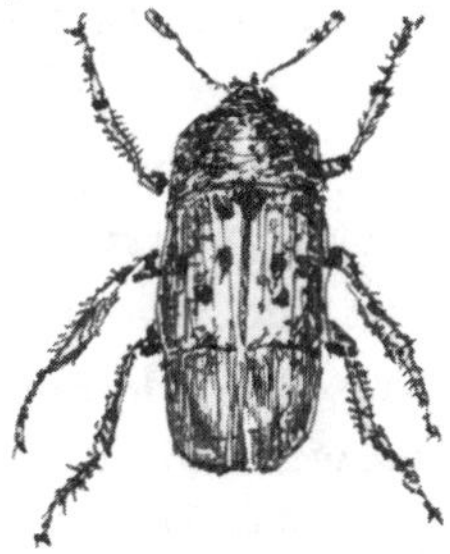

Geneigt wie wir sind, und anders kann es auch kaum sein, alles auf unser Maß zu beziehen, das einzige, das wir ein bisschen kennen, gestehen wir den Tieren zu und bedenken nicht, dass sie vielleicht noch andere Wahrnehmungsmittel haben, solche, die wir uns nicht vorstellen können, weil wir über nichts Entsprechendes verfügen. Wissen wir denn, ob sie nicht, in ganz unterschiedlichem Grade, auch für Wahrnehmungen ausgestattet sind, die uns so fremd sind wie die Wahrnehmung von Farben, wenn wir blind wären? Birgt die Materie für uns denn kein Geheimnis mehr? Wissen wir denn, ob sie sich einem Lebewesen nicht anders offenbart als nur durch Licht, Schall, Geschmack, Geruch und Berühren? Die Physik und die Chemie, obwohl noch jung, erklären uns bereits, das schwarze Unbekannte enthalte eine ungeheure Ernte, neben der unsere wissenschaftliche Garbe kläglich sei. Ein neuer Sinn, vielleicht jener in der grotesken Nase der Hufeisennase[3] oder jener im Fühler der Ammophila, würde unseren Forschungen eine Welt eröffnen, die zu erforschen uns unser Organismus zweifellos verwehrt. Könnten bestimmte Eigenschaften der Materie, die auf uns keine wahrnehmbare Wirkung haben, beim Tier, das anders ausgestattet ist als wir, ein Echo auslösen?

Als Spallanzani Fledermäuse mit zugeklebten Augen in einer Wohnung freiließ, die er durch kreuz und quer gespannte Stricke und durch aufgehäuftes Buschwerk in ein Labyrinth verwandelt hatte: Wie fanden sich die Tiere dort zurecht, wie konnten sie von einem Ende der Wohnung rasch zum anderen und hin und her fliegen, ohne sich an den Hindernissen zu stoßen? Welcher Sinn, der einem von unseren Sinnen entspricht, lenkte sie? Wer wollte mir dies sagen und vor allem begreiflich machen? Und ich wüsste gerne, wieso die Ammophila mit Hilfe ihrer Fühler unfehlbar die Erdhöhle ihrer Raupe findet. Man rede hier nicht von Riechen; man müsste ihm eine unerhörte Feinheit zubilligen, obwohl man einräumt, dass es von einem Organ geleistet wird, wo für die Wahrnehmung von Gerüchen anscheinend nichts vorhanden ist.

Wie viel Unbegreifliches schreiben wir dem Geruchssinn der

Insekten noch zu! Wir begnügen uns mit einem einzigen Wort; die Erklärung ist rasch gefunden, ohne mühselige Forschungen. Wenn wir aber hierüber reiflich nachdenken, wenn wir eine angemessene Menge von Tatsachen vergleichen wollen, erhebt sich vor uns die Steilküste des Unbekannten, die mit dem Weg, auf den wir uns versteift haben, nicht zu bezwingen ist. Ändern wir also die Route, und akzeptieren wir, dass ein Tier vielleicht andere Informationsmittel als wir hat. Unsere Sinne repräsentieren nicht alle Methoden, mit denen das Tier sich zu dem, was außer ihm ist, in Beziehung setzt; es gibt andere, vermutlich viele, die den unsrigen nicht im Entferntesten ähneln.

Wäre das Handeln der Ammophila ein isoliertes Faktum, hätte ich mich nicht so lange dabei aufgehalten; aber ich gedenke noch seltsamere Fakten zu berichten, die auch die Überzeugung des anspruchsvollsten Geistes beeindrucken. Danach komme ich gewiss wieder auf das Thema der besonderen, irreduziblen, uns nicht bekannten Sinne zurück.

Jetzt aber kehren wir zum Grauen Wurm zurück, den wir zumindest einigermaßen kennenlernen sollten. Vier Exemplare habe ich mit dem Messer an den von der Ammophila bezeichneten Stellen ausgegraben. Ich wollte sie gegen die getöteten Opfer austauschen, um die Operation des Hautflüglers abermals zu beobachten. Da mein Plan nicht aufging, legte ich sie in ein Glas mit einer Erdschicht und darauf einen Salatstrunk. Tagsüber blieben meine Würmer eingegraben; nachts kamen sie an die Oberfläche, wo ich sie dabei antraf, wie sie den Salat von unten benagten. Im August gruben sie sich ein, um nicht wieder aufzutauchen, und jeder baute sich einen Kokon aus Erde, außen sehr grob und von der Form eines kleinen Taubeneis. Am Ende des Monats erschien der Schmetterling. Ich erkannte in ihm die Saateule, *Noctua segetum Hubner*.

Folglich füttert die Ammophila ihre Larven mit Eulenfalterraupen, und zwar ausschließlich solchen mit unterirdischer Lebensweise. Diese Raupen, wegen ihres grauen Gewands allgemein Grauer Wurm genannt, gehören zu den gefürchtetsten Schädlingen in Feld und Garten. Tags hocken sie in ihren Höhlen, nachts steigen sie hinauf und benagen die Hälse von krautartigen Pflanzen. Blumenrabatten, Gemüsebeete, Felder, alles wird verwüstet. Wenn eine Pflanze ohne erkennbare Ursache welkt, ziehe man leicht daran, und die Siechende wird herauskommen, verstümmelt, ohne Wurzel. Nachts ist der Graue Wurm vorbeigekommen; seine gierigen Kieferzangen haben den tödlichen Schnitt getan. Seine Schäden gleichen denen des Weißen Wurms, des Engerlings. Wenn er sich in einer Rübenregion verbreitet, gibt es Millionenverluste. Von solcher Art ist der furchtbare Feind, gegen den uns die Ammophila zu Hilfe kommt.

Ich wende mich an die Landwirtschaft und empfehle ihr nachdrücklich diese wertvolle Helferin, die im Frühjahr so eifrig den Grauen Wurm sucht und seine Höhle so geschickt ausfindig macht. Eine Ammophila im Garten, das bedeutet vielleicht ein unversehrtes Salatbeet, eine gerettete Balsaminenrabatte. Aber wozu Empfehlungen! Niemand denkt daran, den anmutigen Hautflügler zu vernichten, der im Garten von Weg zu Weg flattert, bald in diese, bald in jene Ecke, bald in eine dritte und vierte; und keiner denkt daran, und darf nicht daran denken, leider, seine Verbreitung zu fördern.

In den meisten Fällen entzieht sich das Insekt unserem Machtbereich; es auszurotten, wenn es schädlich ist, es zu vermehren, wenn es nützlich ist, das ist nicht zu machen. Einzigartiger Gegensatz zwischen Stärke und Schwäche: Der Mensch trennt Stücke vom Kontinent ab, um Meere zu verbinden; er durchbohrt die Alpen, er wiegt die Sonne, und er kann es nicht verhindern, dass eine elende Fliegenmade vor ihm seine Kirschen kostet oder eine widerliche Laus seine Weinberge vernichtet! Der Titan wird vom Pygmäen besiegt.

Da gibt es in dieser Insektenwelt eine höchst verdienstvolle Helferin, eine unvergleichliche Feindin unseres unheilvollen Feindes, des Grauen Wurms. Können wir etwas tun, damit sie unsere Fluren und unsere Gärten freiwillig bevölkert? Mitnichten, denn die erste Bedingung für die Vermehrung der Ammophila wäre die Vermehrung des Grauen Wurms, der einzigen Nahrung ihres Nachwuchses, der Larven. Ich rede nicht von den unüberwindlichen Schwierigkeiten einer solchen Aufzucht. Hier geht es nicht um die Biene, die aufgrund ihres sozialen Verhaltens dem Stock so treu ist; und noch weniger um die auf ihrem Maulbeerblatt sitzende stumpfsinnige Seidenraupe und ihren schwerfälligen Schmetterling, der kurz flattert, sich paart, Eier legt und stirbt; hier geht es um ein Insekt, das launisch umherwandert, flink fliegt und eigenwillig ist.

Zudem macht schon die erste Bedingung alle Hoffnung zunichte. Wollen wir hilfreiche Sandwespen haben? Dann müssen wir uns mit den Grauen Würmern abfinden. Es ist ein Teufelskreis: Um das Gute zu wecken, müssen wir das Böse rufen. Die Feindeshorde auf unseren Feldern ruft die Hilfstruppe auf den Plan; aber diese kommt nicht ohne jene, und beide sind gleich stark. Wenn es genügend Graue Würmer gibt, findet die Ammophila reiche Beute für ihre Larven, und ihr Stamm gedeiht. Wenn der Graue Wurm selten wird, vermindert sich die Nachkommenschaft der Ammophila, und sie verschwindet. Ein solcher Rhythmus zwischen Aufschwung und Niedergang ist das unabänderliche Gesetz, welches das Verhältnis zwischen Vertilgern und Vertilgten regelt.

IV
Die Theorie des Instinkts

Die Larven einiger Räuberischer Hautflügler benötigen eine unbewegliche Beute, die das zerbrechliche Ei und später die an ihr befestigte Larve nicht durch Abwehrbewegungen gefährdet; aber diese reglose Beute muss lebendig sein; denn die Larve mag keinen Kadaver. Sie braucht Frischfleisch, keine Konserven. Diese widersprüchlichen Bedingungen, Unbeweglichkeit und Leben, habe ich im ersten Band meiner Erinnerungen betont und zur Genüge beschrieben, so dass ich darauf nicht zurückkommen muss. Ich habe geschildert, wie der Hautflügler diese Bedingungen vermittels einer Lähmung erzeugt, welche die Bewegungen ausschaltet, ohne die Vi-

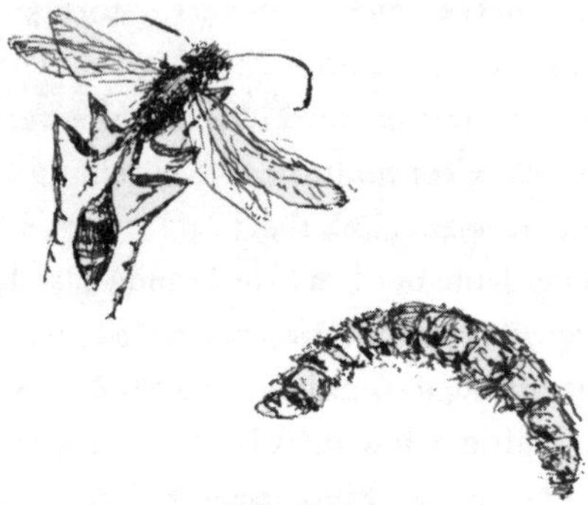

talität der Organe zu beeinträchtigen. Mit einem Geschick, um welches unsere berühmtesten Operateure das Insekt beneiden würden, verletzt es mit seinem Giftstachel die Nervenzentren, die Herde für die Reizung der Muskeln. Je nach Aufbau des Nervenapparats, je nach Zahl und Konzentration der Nervenknoten sticht der Operateur mit der Lanzette ein oder auch zwei, drei und mehrere Male. Die Einstichstelle richtet sich nach der Anatomie des Opfers.

Die bevorzugte Beute der Borstigen Sandwespe ist eine Raupe, deren auseinander liegende Nervenzentren, die weitgehend unabhängig voneinander sind, in verschiedenen Segmenten liegen. Diese Raupe, ein sehr kräftiges Exemplar, kann, mit dem Ei des Hautflüglers auf der Flanke, nicht in der Zelle eingelagert werden, solange sie noch bewegungsfähig ist. Wenn sie ihr Hinterteil bewegte, würde sie das Ei an der Wandung zerquetschen.

Die Lähmung des einen Segments bewirkt nicht die Unempfindlichkeit des nächsten, da die Nervenherde relativ unabhängig voneinander sind. Es müssen sämtliche oder zumindest die wichtigsten Segmente operiert werden, vom ersten bis zum letzten, von den weniger wichtigen zu den wichtigsten. Die Ammophila verfährt, wie es der erfahrenste Physiologe empfehlen würde: Ihr Stachel geht von einem Segment zum anderen, jeweils neunmal.

Sie macht noch mehr. Der Kopf ist unversehrt; die Kieferzangen spielen, bei der Überführung könnten sie einen im Boden festsitzenden Halm packen und dem Abtransport einen unüberwindlichen Widerstand entgegensetzen. Das Gehirn als wichtigstes Nervenzentrum könnte einen lautlosen Kampf auslösen, der bei einer solchen Bürde sehr lästig wäre. Derartige Hindernisse müssen vermieden werden. Die Raupe wird also in eine Lähmung versetzt, die jede Widerstandsregung erstickt. Das erreicht die Ammophila, indem sie langsam deren Kopf kaut. Sie hütet sich, den Stachel an dieser Stelle einzuführen: Die tödliche Verletzung der Gehirnganglien würde die Raupe sofort töten, eine Ungeschicklichkeit, die unbedingt vermieden werden muss. Sie drückt das Gehirn leicht mit den Kieferzangen zusammen und hält immer wieder inne, um die Wirkung zu prüfen; denn ein kritischer Punkt ist zu erreichen, eine bestimmte Lähmung darf nicht überschritten werden, weil sonst der Tod eintritt. So wird die Schläfrigkeit erzielt, die den Willen ausschaltet. Nun, da die Raupe sich nicht mehr wehren kann und willenlos ist, wird sie am Nacken gepackt und zum Nest gezerrt. Jeder Kommentar würde die Beredtheit solcher Fakten verunglimpfen.

Zweimal hat die Borstige Sandwespe mich bei ihrer Chirurgentätigkeit zuschauen lassen. Von meiner lange zurückliegenden ersten Beobachtung habe ich an anderer Stelle berichtet. Improvisiert, war sie nicht so klar wie die heutige, die geplant und in aller Ruhe durchgeführt wurde. In beiden Fällen gab es zahlreiche Einstiche, die auf der Bauchseite systematisch von vorne nach hinten verteilt wurden. Sind es gleich viele? Jetzt sind es neun. Bei dem Opfer auf dem Plateau von Angles schien der Stachel mehr Wunden zu verursachen, obwohl ich nicht weiß, wie viele. Es kann sein, dass die Zahl der Dolchstöße variiert und die weniger wichtigen hinteren Segmente je nach Größe und Kraft der Raupe entweder ignoriert oder attackiert werden. Beim zweiten Mal sah ich die Hirnkompression, die den Transport und die Einlagerung des Opfers ermöglicht. Ein so auffallendes Faktum wäre mir nicht entgangen; sie hat also beim ersten Mal nicht stattgefunden. Die Hirnkompression ist also eine Methode, die der Hautflügler anwendet, wenn die Umstände es erfordern, wenn es z.B. so aussieht, dass die Beute sich beim Transport wehren könnte.

Das Kauen der Hirnnervenknoten ist beliebig; für die Zukunft der Larve ist es unwichtig; der Hautflügler praktiziert es nur, wenn es nötig ist, um den Transport zu bewerkstelligen. Die Languedoc-Grabwespe, die mir früher so viel Mühe machte, habe ich inzwischen recht oft bei der Arbeit gesehen, aber die Operation am Genick ihrer Sattelschrecke hat sie mir nur einmal vorgeführt. Auf ihre invariablen und absolut notwendigen Elemente reduziert, scheint die Taktik der Ammophila in einer Vielzahl von Stichen zu bestehen, die nacheinander über alle oder fast alle Nervenzentren an der Mittellinie der Bauchseite verteilt werden.

Stellen wir die mörderische Kunst des Hautflüglers neben die mörderische Kunst des Menschen, des praktischen Menschen, dessen Beruf es ist, rasch zu töten. Hier möchte ich ein Kindheitserlebnis schildern. Wir waren Schüler von zwölf Jahren, als wir von den Missgeschicken des Meliboeus hörten, der seinen Kummer an der Brust von Tityrus[4] ausweint, worauf ihm dieser seine Kastanien, seinen Käse und sein Lager mit frischem Farn anbietet; wir mussten ein Gedicht von Racine dem Jüngeren aufsagen: *Die Religion*. Wahrlich, ein seltsames Gedicht für Kinder, die sich mehr aus Marmeln als aus Theologie machen! Davon sind mir genau zweieinhalb Verse im Gedächtnis geblieben:

... et jusque dans la fange, L'insecte
nous appelle et, certain de son prix,
Ose nous demander raison de nos mépris

(... und bis in den Sumpf ruft uns
das Insekt und gewiss seines Preises,
fragt es, warum wir uns irrten, ganz dreist.)

Warum habe ich diese zweieinhalb Verse behalten und sonst nichts? Weil der Skarabäus und ich schon Freunde waren. Diese zweieinhalb Verse beunruhigten mich; der Gedanke, euch im Sumpf anzusiedeln, erschien mir absurd, ihr, Insekten mit einem so reinlichen Gewand, einer so tadellosen Toilette. Ich kannte den Bronzepanzer des Laufkäfers, das Wams des Hirschkäfers aus Russischem Leder; ich wusste, dass selbst die Geringsten unter euch einen Ebenholzschimmer haben, Glanzlichter von kostbaren Metallen; und auch der Sumpf, in den euch der Dichter warf, empörte mich. Wenn Monsieur Racine der Jüngere nichts Besseres über euch zu sagen wusste, hätte er schweigen sollen; aber er kannte euch nicht, und damals gab es wenige, die von euch etwas zu ahnen begannen.

Während ich für die nächste Lektion eine Passage des langweiligen Gedichts wiederkäute, malte ich mir einen anderen Unterricht aus. Ich besuchte den Hänfling in seinem Nest auf dem Wacholderbusch, der so groß war wie ich; ich schaute dem Häher zu, der eine Eichel aufpickte; ich sah den Krebs, noch ganz weich mit seiner neuen Haut; ich ermittelte das genaue Datum, an dem die Maikäfer fällig waren; ich suchte die erste aufgeblühte Kuckucksblume. Tiere und Pflanzen, diese gewaltige Dichtung, deren leises Echo in meinem jungen Hirn erwachte, eine glückliche Ablenkung von diesem kalten Alexandriner. Das Problem des Lebens und jenes andere mit seinen düsteren Schrecken, das Problem des Todes, gingen mir durch den Sinn. Eine vorübergehende Obsession, die die Mobilität der Jugend bald auslöschte. Doch die furchtbare Frage kam wieder, durch ein Ereignis aus dem Vergessen geholt.

Als ich einmal an einem Schlachthof vorbeiging, sah ich einen vom Schlachter geführten Ochsen. Ich hatte immer einen unüberwindlichen Abscheu vor Blut; als Kind wurde ich beim Anblick einer blutenden Wunde ohnmächtig, was mich nicht nur einmal fast das Leben gekostet hätte. Woher nahm ich den Mut, das grausige Schlachthaus zu betreten? Zweifellos trieb mich das schwarze Problem des Todes. Ich folgte dem Ochsen.

Mit einem derben Strick um die Hörner, mit feuchtem Maul und friedlichem Blick schreitet das Tier voran, als käme es zu seiner Futterkrippe. Der Mann geht voraus, den Strick in der Hand. Wir betreten die Halle des Todes, um uns der Übelkeit erregende Gestank von herumliegenden Eingeweiden und von Blutlachen. Der Ochse merkt: Das ist nicht der Stall; er hat vor Schreck blutunterlaufene Augen; er sträubt sich, will flüchten. Aber da ist ein Eisenring am Boden, an einer Steinplatte befestigt. Der Mann zieht den Strick durch den Ring und zerrt. Der Ochse senkt den Kopf; sein Maul berührt den Boden. Während ein Gehilfe ihn mit dem Strick in dieser Stellung hält, nimmt der Schlachter ein Messer mit spitzer Klinge, das gar nicht gefährlich aussieht, kaum größer als das in meiner Hosentasche. Er tastet auf dem Nacken des Tieres und sticht zu. Der Koloss erbebt und fällt, wie vom Blitz getroffen; »procumbit humi bos«, (zu Boden stürzt das Rind), wie wir damals sagten.

Kopflos stürze ich hinaus. Später fragte ich mich, wie man mit einem Messer, das fast so aussah wie das, mit dem ich Nüsse öffnete und Kastanien schälte, einen Ochsen töten konnte, und so schnell! Keine klaffende Wunde, kein Blut, kein Brüllen. Der Mann tastet, sticht und aus: Der Ochse bricht in die Knie.

Dieser sofortige Tod, dieses Blitzartige, blieb für mich ein erschreckendes Mysterium. Erst später, viel später, erfuhr ich das Geheimnis des Schlachthauses, als ich durch die Zufälle meiner Lektüre auch ein paar Anatomiebrocken zu Gesicht bekam. Der Mann hatte das Rückenmark an seinem Austritt aus dem Schädel durchtrennt; er hatte den, wie die Physiologen sagen, Lebensknoten durchschnitten. Heute könnte ich sagen, er hat nach Art des Hautflüglers operiert, der seinen Dolch in die Nervenzentren stößt.

Wohnen wir diesem Schauspiel ein zweites Mal bei, unter noch ergreifenderen Umständen. Es geht um südamerikanische Schlachthäuser, riesige Anstalten zur Tötung und Fleischverarbeitung, wo täglich an die zweihundert Rinder geschlachtet werden. Ich entlehne den Bericht eines Augenzeugen.[5]

»Das Vieh kommt in großen Herden, und die Schlachtung erfolgt am Tag darauf. Ein ganzer Trupp wird in eine Bucht oder margueira gesperrt. Von Zeit zu Zeit treiben Reiter bis zu sechzig Rinder in eine noch schmalere und stabilere Bucht mit einem schrägen Boden aus Ziegeln, Brettern oder Beton, der immer glitschig ist. Auf einer Plattform, die um die kleine margueira herumführt, steht ein spezieller Arbeiter und holt aus der Menge ein Tier, dem er das Lasso um den Hals, meist aber um die Hörner wirft. Der mittlere Teil des langen, derben Lassos ist auf eine Haspel gerollt; und ein Zugtier, gewöhnlich ein Pferd oder ein Paar Ochsen, ziehen daran und zerren das Tier, das trotz seines Sträubens gegen die Haspel schlittert, wo es in einem Strebebogen festgezurrt wird.

Ein anderer Gehilfe, der ebenfalls auf der Plattform steht, der desnucador, muss nur noch hinter dem Kopf zustechen, zwischen Hinterhaupt und zweitem Halswirbel, und das gelähmte Rind fällt, stumm, auf eine Kipplore und wird weggekarrt. Es wird auf eine schiefe Ebene geworfen, wo andere Spezialarbeiter es ausbluten lassen und ihm die Haut abziehen. Da aber die Stelle und Größe der Wunde am Rückenmark sehr unterschiedlich ist, gibt es bei diesen unglücklichen Tieren oft noch Bewegungen des Herzens und der Atmung; dann reagieren sie unter dem Messer, sie brüllen und strampeln, obwohl sie schon halb gehäutet sind und ihr Bauch offen ist. Nichts ist so qualvoll wie der Anblick dieser Tiere, die bei lebendigem Leibe gehäutet, zerlegt und verarbeitet werden, von blutbedeckten Männern, die bei vollem Verstand handeln.«

Das saladeiro wiederholt exakt die Tötungsmethode, die der Schlachthof mir gezeigt hat. In beiden Werkstätten des Todes wird das Rückenmark an der Schädelbasis verletzt. Die Sandwespe operiert genauso, nur dass ihr Verfahren aufgrund des besonderen Körperbaus ihres Opfers viel komplizierter, viel schwieriger ist. Sie ist erst recht überlegen, wenn man die Feinheit des Ergebnisses betrachtet. Ihre Raupe ist kein Kadaver wie das Rind, dessen Rückenmark durchtrennt wird; sie lebt, ist aber bewegungsunfähig. Das Insekt ist hier dem Menschen in jeder Hinsicht überlegen.

Wie aber sind unser Metzger und der desnucador der Pampas darauf gekommen, ins Rückenmark zu stechen, um bei einem Koloss, der sich nicht ohne gefährliche Gegenwehr abschlachten ließe, einen sofortigen Tod zu erzielen? Außer Fachleuten und Wissenschaftlern kennt, vermutet niemand die niederschmetternde Folge dieser Verletzung; bei diesem Thema sind wir fast alle so unwissend wie ich damals, als mich kindliche Neugier in den Schlachthof trieb. Der desnucador und der Metzger haben ihr Handwerk durch Tradition und Anschauung gelernt; sie hatten Lehrer, und diese lernten bei Meistern, die durch die Kette von Traditionen mit jenem verbunden waren, der wohl durch ein Jagdereignis als erster die Wirkung von Nackenwunden erkannte. Wer weiß denn, ob nicht eine zufällig ins Rückenmark am Genick eines Rentiers oder Mammuts eindringende Feuersteinspitze die Aufmerksamkeit des Vorläufers des desnucadors erregt hat? Ein Zufall hat die Idee geliefert, Beobachtung sie bestätigt, Überlegung sie reifen lassen, Tradition hat sie bewahrt, Anschauung sie verbreitet. Künftig die gleiche Überlieferungsabfolge. Denn Generationen könnten umsonst aufeinander folgen: ihrer Lehrer beraubt, würden die Nachfahren des desnucadors in ihre ursprüngliche Unwissenheit zurückfallen. Die Kunst des Tötens durch Durchtrennen des Rückenmarks vererbt sich nicht; man wird nicht als desnucador geboren.

Hier haben wir nun die Sandwespe, die ihre Raupen viel kunstvoller tötet. Wo sind die Lehrer in der Kunst des Stiletts? Es gibt keine: Wenn der Hautflügler seinen Kokon zerreißt und aus der Erde kommt, sind seine Vorfahren längst tot; auch er wird verschwinden, ohne seine Nachkommen zu sehen: Wenn die Speisekammer bestückt und das Ei abgelegt ist, endet jede Beziehung zur Nachkommenschaft; das voll entwickelte Insekt stirbt, wenn das Insekt des Folgejahres noch als Larve in seiner unterirdischen Seidenwiege schlummert. Also absolut nichts wird durch praktische Anschauung weitergegeben. Die Ammophila wird als fertiger desnucador geboren so wie wir als Brustsäuger. Der Säugling benutzt seine Saugpumpe, die Sandwespe ihren Stachel, ohne es gelernt zu haben; und beide sind vom ersten Versuch an Meister in ihrer schwierigen Kunst. Das also ist der Instinkt, der unbewusste Antrieb, ein wesentlicher Bestandteil unserer Lebensbedingungen, der sich wie der Rhythmus von Herz und Lunge vererbt.

Versuchen wir, den Instinkt der Sandwespe bis an seinen Ursprung zurückzuverfolgen. Mehr denn je quält uns heute das Bedürfnis, etwas zu erklären, das sehr wohl unerklärbar sein könnte. Es gibt Leute, und anscheinend jeden Tag mehr, die diese ungeheure Frage herrlich kühn entscheiden. Man gebe ihnen ein halbes Dutzend Zellen, ein bisschen Protoplasma, ein Diagramm zur Darstellung, und sie werden uns die Ursachen für alles nennen. Die organische Welt, die geistige und die moralische Welt, alles kommt von der Urzelle, die sich aus eigener Kraft entwickelt hat. So einfach ist das. Der Instinkt, hervorgerufen durch eine zufällige Handlung, die sich für das Lebewesen als günstig erwies, ist erworbenes Verhalten. Und damit argumentiert man nun und beruft sich auf natürliche Auslese, Atavismus und den Kampf ums Dasein (struggle for life). Ich sehe viele große Worte, doch ein paar kleine Tatsachen wären mir lieber. Diese kleinen Tatsachen sammle und befrage ich seit fast vierzig Jahren; und ihre Antworten sprechen nicht gerade für die gängigen Theorien.

Man sagt mir, der Instinkt sei erworbenes Verhalten, ein für die Nachkommen des Tieres günstiger Zufall habe ihn erstmals erregt. Schauen wir uns das genau an. Wenn ich recht verstehe, müssen wir davon ausgehen, dass eine Sandwespe vor Urzeiten die Nervenzentren ihrer Raupe zufällig verletzte, und diese Operation bekam sowohl ihr gut, da sie nun eines nicht ungefährlichen Kampfes enthoben war, als auch ihrer Larve, die frische, lebende, aber harmlose Nahrung erhielt, und sie ihrer Art die natürliche Neigung vererbt hatte, diese vorteilhafte Taktik zu wiederholen. Das mütterliche Vermächtnis kam nicht allen gleichermaßen zugute; in der angeborenen Kunst des Stiletts gab es Ungeschickte und Geschickte. Dann kam der Kampf ums Dasein, das verhasste vae victis. Die Schwachen gingen unter, die Starken gediehen, und im Laufe der Zeitalter machte die Auslese durch Lebenskonkurrenz den flüchtigen Eindruck des Anfangs zu einem tief verwurzelten, unauslöschlichen Eindruck, der in dem klugen Instinkt zutage tritt, den wir beim Hautflügler bewundern.

Ehrlich gesagt, das ist vom Zufall wohl ein bisschen viel verlangt. Als die Sandwespe zum ersten Mal ihrer Raupe gegenüberstand, konnte, so meint man, nichts ihren Stachel lenken. Es gab keinen Grund, gezielt zu stechen. Die Dolchstöße gingen in die Oberseite der gefangenen Beute, in die Unterseite, in die Flanken, ins Vorder- und Hinterteil, wie es sich im Nahkampf ergab. Bienen und Wespen stechen, wohin sie können, ohne ein Körperteil zu bevorzugen. So machte es wohl auch die Ammophila, als sie ihre Kunst noch nicht beherrschte.

Wie viele Stellen gibt es an einem Grauen Wurm oben und unten? Mathematisch exakt müsste man antworten: unendlich viele; uns genügen ein paar Hundert. Daraus müssen neun oder auch mehr Punkte ausgewählt werden; dort und nur dort muss die Nadel eintauchen, höher, tiefer oder seitlicher hätte sie nicht die gewünschte Wirkung. Wenn der günstige Umstand sich zufällig ergibt, wie viele Kombinationen braucht man, um ihn herbeizuführen, und wie viel Zeit, um alle möglichen Fälle auszuschöpfen? Wenn die Schwierigkeiten zunehmen, flüchtet ihr euch in die Nebel der Jahrhunderte, ihr zieht euch in die Schatten der Vergangenheit zurück, soweit die Phantasie euch trägt; ihr beruft euch auf die Zeit, den Faktor, der uns so wenig zu Gebote steht und daher so gut dazu geeignet ist, unsere Hirngespinste zu verbergen. Hier könnt ihr euch ergehen und Jahrhunderte vergeuden. Vermengen wir in einem Gefäß Hunderte unterschiedlicher Münzen, und greifen wir neun heraus. Wann werden wir auf diese Weise eine feststehende Reihe erhalten, die es nur einmal gibt? Die Chance ist so gering, sagt die Mathematik, dass wir sie gleich Null setzen und sagen können, dass die gewünschte Anordnung sich nie ergibt. Bei der prähistorischen Sandwespe wurde der Versuch nur in langen Abständen wiederholt, alle Jahre wieder. Wie also ist aus dem Lostopf diese Reihe von neun Stichen in neun ganz bestimmte Stellen herausgekommen? Wenn ich Zuflucht zur Unendlichkeit der Zeit nehmen muss, fürchte ich dem Absurden zu begegnen.

Ihr sagt weiter: Das Insekt besitzt seine Chirurgengeschicklichkeit nicht gleich beim ersten Stoß; es hat Experimente durchlaufen, Lehrzeiten, verschiedene Stufen des Könnens. Die natürliche Auslese hat die weniger Befähigten eliminiert und die Begabteren behalten; und durch die Ansammlung individueller Fähigkeiten, die zu den ererbten hinzukamen, hat sich der Instinkt, wie wir ihn kennen, allmählich herausgebildet.

Das Argument ist falsch: Ein sich allmählich herausbildender Instinkt ist offenkundig unmöglich. Die Kunst, den Nahrungsvorrat für die Larve zu bereiten, kennt nur Meister, sie duldet keine Lehrlinge; der Hautflügler muss schon beim ersten Stoß glänzen, oder aufhören. Zwei Bedingungen sind absolut notwendig: Das Insekt muss imstande sein, eine Beute, die viel größer und kräftiger, als es selbst ist, zum Logis zu schleppen und einzulagern; und das frisch geschlüpfte Würmchen muss die Möglichkeit haben, in aller Ruhe an einer lebenden Beute zu knabbern, die verglichen mit ihm riesig ist. Das Ausschalten aller Bewegungen des Opfers ist das einzige Mittel, beide Bedingungen zu erfüllen, und dazu sind mehrere Einstiche nötig, in jedes Bewegungszentrum einer. Wenn die Lähmung und die Starre nicht ausreichen, wird sich der Graue Wurm den Anstrengungen der Jägerin widersetzen, er wird unterwegs verzweifelt kämpfen und seinen Bestimmungsort nicht erreichen. Wenn die Unbeweglichkeit nicht vollständig ist, wird der sich windende Riese das am Wurm befestigte Ei zerstören. Es gibt keinen Mittelweg, keinen halben Erfolg. Entweder die Raupe wird regelgerecht operiert, und die Art des Hautflüglers bleibt erhalten, oder das Opfer wird nur teilweise gelähmt, und die Nachkommen des Hautflüglers sterben im Ei.

Der unerbittlichen Logik der Dinge gehorchend, geben wir also zu, dass die erste Borstige Sandwespe, als sie einen Grauen Wurm für ihre Larve gefangen hatte, den Patienten nach der heutigen Methode operierte. Sie packte das Tier an der Nackenhaut und stach es unten, gegenüber jedem einzelnen Nervenzentrum, und wenn das Ungeheuer sich weiter zu wehren drohte, kaute sie sein Gehirn. Ja, so muss es gewesen sein; denn noch einmal: Ein ungeübter Mörder, der nachlässig und planlos handelt, würde keinen Nachfolger hinterlassen, da die Aufzucht des Eis unmöglich wäre. Ohne seine perfekte Chirurgie würde sich der Schlächter der dicken Raupen in der ersten Generation selbst auslöschen.

Wieder höre ich euch sagen: Bevor die Borstige Sandwespe den Grauen Wurm jagte, fing sie vielleicht schwächere Raupen und stapelte sie in der Zelle, bis sie die gleiche Masse ergaben wie heute die große Beute. Bei einer schwachen Beute genügten wenige Einstiche oder nur einer. Nach und nach wurde größeres Wildbret bevorzugt, da sich dadurch die Zahl der Jagden verringerte. Und je größer die Beute wurde, desto mehr Einstiche waren nötig, entsprechend der Gegenwehr des Tieres, und aus dem elementaren Instinkt des Anfangs wurde der hochentwickelte Instinkt von heute.

Auf diese Argumente kann man erwidern, dass die veränderte Ernährung der Larve und das Wechseln von einem Stück zu mehreren, dem widersprechen, was sich vor unseren Augen abspielt. Der Räuberische Hautflügler, wie wir ihn kennen, hält sich strikt an die althergebrachten Sitten; er hat für seinen Aufwand Regeln, die er nicht verletzt. Wer mit Rüsselkäfern gefüttert wurde, legt in die Zelle seiner Larve Rüsselkäfer und nichts anderes; wer Prachtkäfer erhielt, versorgt seine Larve ebenfalls mit Prachtkäfern. Für diese Grabwespe müssen es Grillen sein, für jene Sattelschrecken und für eine dritte die Heuschrecken. Anderes wird nicht akzeptiert. Die Kreiselwespe, die Bremsen jagt, findet sie köstlich und möchte nicht auf sie verzichten; der stizus ruficornis[6] der seine Speisekammer mit Gottesanbeterinnen füllt, sagt pfui! zu jedem anderen Wildbret. Und so alle übrigen. Jeder hat seinen Geschmack.

Sicher ist bei vielen eine abwechslungsreichere Speisekarte erlaubt, aber nur innerhalb derselben entomologischen Gruppe; so erlegen Rüssel- und die Prachtkäferjäger alles, was nicht zu stark für sie ist. Wollte die Borstige Sandwespe ihre Nahrung ändern, wäre das etwas für sie. Die Beute bestünde, ob klein und mehrere Stücke pro Zelle oder groß und nur ein Stück, stets aus Raupen. So weit, so gut. Aber es bleibt die Frage, ob ein Stück oder viele; und ein solcher Wechsel der Hautflügler-Gewohnheiten ist mir nicht bekannt. Wer nur ein Stück in die Höhle legt, beabsichtigt nicht mehrere kleinere aufzustapeln; wer häufig auf Jagd geht, um mehrere Stücke in der Zelle zu horten, kann sich nicht auf ein einziges beschränken, indem er ein größeres wählt. Das Ergebnis meiner Beobachtungen ist in diesem Punkt stets dasselbe. Die prähistorische Ammophila, die ihre vielen kleinen Stücke wegen eines größeren aufgab, ist eine durch nichts bewiesene Vermutung.

Würde die Frage vorankommen, wenn dieser Punkt Zustimmung fände? Keineswegs. Nehmen wir an, die ursprüngliche Nahrung sei eine schwache Raupe gewesen, die durch einen einzigen Stachelstoß in Starre versetzt wurde. Aber selbst damals durfte nicht auf gut Glück zugestochen werden, weil sonst der Stoß eher schädlich denn nützlich gewesen wäre. Gereizt durch die Verletzung, aber nicht bezwungen, wäre das Tier noch gefährlicher geworden. Der Stachel muss ein Nervenzentrum erreichen, vermutlich im mittleren Bereich des Kranzes von Nervenknoten. So jedenfalls machen es heute die Sandwespen, die schmächtige Raupen erlegen. Welche Chance hat der Operateur, der aufs Geratewohl zusticht, diesen einzigen Punkt zu erreichen? Die Wahrscheinlichkeit ist lächerlich gering: Sie verhält sich so wie ein einziger Punkt zu den unendlich vielen, aus denen der Körper der Raupe besteht. Doch auf dieser Wahrscheinlichkeit beruht – laut Theorie – die Zukunft des Hautflüglers. Was für ein Gebäude wird hier auf einer Nadelspitze balanciert!

Akzeptieren wir das immer noch, und fahren wir fort. Der gewünschte Punkt wird getroffen, die Beute ist ausreichend gelähmt; das Ei ist auf ihrer Flanke abgelegt und wird sich ungefährdet entwickeln. Reicht das? Es ist höchstens die Hälfte von dem, was absolut nötig ist. Ein weiteres Ei ist unerlässlich, damit das künftige Paar vollständig ist und es Nachkommen gibt. Es muss also binnen weniger Tage oder Stunden ein zweiter, ebenso glücklicher Dolchstoß erfolgen. Mit anderen Worten, das Unmögliche wiederholt sich, das Unmögliche hoch zwei.

Geben wir nicht auf, untersuchen wir das Problem bis zum Ende. Wir haben einen Hautflügler, einen Vorläufer unserer Sandwespe, dem es zufällig gelingt, die Beute zwei oder mehrere Male in den Zustand der Trägheit zu versetzen, der für die Entwicklung des Eis unerlässlich ist. Falls er ein Nervenzentrum getroffen hat, weiß er es nicht und vermutet es auch nicht. Nichts hat ihn zu dieser Wahl veranlasst, er hat einfach zugestochen. Wenn man die Instinkttheorie ernstnimmt, muss man jedoch zugeben, dass diese zufällige Handlung, auf die das Tier nicht achtet, eine tiefe Spur hinterlassen und solchen Eindruck gemacht hat, dass von da an das raffinierte Manöver, durch Verletzung der Nervenzentren eine Lähmung zu erzeugen, vererblich ist. Aufgrund eines erstaunlichen Privilegs er-

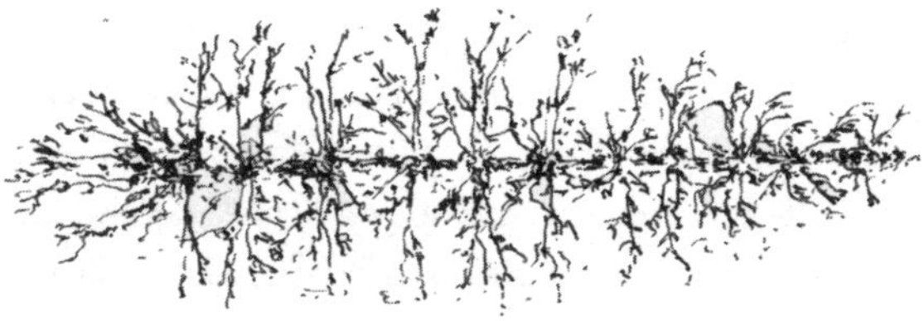

ben die Nachkommen der Ammophila etwas, das die Mutter gar nicht hatte. Sie kennen instinktiv den Punkt oder die Punkte, wo der Stachel eindringen muss; denn wenn sie noch Lehrlinge wären, wenn sie und ihre Nachkommen sich darauf verlassen müssten, dass der Zufall den entstehenden Reiz nach und nach verstärkt, würden sie auf eine Wahrscheinlichkeit nahe Null zurückfallen; sie würden Jahr für Jahr, jahrhundertelang, auf diesen Punkt zurückfallen; und trotzdem müsste die einmalige günstige Chance ständig wiederkehren. Es fällt mir schwer, an ein Verhalten zu glauben, das sich durch eine lange Wiederholung von Zufällen herausgebildet hat, von denen sich kein einziger ereignen kann, ohne alle gegenteiligen Möglichkeiten auszuschließen. Zwei Zeilen Berechnung würden beweisen, auf welche Absurditäten die Theorie stößt.

Wir sind noch nicht fertig. Man müsste sich fragen, wie zufällige Handlungen, zu denen das Tier keine Veranlagung hat, die Quelle eines erblichen Verhaltens werden können. Wir sähen den für einen üblen Schelm an, der behauptete, der Sprössling des desnucadors verstünde sich schon allein deshalb auf die Kunst des Ochsenschlachtens, weil er der Sohn seines Vaters ist, ohne das Dazwischentreten des Beispiels und des Wortes. Der Vater benutzt seine Klinge nicht bloß ein, zwei Mal, aufs Geratewohl; er macht die Operation jeden Tag, immer und immer wieder und mit Bedacht. Das ist sein Beruf. Führt dessen lebenslange Ausübung zu erblichem Verhalten? Beherrschen ihn die Söhne, Enkel und Urenkel ohne Ausbildung? Nein, sie müssen immer wieder von vorn anfangen. Zu diesem Gemetzel hat der Mensch keine Veranlagung.

Wenn der Hautflügler in seiner Kunst Hervorragendes leistet, dann weil er dafür gemacht ist, weil er die Werkzeuge nicht nur besitzt, sondern sie auch zu handhaben versteht. Und diese Fähigkeit ist authentisch, sie ist von Anfang an perfekt; die Vergangenheit hat nichts hinzugefügt, die Zukunft wird nichts hinzufügen. Sie ist, wie sie war, und so wird sie bleiben. Wenn ihr hier bloß ein erworbenes Verhalten seht, das vererbt und verbessert wird, dann erklärt mir doch, warum der Mensch – die höchste Stufe in der Entwicklung eures Urplasmas – eines solchen Privilegs beraubt ist. Ein unbedeutendes Insekt vererbt den Nachkommen seine Fertigkeiten, und der Mensch vermag das nicht. Welch ein unermesslicher Gewinn wäre es für die Menschheit, nicht mehr mit ansehen zu müssen, wie der Faule den Fleißigen und der Schwachsinnige den Begabten ablöst! Ach, warum besaß das sich aus eigener Kraft zu einem anderen Wesen entwickelnde Protoplasma, als es zu uns kam, nichts mehr von dieser wunderbaren Fähigkeit, mit der es das Insekt so überreichlich beschenkte! Offenbar deshalb, weil Zellentwicklung auf dieser Welt nicht alles ist!

Aus diesem unter vielen anderen Gründen bin ich gegen die moderne Instinkttheorie. Ich sehe darin nichts als ein geistreiches Spiel, an dem sich der Schreibtisch-Naturforscher ergötzen kann, der die Welt nach seinem Plaisier gestaltet; in dem aber der mit der Wirklichkeit befasste Beobachter keine ernstzunehmende Erklärung für das findet, was er sieht. In meiner Umgebung sehe ich, dass diejenigen, die in diesen schwierigen Fragen am sichersten sind, am wenigsten gesehen haben. Wenn sie überhaupt nichts gesehen haben, werden sie geradezu tollkühn. Die anderen, die Ängstlichen, wissen mehr oder weniger, wovon sie reden. Und ist es jenseits meines bescheidenen Umfelds nicht ebenso?

V
Lehmwespen: Gattung Eumenes

Wespengewand, halb schwarz, halb gelb, schlanke Taille, behänder Gang, die Flügel in Ruhe nicht flach ausgebreitet, sondern in der Mitte längs gefaltet; der Hinterleib wie eine Retorte, kürbisförmig und mit dem Bruststück durch einen langen Hals verbunden, der sich erst birnenförmig verdickt und dann fadendünn wird; Aufschwung wenig dynamisch, lautloser Flug, Einsiedlermanieren; das ist eine kurze Charakteristik der Lehmwespen. Meine Region besitzt zwei Arten: Die eine, Eumenes Amedei Lep., ist fast 1 Zoll

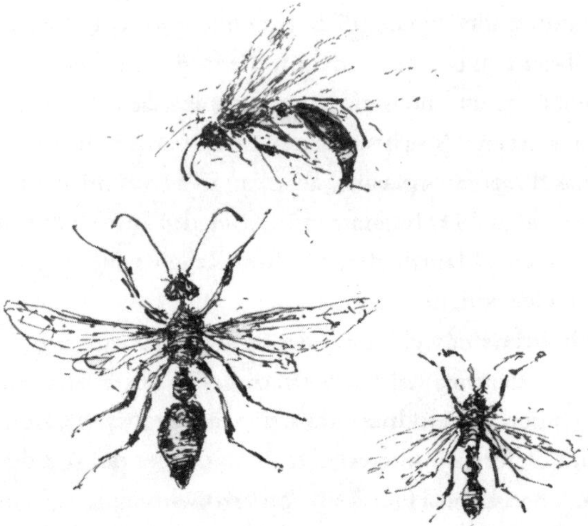

lang; die andere, Eumenes pomiformis Fab., ist ihre um die Hälfte kleinere Ausgabe.[7]

In Gestalt und Farbe ähnlich, haben beide das gleiche architektonische Talent. Und dieses manifestiert sich in einem Werk hoher Vollendung, das auch ein ganz ungeschultes Auge bezaubert. Ihr Domizil ist ein Meisterstück. Allerdings betreiben die Lehmwespen das Waffenhandwerk, das den Künsten nicht günstig ist; sie erlegen ihr Wild mit dem Stachel, sie rauben und plündern. Es sind Räuberische Hautflügler, die ihre Larven mit Raupen füttern. Ein Vergleich mit dem Operateur des Grauen Wurms dürfte interessant sein. Wenn das Wildbret dasselbe ist, Raupen dort und hier, hält vielleicht der von Art zu Art variierende Instinkt noch Einblicke für uns bereit. Im Übrigen ist das Bauwerk der Lehmwespen eine eigene Untersuchung wert.

Die Räuberischen Hautflügler, deren Geschichte wir bisher beschrieben, sind in der Kunst des Stiletts wunderbar versiert; sie erstaunen uns durch ihre chirurgische Methode, die sie von einem Physiologen gelernt zu haben scheinen, dem nichts entgeht. Aber als Wohnungsbauer haben diese gelehrten Mörder sich nicht verdient gemacht. Denn was ist eigentlich ihre Behausung? Ein unterirdischer Gang mit einer Zelle am Ende, ein Stollen, eine Vertiefung, eine formlose Höhle. Sie ist das Werk eines Bergmanns, eines Erdarbeiters, mitunter kraftvoll, aber nie kunstvoll. Bei ihnen wird mit der Spitzhacke gelockert, mit dem Brecheisen gerissen, mit dem Rechen herausgeharkt und nie mit der Kelle gemauert. Aber die Lehmwespen, ja, das sind wahre Maurer, die ihre Häuser Stein auf Stein und mit Mörtel bauen, im Freien, auf festem felsigem Grund oder auf einem schwankenden Zweig. Mal jagen, mal bauen; mal Vitruv, mal Nimrod.[8]

Und überhaupt: Was für Stellen wählen diese Häuserbauer? Wenn Sie an einer kleinen Umfassungsmauer vorbeigehen, die nach Süden geht, betrachten Sie in einer senegalesischen Hütte die unverputzten Steine, vor allem die ganz großen; untersuchen Sie die Steinblöcke dicht über der Erde, die von der Sonnenglut so aufheizt sind, dass sie die Temperatur einer Schwitzkammer haben, und vielleicht finden Sie nach unablässigem Suchen das Bauwerk der Eumenes Amedei. Das Insekt ist selten, es lebt für sich; ihm zu begegnen ist ein Ereignis, mit dem man nicht unbedingt rechnen darf. Es ist eine afrikanische Art, eine Freundin der Hitze, in welcher Johannisbrot und Datteln reifen. Sie liebt sehr sonnige Plätze, nistet in Felsen und festen Steinen, aber baut auch, wenngleich selten, wie die Chalicodoma muraria auf einem gewöhnlichen Kiesel.

Die Eumenes pomoformis ist häufiger; ihr ist es ziemlich einerlei, auf was für einem Fundament sie ihre Zelle errichtet. Sie baut an Mauern, einzelnen Steinen, auf der Innenseite halb geschlossener Holzfensterläden; sie akzeptiert auch eine luftige Basis, den dünnen Zweig eines Strauchs, einen vertrockneten Pflanzenstängel. Ihr ist alles recht. Um ihren Schutz ist sie nicht sehr besorgt. Weniger kälteempfindlich als ihre Verwandte, wählt sie auch ungeschützte und allen Winden ausgesetzte Orte.

Auf einer waagerechten Fläche, wo nichts es stört, ist das Bauwerk der Eumenes Amedei eine regelmäßige Kuppel, ein rundes Käppi, mit einer Öffnung oben und gerade groß genug für das Insekt, die von einem graziös geschwungenem Flaschenhals überragt wird. Das Ganze erinnert an die Rundhütte der Eskimos oder der alten Kelten mit ihrem Schornstein in der Mitte. Der Durchmesser beträgt etwa 2,5 cm, die Höhe 2 cm. Bei einer senkrechten Stützfläche wird die Gewölbeform beibehalten; aber der Trichter für den Ein- und Ausgang liegt an der Seite, oben. Der Boden dieses Appartements verlangt keine Bearbeitung; er wird direkt vom nackten Stein gestellt.

Auf dem Bauplatz wird als erstes eine kreisrunde ca. 3 mm hohe Mauer aus Mörtel und Steinchen errichtet. Das Insekt eröffnet seinen Steinbruch an einem festgetretenen Weg oder an den trockensten härtesten Stellen einer nahen Straße. Mit den Kieferzangen fegt es etwas Staub zusammen und durchfeuchtet ihn mit Speichel, bis daraus echter Wassermörtel wird, der schnell abbindet und wasserabweisend wird. Bei den Mörtelbienen sahen wir eine ähnliche Nutzung der festgetretenen Wege und des von der Straßenwalze zusammengeschobenen Schotters. All diese Freiluftarbeiter, diese Bauleute, die der Witterung ausgesetzte Monumente errichten, brauchen ganz trockenen Staub, denn feuchtes Material würde nicht genügend Flüssigkeit aufnehmen, um fest zu werden, und das Gebäude würde bald vom Regen ruiniert. Sie haben das Auge eines Stukkateurs, der von Feuchtigkeit verdorbenen Gips ablehnt. Später sehen wir, dass die unter einem Dach arbeitenden Insekten sich dieses mühsame Zusammenrechen von Schotter sparen und feuchte Erde nehmen, die bereits breiig ist. Wenn es gewöhnlicher Kalk tut, braucht man sich nicht für römischen Zement zu verausgaben. Die Eumenes Amedei benötigen jedoch erstklassigen Zement, noch besseren als den der Chalicodoma muraria; denn das fertige Haus erhält nicht die dicke Hülle, mit welcher diese ihre Gruppe von Zellen schützt. So nutzt die Kuppelbauerin, so oft sie kann, die Fernstraße als Steinbruch.

Außer Mörtel sind Steine nötig. Es ist Steingrieß, der fast immer gleich groß ist, wie ein Pfefferkorn, aber von unterschiedlicher Form und Beschaffenheit, je nach Förderort. Da gibt es eckige Stückchen mit scharfen Bruchkanten und vom Wasser abgeschliffene runde. Am liebsten nimmt die Lehmwespe glatte, durchscheinende Quarzkörnchen, wenn sie denn in der Nähe zu finden sind. Sie wählt die Steinchen sorgfältig aus, wiegt sie sozusagen mit der Hand, misst sie mit dem Zirkel ihrer Kieferzangen und akzeptiert sie erst, wenn sie diese für groß und hart genug befindet.

Eine kreisrunde Mauer, sagten wir, wird auf dem nackten Fels errichtet. Bevor der Mörtel abbindet, was nicht lange dauert, steckt der Maurer während der Arbeit Steinchen in die weiche Masse, und zwar so, dass sie außen hervorstehen, ohne nach innen zu ragen, wo die Wand zum Zwecke des bequemen Unterbringens der Larve glatt sein muss. Falls nötig, ebnet ein wenig Putz die Buckel ein. Auf die einzementierten Steine folgt reiner Mörtel, wobei jede Schicht einen Belag aus Kieselchen erhält. Indem der Konstrukteur das Gebäude hochzieht, schrägt er es zur Mitte immer stärker ab und gibt ihm die Rundung, aus der sich die Kugelform ergibt. Wir Menschen verwenden Wölbgerüste, auf denen beim Gewölbebau das Mauerwerk ruht; kühner als wir, baut die Lehmwespe ihre Kuppel ohne Gerüst.

Oben wird eine runde Öffnung ausgespart; und über dieser erhebt sich ein weites Mundstück aus reinem Zement. Man könnte es für den graziösen Hals einer etruskischen Vase halten. Wenn die Zelle verproviantiert und das Ei gelegt ist, wird das Mundstück mit einem Zementpfropfen verschlossen; und in diesen wird ein kleiner Kiesel gesetzt, nur einer, nicht mehr: ein heiliger Ritus. Dieses Werk einer ländlichen Architektur braucht keine Witterungsunbilden zu fürchten; es zerbricht nicht bei einem Fingerdruck, es hält dem Messer stand, das es abheben will, ohne es zu zerbrechen. Seine brustwarzenartige Form und die mit Steingrieß gespickte Außenseite erinnern an den Geist bestimmter Cromlechs, an Tumuli, deren Wölbung mit riesigen Blöcken übersät ist.

So sieht das Gebäude aus, wenn die Zelle allein steht, aber fast immer baut der Hautflügler noch fünf, sechs und mehr Gewölbe an. Das erspart Arbeit, da man eine Wand für zwei Kammern verwenden kann. Die elegante Regelmäßigkeit des Anfangs verschwindet, und das Ganze bildet eine Gruppe, die auf den ersten Blick wie ein von Steinchen übersäter Klumpen trocknen Schlamms aussieht. Untersuchen wir den unförmigen Haufen. Wir erkennen, dass die Wohnung mit den weiten Mundstücken aus mehreren Zimmern besteht, die deutlich voneinander getrennt sind und alle einen einzementierten Kieselstopfen haben.

Die Chalicodoma muraria verwendet dasselbe Verfahren wie die Eumenes Amedei: In die Zementschichten fügt sie innen kleine Steine ein. Ihr Türmchen ist anfangs ein rustikales Kunstwerk, nicht ohne Anmut; aber dann, wenn die Zellen aneinandergereiht werden, verkommt das Ganze zu einem Klumpen, in dem offenbar keine Architekturregel mehr gilt. Zudem bedeckt die Mauerbiene ihren Zellenhaufen mit einer dicken Zementschicht, unter der das Rocaillenwerk des Anfangs verschwindet. Die Lehmwespe verwendet nicht diesen allgemeinen Überzug, ihre Maurerarbeit ist fest genug; sie spart den Kieselbelag und auch das Mundstück der Kammern aus. Die Nester der beiden Arten sind also gut zu unterscheiden, auch wenn sie aus demselben Material gebaut sind.

Die Kuppel der Lehmwespe ist die Arbeit eines Künstlers, und der möchte sein Werk sicher nicht mit Steinmörtel verhüllen. Man möge mir eine Vermutung verzeihen, die ich mit der bei diesem heiklen Thema gebotenen Zurückhaltung äußere. Ist es nicht möglich, dass der Erbauer der Cromlechs an seinem Werk Gefallen findet, es ein bisschen liebevoll betrachtet und mit diesem Zeugnis seines Könnens zufrieden ist? Könnte es denn nicht sein, dass es eine Insektenästhetik gibt? Ich glaube zumindest bei der Lehmwespe die Neigung zu erkennen, ihr Werk zu verschönern. Das Nest muss in erster Linie eine feste Behausung sein, ein unverletzlicher Panzer; wenn aber die Verzierung dazukommt, ohne die Widerstandsfähigkeit zu beeinträchtigen, würde da der Arbeiter gleichgültig bleiben? Wer könnte da nein sagen?

Legen wir die Tatsachen dar. Die Öffnung auf der Kuppel würde, bliebe sie ein simples Loch, ihren Zweck ebenso erfüllen wie eine kunstvolle Tür: Was das leichte Hinein- und Herauskommen betrifft, würde das Insekt nichts verlieren; was die Arbeitsersparnis angeht, würde es gewinnen. Andererseits haben wir hier ein elegant geschwungenes Amphorenmundstück, schön wie von einer Töpferscheibe. Für die Herstellung seines winzigen Stegs sind bester Zement und sorgsame Arbeit nötig. Wozu diese Feinheiten, wenn es dem Erbauer nur um die Festigkeit des Werkes zu tun ist?

Noch ein Detail. Die für den Kuppelmantel benutzten Steinchen sind meistens aus Quarz. Der ist glatt, durchscheinend, der glänzt ein bisschen und erfreut das Auge. Warum werden diese Kieselchen verwendet, und keine Kalksplitter, wenn in der Nähe des Nestes beides häufig ist?

Und etwas noch Bemerkenswerteres: Oft sind in der Wölbung sonnengebleichte Schneckenhäuser einzementiert. Die Lehmwespe wählt gewöhnlich eine kleine Schneckenart, die auf den trockenen

Hängen häufige Rillenschnecke. Ich habe Nester gesehen, wo es fast nur Schnecken und keine Steinchen gab. Man hätte sie für Behälter in Muschel-Einlegearbeit, das Werk einer geduldigen Hand, halten können.

Hier bietet sich ein Vergleich an. Einige australische Vögel, vor allem die Laubenvögel, bauen sich aus geflochtenem Zweigwerk überdachte Alleen, Erholungshütten, und um die beiden Eingänge der Säulenhalle zu schmücken, legt der Vogel alles auf die Schwelle, was er an Glänzendem, Blankem und Farbenfrohem findet.

Vor jeder Tür gibt es ein Kuriositätenkabinett, in dem der Sammler kleine glatte Steine anhäuft, verschiedenartige Schneckenhäuser und Muschelschalen, Papageienfedern, ausgebleichte Knochen, die aussehen wie Elfenbeinstäbchen. Der dem Menschen abhanden gekommene Trödel findet sich im Museum des Vogels wieder, Rohre von Tabakspfeifen, Metallknöpfe, Fetzen von Baumwollstoff, Steinbeile.

Die Sammlung an jedem Laubeneingang ist so umfangreich, dass sie einen Scheffel zur Hälfte füllt. Da diese Gegenstände für den Vogel nutzlos sind, kann der Beweggrund für ihre Anhäufung nur Sammlerleidenschaft sein. Unsere gewöhnliche Elster hat ähnliche Vorlieben: Alles was glänzt, sammelt sie auf und versteckt es als ihren Schatz.

Nun ja, die Lehmwespe, die sich ebenfalls für glänzende Steine und leere Schneckenhäuser begeistert, ist der Laubenvogel der Insekten. Aber als verständigere Sammlerin, die das Nützliche mit dem Angenehmen verbindet, baut sie ihre Funde in das Nest ein, das Festung und zugleich Museum ist. Wenn sie Körner aus durchscheinendem Quarz sieht, lässt sie alles andere liegen: Das Bauwerk wird dadurch schöner. Wenn sie auf ein weißes Schneckenhaus stößt, beeilt sie sich, ihr Gewölbe damit zu schmücken; wenn ihr das Glück hold ist und es reichlich Rillenschneckengehäuse gibt, bedeckt sie ihr ganzes Werk damit: höchster Ausdruck ihres Liebhabergeschmacks. Ist es so? Oder nicht? Wer will das entscheiden?

Das Nest der Eumenes pomiformis erreicht die Größe einer mittleren Kirsche. Es wird aus reinem Mörtel gebaut und hat außen keinerlei Steingrieß. Seine Form ist genauso wie die eben beschriebene. Wenn es auf einer genügend großen waagerechten Fläche steht, ist es ein Gewölbe mit einem Flaschenhals in der Mitte, der ein urnenförmiges Mundstück hat. Wenn aber die Unterlage nur ein Punkt ist, auf einem Zweig zum Beispiel, wird das Nest zu einer kugeligen Kapsel, natürlich immer von einem Flaschenhals überragt. Das ist ein exotisches Töpferstück en miniature, ein dickbäuchiger Alcarazas[9]. Die Wand ist dünn, fast wie ein Blatt Papier, und zerbröckelt beim geringsten Fingerdruck. Außen ist sie etwas uneben. Hier sieht man raue Stellen, Schnüre von den verschiedenen Mörtelschichten, oder auch knotige, fast konzentrisch angeordnete Vorsprünge.

In ihren Gewölben, Behältern oder Ampullen horten die beiden Hautflügler Raupen. Hier eine Aufstellung ihrer Nahrung: Trotz ihrer Trockenheit sind diese Belege von Wert: Wer sich mit Lehmwespen beschäftigen will, kann durch sie erkennen, inwieweit der Instinkt je nach Zeit und Ort die Ernährung verändert. Die Nahrung ist üppig, aber nicht abwechslungsreich. Sie besteht aus winzigen Raupen; ich meine damit Larven von Kleinschmetterlingen. Der Körperbau bestätigt dies, denn die von den beiden Hautflüglern erlegte Beute weist den bei Raupen üblichen Organismus auf. Der Körper besteht aus zwölf Segmenten, ohne den Kopf. Die drei ersten haben echte Beine, die zwei nächsten keine; es folgen vier Segmente mit Scheinfüßen. Das ist derselbe Aufbau, den wir beim Grauen Wurm der Sandwespe sahen.

Meine alten Notizen enthalten auch eine Beschreibung der im Nest der Eumenes Amedei gefundenen Raupen: hellgrüner Körper, selten gelblich, mit kurzen weißen Härchen; Kopf breiter als das vorderste Segment, mattschwarz, auch voller Härchen. Länge: 16 bis 18 mm, Breite etwa 3 mm. Es ist über ein Vierteljahrhundert her, dass ich dies aufschrieb, und heute, in Sérignan, finde ich im Speiseschrank der Lehmwespe die gleiche Beute wie damals in Carpentras. Die Zeit und die Entfernung haben die Ernährung nicht verändert.

Ich kenne nur eine Ausnahme von dieser Treue zur Nahrung der Vorfahren. Meine Notizen erwähnen ein einzigartiges Stück, das sich von den anderen deutlich abhob. Es ist eine Raupe aus der Gruppe der Spanner mit nur drei Paaren von Scheinfüßen unter dem achten, neunten und zwölften Ring. Der Körper ist an den Enden etwas dünner, an der Verbindungsstelle einiger Segmente eingeschnürt, hellgrün mit zarten schwärzlichen Marmorierungen, die nur mit der Lupe zu sehen sind, und spärlichen schwarzen Härchen. Länge: 15 mm, Breite 2 ½ mm.

Die Eumenes pomiformis hat ähnliche Vorlieben. Ihr Wildbret besteht aus Räupchen von ca. 7 mm Länge und 1 1/3 mm Breite. Der Körper ist hellgrün und an der Verbindungsstelle der Ringe deutlich eingeschnürt. Kopf schmaler als der Körper, braun gefleckt. Blasse, mit Punktaugen besetzte Warzen sind in Querreihen auf den mittleren Segmenten verteilt; in der Mitte ist ein schwarzer Punkt, auch mit schwarzen Härchen. Auf den Segmenten drei und vier und auf den vorletzten hat jede Warze zwei schwarze Härchen und Punkte. In der Regel.

Hier ist die von zwei Stücken belegte einzige Ausnahme auf meiner Liste. Körper hellgelb mit fünf ziegelroten Längsstreifen und einigen Härchen. Kopf und Vorderbrust braun glänzend; Länge und Durchmesser wie oben.

Die Anzahl der für die Larve vorgesehenen Stücke interessiert uns mehr als ihre Art. In den Zellen der Eumenes Amedei finde ich mal fünf Raupen, mal zehn; das heißt doppelt so viel, denn die Stücke sind gleich groß. Warum diese ungleiche Versorgung, warum bekommt eine Larve doppelt so viel wie die andere? Die Tischgäste haben denselben Appetit; was der eine Säugling verlangt, muss auch der andere verlangen, falls hier nicht das Geschlecht eine Rolle spielt. Im Endstadium sind die Männchen kleiner; sie sind kaum halb so groß und so schwer wie die Weibchen. Die Vorratsmenge kann also auf die Hälfte reduziert werden. Demnach gehören die reichlich verproviantierten Zellen Weibchen; die anderen den Männchen.

Doch das Ei wird gelegt, nachdem die Vorräte eingelagert sind; und sein Geschlecht ist festgelegt, obwohl man selbst mit der sorgfältigsten Untersuchung nicht erkennt, ob daraus ein Männchen oder ein Weibchen schlüpft. Man gelangt also zwangsläufig zu dem merkwürdigen Schluss: Die Mutter kennt das Geschlecht ihres Eis und kann deshalb den Speiseschrank entsprechend des Appetits der künftigen Larve füllen. Was für eine sonderbare Welt, so ganz anders als unsere! Wir begründen die Nahrungssuche der Sandwespe mit einem besonderen Sinn; womit könnten wir dieses Zukunftswissen erklären? Kann die Zufallstheorie in dieses dunkle Problem eingreifen? Wenn nichts bei einem vorausgesehenen Zweck logisch angeordnet ist, wie wird diese klare Sicht des Unsichtbaren erworben?

Die Kapseln der Eumenes pomiformis sind mit Wildbret geradezu vollgestopft; freilich sind die Stücke recht klein. In meinen Notizen lese ich von vierzehn grünen Raupen in der einen Zelle und von sechzehn in der anderen. Weitere Informationen über die Ernährung dieses Hautflüglers besitze ich nicht; ich habe ihn etwas vernachlässigt und mich mehr mit seinen Verwandten, den Erbauern der Rocaillewerk-Kuppeln, beschäftigt. Da die Geschlechter sich in der Größe unterscheiden, allerdings nicht so stark wie bei der Eumenes Amedei, möchte ich annehmen, dass die beiden gut versorgten Zellen Weibchen gehören und die Zellen der Männchen nicht so üppig ausgestattet sein dürfen. Da ich nichts gesehen habe, beschränke ich mich auf die bloße Vermutung.

Was ich aber gesehen habe, und zwar oft, ist das kieselbeschichtete Nest mit der Larve und dem teilweise verzehrten Proviant. Die Larve zu Hause großzuziehen, um ihre Fortschritte Tag für Tag zu verfolgen, das konnte ich nicht unterlassen; zudem erschien es mir leicht. Ich bin als Pflegevater recht geübt; der Umgang mit Kreiselwespen, Sand- und Grabwespen und vielen anderen hatte mich zu einem passablen Züchter gemacht. Ich war kein Neuling in der Kunst,

in einer alten Schreibfedernschachtel Kammern mit einem Sandbett einzurichten, und darauf kam die Larve mitsamt den vorsichtig aus der mütterlichen Zelle überführten Vorräten. Der Erfolg war immer ziemlich sicher; ich beobachtete die Larven bei ihren Mahlzeiten, ich sah, wie meine Säuglinge größer wurden und ihre Kokons spannen. Aufgrund meiner Erfahrung rechnete ich also mit einer erfolgreichen Aufzucht der Lehmwespen.

Die Ergebnisse entsprachen jedoch nicht meinen Hoffnungen; alle meine Versuche scheiterten; die Larve ging jämmerlich zugrunde, ohne ihre Vorräte anzurühren.

Ich schrieb den Misserfolg allen möglichen Ursachen zu: Vielleicht hatte ich den zarten Wurm gequetscht, als ich die Festung zerschlug, ein Kalksplitter tötete ihn, als ich die harte Kuppel mit dem Messer aufbrach, eine zu heftige Sonneneinstrahlung hatte ihn getroffen, als ich ihn aus der Dunkelheit seiner Zelle zog, die Außenluft konnte ihn ausgetrocknet haben. Ich stellte alle diese wahrscheinlichen Ursachen ab. Ich ging beim Öffnen des Logis möglichst vorsichtig zu Werke; ich warf meinen Schatten auf das Nest, um den Wurm vor der Sonne zu schützen, ich steckte Vorräte und Larve sofort in eine Glasröhre und diese in eine Schachtel, die ich in der Hand trug, um das Hinundherrollen beim Transport zu vermindern. Nichts half: Sobald die Larve außerhalb ihres Domizils war, siechte sie dahin.

Lange habe ich den Misserfolg auf die Schwierigkeiten beim Umzug zurückgeführt. Die kleine Zelle der Eumenes Amedei ist ein robuster Behälter, der nicht ohne Erschütterungen aufzubrechen ist; und die Zerstörung eines solchen Werkes führt zu so verschiedenartigen Unfällen, dass man immer glaubt, der Wurm sei unter den Trümmern gequetscht worden. Was die Idee angeht, das Nest auf seiner Unterlage nach Hause zu tragen, um es dort mit mehr Sorgfalt zu öffnen, als es bei einer improvisierten Aktion auf freier Flur möglich wäre, so darf man sie gar nicht erwägen; das Nest steht fast immer auf einem unbeweglichen Block oder auf einem großen Stein in einer Mauer. Wenn ich bei meinen Aufzuchtversuchen scheiterte, dann, weil die Larve bei der Zerstörung ihrer Behausung zu Schaden gekommen war. Der Grund schien gut, und damit ließ ich es bewenden.

Dann fiel mir etwas anderes ein und ließ mich bezweifeln, dass der Grund meiner Misserfolge stets Ungeschicklichkeit war. Die Zellen der Lehmwespen sind mit Wildbret vollgestopft, bis zu 10 Raupen bei den Eumenes Amedei und ca. 15 bei den Eumenes pomiformis. Diese Raupen, die zweifellos gestochen wurden, aber auf eine mir nicht bekannte Weise, sind nicht völlig reglos. Die Kieferzangen packen, was man ihnen hinhält, der Rücken krümmt und streckt sich, die hintere Körperhälfte peitscht, wenn man sie mit einer Nadel piekt. Wo wurde das Ei abgelegt, wo inmitten dieser wimmelnden Masse, wo dreißig Kieferzangen es durchbohren und hundertzwanzig Beinpaare es zerreißen können? Wenn der Proviant nur aus einem Stück besteht, gibt es diese Gefahren nicht, und das Ei wird auf dem Opfer abgelegt, nicht irgendwohin, sondern auf eine mit Bedacht gewählte Stelle. So befestigt die Borstige Sandwespe ihr Ei mit einem Ende auf dem Grauen Wurm, an der Flanke des ersten, mit Scheinfüßen versehenen Rings. Das Ei hängt auf dem Rücken der Raupe, in einigem Abstand zu den Beinen, deren Nähe gefährlich sein könnte. Der in fast alle seine Nervenzentren gestochene Wurm liegt reglos auf der Seite, unfähig, sich zusammenzuziehen und seine letzten Ringe plötzlich zu entspannen. Wenn die Kiefer zuzuschnappen versuchen, wenn die Beine noch etwas zucken, finden sie nichts: Das Ei der Sandwespe ist auf der anderen Seite. Daher kann das geschlüpfte Würmchen den Bauch des Riesen in völliger Sicherheit durchwühlen.

Wie anders sind die Bedingungen in der Zelle der Lehmwespe! Die Raupen sind nicht völlig gelähmt, vielleicht weil sie nur einmal gestochen wurden; von der Nadel berührt, schlagen sie um sich; wenn die Larve sie beißt, müssen sie sich krümmen. Wenn das Ei auf eine von ihnen gelegt wird, ist der Verzehr dieses ersten Stückes zugegebenermaßen ungefährlich, sofern der Angriffspunkt klug gewählt wird; aber es bleiben die anderen, die nicht aller Abwehrmittel beraubt sind. Es muss nur irgendeine Bewegung in dem Haufen geben, und schon rollt das aus der oberen Schicht gestoßene Ei in eine Falle aus Beinen und Kieferzangen. Was muss dann noch passieren, damit es verunglückt?

Ein Nichts; und dieses Nichts kann in diesem Raupengewühl sehr leicht entstehen. Das Ei, ein winziger Zylinder, durchsichtig wie Kristall, ist ganz zart; schon eine Berührung macht es welk, schon der geringste Druckt zermalmt es.

Nein, sein Platz ist nicht im Nahrungshaufen, denn die Raupen, ich wiederhole mich, sind nicht völlig harmlos, wie ihre Krümmungen, wenn ich sie reize, beweisen und wie es eine andere, äußerst wichtige Tatsache bezeugt. Aus einer Zelle der Eumenes Amedei holte ich einige bereits halb verpuppte Stücke. Die Umwandlung war eindeutig in der Zelle geschehen, das heißt, nach der Operation des Hautflüglers. Worin besteht diese? Das weiß ich nicht genau, weil ich dem Jäger nicht zugesehen habe. Der Stachel war sicherlich daran beteiligt; aber wo stach er zu und wie oft? Das wissen wir eben nicht. Aber wir können bestätigen, dass die Erstarrung nicht tief geht; denn der Patient hat manchmal noch so viel Lebenskraft, um sich zu häuten und zu verpuppen. So führt alles dazu, dass wir fragen, durch welchen Kunstgriff das Ei vor der Gefahr bewahrt wird.

Diesen Kunstgriff wünschte ich sehnlichst zu entdecken; ich ließ mich nicht davon abschrecken, dass ihre Nester selten und die Nachforschungen mühsam sind, dass man einen Sonnenstich bekommen kann, viel Zeit aufwenden muss und oft die falschen Zellen aufbricht, ich wollte es sehen, und ich habe es gesehen. Die Methode ist diese: Mit Messerspitze und Pinzette öffne ich an den Kuppeln von Eumenes Amedei und E. pomiformis ein seitliches Fenster. Ich arbeite mit äußerster Vorsicht, um die Eingeschlossene nicht zu verletzen. Früher attackierte ich das Gewölbe von oben, jetzt setze ich an der Seite an. Ich höre auf, wenn die Bresche so weit ist, dass ich sehe, was drinnen geschieht.

Und was geschieht drinnen? Ich halte inne, damit der Leser sich sammeln und sich ein Mittel überlegen kann, das Ei und Würmchen unter solchen gefährlichen Umständen schützt. Suchen Sie, kombinieren Sie, denken Sie nach, Sie mit Ihrem erfinderischen Geist! Haben Sies? Vielleicht? Ich kann es Ihnen ja auch sagen.

Das Ei wird nicht auf die Vorräte gelegt; es wird oben an der Kuppel befestigt, mit einem Faden, der es an Feinheit mit einem Spinnennetz aufnehmen kann. Beim leisesten Hauch zittert und schaukelt der empfindliche Zylinder; er erinnert mich an das berühmte Pendel an der Kuppel des Pantheons, das die Erdrotation beweisen sollte. Der Proviant wird darunter aufgeschichtet.

Zweiter Akt dieses wunderbaren Schauspiels: Um es mitzuerleben, öffnen wir Zelle auf Zelle ein Fenster, bis uns das Glück lacht. Die Larve ist geschlüpft und schon recht groß. Wie das Ei hängt sie, am Hinterleib, senkrecht von der Decke; aber der Aufhängefaden ist merklich länger geworden; er besteht aus dem ursprünglichen Faden und einem bandartigen Fortsatz. Der Wurm ist beim Mahl; mit dem Kopf nach unten wühlt er in einem schlaffen Raupenleib. Mit dem Strohhalm berühre ich das noch unversehrte Wildbret. Die Raupen bewegen sich heftig: Sofort zieht sich der Wurm aus dem Gewühl zurück. Und wie! Wunder über Wunder: Was ich für eine platte Schnur hielt, für ein Band am Aufhängefaden, ist eine Scheide, ein Futteral, eine Art Aufstiegskorridor, in den der Wurm rückwärts hineinkriecht und darin hochklettert. Die Eihülle, die ihre zylindrische Form bewahrt hat und wohl durch eine besondere Arbeit des Neugeborenen verlängert wurde, bildet den Zufluchtskanal. Beim geringsten Zeichen von Gefahr im Raupenhaufen verzieht sich die Larve in die Scheide und klettert wieder zur Decke, wo das Gewimmel sie nicht erreichen kann. Wenn Ruhe einkehrt, lässt sie sich in ihr Etui hinabgleiten und setzt sich zu Tisch, den Kopf tief in der Nahrung, den Hinterleib hochgestellt und stets rückzugsbereit.

Dritter und letzter Akt: Die Larve ist zu Kräften gekommen. Sie ist so robust, dass sie bei den Rückenbewegungen der Raupen nicht mehr in Schrecken geraten muss. Zudem sind diese durch das Fasten so ausgelaugt und von der langen Starre so geschwächt, dass sie sich kaum noch verteidigen können. Auf die Gefahren des Neugeborenen folgt die Sicherheit des starken Jünglings, und der Wurm, der von nun an seine Aufstiegshülle verschmäht, lässt sich auf seine Vorräte fallen. So endet das Festmahl wie üblich.

Genau das habe ich in den Nestern der beiden Lehmwespenarten gesehen; und das habe ich Freunden gezeigt, die über die sinnreiche Taktik noch mehr als ich staunten. Das in einigem Abstand von den Vorräten an der Decke aufgehängte Ei hat von den unten zappelnden Raupen nichts zu befürchten. Der frisch geschlüpfte Wurm, dessen Halteseil um die Eihülle verlängert ist, gelangt nun bis zu ihnen und beißt vorsichtig hinein. Bei Gefahr verzieht er sich in die Hülle und schwingt sich wieder hoch ins Gewölbe. Das erklärt das Scheitern meiner ersten Versuche. Da ich nichts von dem so feinen und so leicht zerreißbaren Sicherheitsfaden wusste, sammelte ich bald das Ei, bald die junge Larve auf, wenn sie durch meinen Einbruch von oben in ihre Vorräte gefallen waren. Im direkten Kontakt mit dem Wildbret konnten beide nicht gedeihen. Wenn einer meiner Leser, an die ich mich soeben wandte, eine bessere Idee als die Lehmwespen hat, möge er sie mir mitteilen. Das wäre eine seltsame Parallele zwischen den Eingebungen der Vernunft und den Eingebungen des Instinkts.

VI
Die Odynerus-Arten[10]

Die Notwendigkeit des Aufhängefadens und des Aufstiegsfutterals bei den Eumenes-Arten ergab sich durch die große Anzahl und die unvollständige Lähmung der als Larvenfutter vorgesehenen Raupen; das sinnreiche System soll Gefahr abwenden. So jedenfalls deute ich die Verkettung von Ursache und Wirkung. Aber wie jeder misstraue ich dem Wie und Warum. Ich kenne die schlüpfrigen Anstiege auf dem Gelände der Interpretation, und bevor ich die Gründe für eine beobachtete Tatsache behaupte, suche ich ein Bündel von Beweisen. Wenn die eigenartige Anbringung des Eis der Eumenes-Arten tatsächlich auf den von mir genannten Gründen beruht, muss man bei ähnlich gefährlichen Umständen, das heißt mehrere Proviantstücke und unvollständige Starre, entweder eine ähnliche Schutzmethode oder eine ganz andere mit gleichwertiger Wirkung finden. Die Wiederholung der Handlung wird die Richtigkeit der Interpretation bezeugen; und wenn der Fall der Eumenes mit den dabei auftretenden Abweichungen nicht woanders vorkommt, wird er etwas sehr Seltsames bleiben, ohne die Tragweite zu erlangen, die ich in ihm sehe. Wir wollen also zur besseren Begründung verallgemeinern.

Die Odynerus-Arten, Réaumurs Solitäre Wespen, rangieren nicht weit hinter den Eumenes-Arten. Dasselbe Gewand, dieselben längs gefalteten Flügel, dieselben Pirschjäger-Instinkte und vor allem dieselben Berge von Beutetieren, die sich noch so gut bewegen können, dass sie gefährlich sind. Wenn meine Argumente fundiert sind, wenn ich es richtig bedacht habe, muss das Ei des Odynerus, genau wie das Ei der Eumenes, an der Kammerdecke aufgehängt sein. Meine auf Logik gegründete Überzeugung ist derart ausgeprägt, dass ich das am Rettungsfaden zitternde frisch gelegte Ei vor mir zu sehen glaubte.

Oh! Ich gebe es zu: Ich bräuchte einen kräftigen Glauben, um die Hoffnung zu nähren, dort, wo die Lehrer nichts sahen, etwas oder mehr als bloß etwas zu finden. Immer wieder lese ich Réaumurs Abhandlung über die einzeln lebende Wespe. Der Herodot der Insekten ist reich an Belegen; aber nichts, absolut nichts über das aufgehängte Ei. Ich befrage L. Dufour, der dieses Thema mit dem gewohnten Schwung behandelt. Er hat das Ei gesehen, er beschreibt es; aber was den Aufhängefaden betrifft: nichts, immer nichts. Ich befrage Lepelletier, Audoin, Blanchard: völliges Schweigen über das Schutzmittel, wie vermutet. Kann ein so wichtiges Detail solchen Beobachtern entgangen sein? Täuscht mich meine Phantasie? Ist das mir von einer bündigen Logik demonstrierte Schutzsystem vielleicht nur ein Traum? Entweder ha-

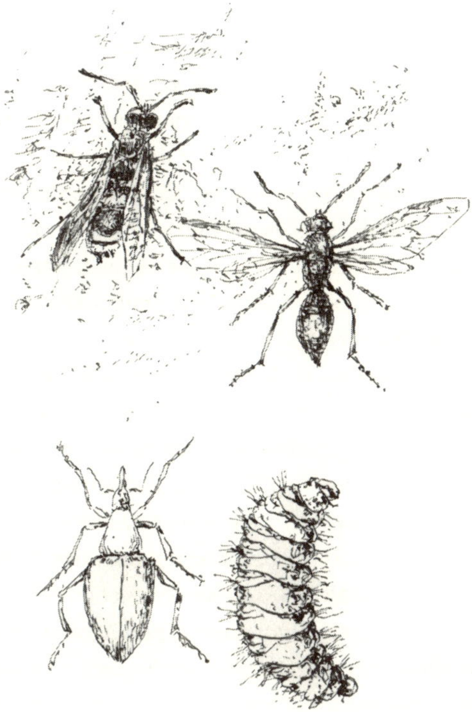

ben mich die Eumenes belogen, oder meine Hoffnungen sind begründet. Und als Schüler, der sich gegen seine Lehrer erhoben hat, stark durch Argumente, die ich für unschlagbar halte, begann ich zu forschen, fest überzeugt, Erfolg zu haben. Und ich hatte Erfolg; ich fand, was ich suchte, sogar mehr. Berichten wir die Sache in allen Einzelheiten.

In meiner Nähe haben sich verschiedene Odynerus angesiedelt. Ich kenne eine davon, welche die verlassenen Nester der Eumenes Amedei in Besitz nimmt. Dieses ungewöhnlich stabil gebaute Nest ist keine Bruchbude, wenn sein Eigentümer auszieht; es büßt nur seinen Flaschenhals ein. Die unversehrte Kuppel ist eine befestigte Nische, viel zu bequem, um leer zu stehen. Eine Spinne übernimmt die Höhle, nachdem sie sie mit Seide tapeziert hat; Mauerbienen schlüpfen dort bei Regen unter, oder sie machen daraus ein Schlafzimmer für die Nacht; eine Odynerus unterteilt die Höhle durch Lehmwände in drei oder vier Kammern, Wiegen für ebenso viele Larven. Eine zweite Art nutzt die verlassenen Nester der Schlammarbeiterbiene; eine dritte höhlt eine trockene Brombeerranke aus und erhält dadurch ein Futteral, das sie in Stockwerke unterteilt; eine vierte bohrt einen Gang ins tote Holz eines Feigenbaums; eine fünfte gräbt in einem festgetretenen Weg ein Loch, das sie mit einer zylindrischen Brüstung versieht. All diese Fertigkeiten sind der Untersuchung wert; aber ich suche diejenigen, die Réaumur und L. Dufour berühmt gemacht haben.

Auf einer steilen Böschung aus roter Lehmerde entdecke ich schließlich Anzeichen einer Odynerus-Siedlung. Es sind die von den beiden Historikern erwähnten charakteristischen Schornsteine, gebogene Röhren mit Guillochierarbeit, die am Eingang der Behausung hängen. Der Hang liegt in der Mittagsglut. Obendrauf ist eine kleine, völlig verfallene Mauer, dahinter bilden Kiefer einen dichten Vorhang. Das Ganze ist eine warme Unterkunft, wie die Hautflügler sie brauchen. Außerdem haben wir jetzt Mitte Mai und Arbeitssaison, wie die Lehrer sagen. Außenarchitektur, Standort, Zeit, alles entspricht dem, was Réaumur und Dufour berichten. Ob ich ein paar Odynerus treffe? Das werden wir sehen, und zwar bald. Noch lässt sich keiner der Ingenieure blicken, die diese guillochierten Säulenhallen bauen; jetzt heißt es warten. Ich suche mir in der Nähe einen Sitzplatz, von wo aus ich die Ankömmlinge im Auge habe.

Ach, wie lang sind die Stunden, wenn man völlig reglos sitzen muss, unter brennend heißer Sonne, an einem Hang, der die Hitze eines Schmelzofens abstrahlt! Mein unzertrennlicher Begleiter Bull, hat sich in den Schatten, unter einen Steineichenbusch, zurückgezogen. Dort findet er eine dicke Sandschicht, die noch Spuren vom letzten Platzregen bewahrt. Ein Bett wird gegraben; und in der frischen Furche legt sich der Genießer platt auf den Bauch. Er lässt die Zunge heraushängen, peitscht mit dem Schwanz die Zweige und schaut mich mit sanftem, tiefem Blick unverwandt an. »Was machst du da unten, du Dummer? Du lässt dich ja rösten! Komm hierher, unters Laubdach, sieh doch, wie wohl mir ist!« Das glaube ich in den Augen meines Begleiters zu lesen. »Oh, mein Hund, mein Freund!, ich würde dir antworten, wenn du mich verstehen könntest; den Menschen quält die Wissbegierde. Dich quält bloß die Begierde nach einem Knochen und ab und an die Begierde nach deiner Schönen. Das schafft zwischen uns trotz unserer treuen Freundschaft einen gewissen Abstand, obwohl man heutzutage sagt, wir seien ein bisschen verwandt, beinahe Vettern. Ich habe das Bedürfnis nach Wissen und lasse mich freiwillig rösten; du hast es nicht und verziehst dich in die Kühle.«

Ja, die Stunden sind lang, wenn man einem Insekt auflauert, das nicht kommt. Im nahen Kiefernwald jagen sich Wiedehopfe mit den Liebesneckereien des Frühlings. Upupu!, ruft das Männchen dumpf, Upupu! Die lateinische Antike nannte den Wiedehopf Upupa, die griechische nannte ihn Epopos. Aber Plinius machte aus dem e und o zwei u, um den Ruf im Namen nachzuahmen. Selten hatte ich einen maßgeblicheren Unterricht in lateinischer Aussprache als deinen; du, schöner Vogel, bietest mir Ablenkung in meiner großen Langeweile! Deinem Idiom getreu rufst du Upupu, wie schon zur Zeit von Aristoteles oder Plinius und wie das erste Mal, als dein Ruf ertönte. Aber was ist aus unseren Idiomen, den urzeitlichen Idiomen, geworden? Nicht einmal der Gebildete vermag von ihnen noch etwas zu entdecken. Der Mensch ändert sich, das Tier ist unveränderlich.

Endlich, endlich sind wir soweit! Die Odynerus kommt geflogen, so lautlos wie die Eumenes. Sie verschwindet im gebogenen Zylinder des Vorraums und begibt sich in ihr Heim, ein Würmchen unterm Bauch. Ein kleines Reagenzglas wird ans Nest gehalten. Als das Insekt herauskommt, wird es gefasst. Es ist geschehen, es ist gefangen und wird sofort in das Erstickungsfläschchen mit Papierstreifen und Schwefelkohlenstoff gekippt. Und jetzt, lieber Hund, du lässt schon lange die Zunge hängen und wedelst mit dem Schwanz, jetzt können wir gehen: Der Tag ist nicht verloren. Morgen kommen wir wieder.

Ich mache mich kundig: Meine Odynerus entspricht nicht dem, was ich erwartete. Es ist nicht die von Réaumur beschriebene Art (Odynerus spinipes) und auch nicht die von L. Dufour erforschte (Odynerus Reaumurii); es ist eine andere (Odynerus reniformis Lat.), aber eine, die sich derselben Kunst hingibt. Schon der Weise in den Landes ließ sich von dieser Gleichheit der Bauten, Vorräte und Gewohnheiten einlullen; er meinte, Réaumurs Solitäre Wespe vor sich zu haben, obwohl sein Röhrenbauer sich von jener ganz besonders unterschied.

Der Arbeiter ist uns bekannt; jetzt müssen wir sein Werk kennenlernen. Der Nesteingang öffnet sich in der Steilwand, ein rundes Loch, um das eine gebogene Röhre gemauert ist, deren Mündung nach unten geht. Dieser Vorraum wird beim Graben des Gangs aus dem Aushub errichtet und besteht aus Erdkörnchen, die nicht in fortlaufenden Schichten, sondern in Abständen liegen. Es ist eine Art Durchbrucharbeit, eine geklöppelte Spitze aus Lehm. Der Vorraum ist etwa 1 Zoll lang und hat einen inneren Durchmesser von 5 mm. Auf diese Säulenhalle folgt der ebenso breite Gang; er geht schräg in den Boden, etwa 1,5 Dezimeter tief. Dort verzweigt er sich in kurze Korridore, welche Zugang zu den voneinander unabhängigen Zellen gewähren. Jede Larve hat ihre Kammer, die durch einen eigenen Eingang versorgt wird. Ich habe bis zu zehn gezählt, vielleicht sind es mehr. Diese Kammern sind nichts Besonderes, weder von der Architektur noch vom Umfang her; es sind simple Sackgassen, welche die Korridore abschließen. Es gibt waagerechte und mehr oder weniger schräge, ohne feste Regel. Wenn eine Zelle das enthält, was hineingehört, Ei und Vorräte, verschließt die Odynerus sie mit einem Deckel aus Erde; dann höhlt sie daneben, seitlich des Hauptgangs, eine zweite aus. Dann wird der gemeinsame Weg zu den Zellen mit Erde verstopft, die Eingangsröhre wird zerstört, um Material für die Arbeiten im Innern zu gewinnen, und jede Spur des Logis verschwindet.

Die Außenschicht der Böschung ist sonnengebrannter Lehm, ziegelhart. Mühevoll reiße ich ihn mit einer kleinen Schippe auf. Innen ist der Lehm weniger hart. Wie schafft es der zarte Bergmann, sich in dieser Ziegelerde einen Gang zu öffnen? Er arbeitet zweifellos nach der von Réaumur beschriebenen Methode. Ich zitiere eine Passage des Meisters, um meinen jungen Lesern eine Vorstellung vom Verhalten der Odynerus zu geben, da es in meiner sehr kleinen Kolonie nicht in allen Einzelheiten zu beobachten war.

»Diese Wespen machen sich Ende Mai ans Werk, und man kann sie den ganzen Juni bei der Arbeit sehen. Obwohl ihr Ziel eigentlich nur darin besteht, ein Loch auszuheben, das etliche Zoll tief und etwas breiter als sie selbst ist, neigt man dazu, anderes zu vermuten. Denn um dieses Loch zu machen, bauen sie davor eine Röhre, deren Basis dem Umriss des Locheingangs entspricht. Sie verläuft erst senkrecht zur Fläche, in der sich das Ei befindet, und biegt dann nach unten ab. Je tiefer das Loch wird, desto länger wird auch die Röhre; sie wird in grober Filigran- oder in Guillochearbeit aus dem herausgeholten Sand hergestellt und besteht aus sich windenden dicken, körnigen Netzen, die sich nicht überall berühren. Durch diese Lücken wirkt sie kunstvoll gebaut; doch das Ganze ist nur eine Art Gerüst, kraft dessen die Manöver der Mutter rascher und sicherer werden.

Obwohl mir die zwei Zähne dieser Insekten als vortreffliche Instrumente bekannt sind, die sehr harte Gegenstände schneiden, erschien mir diese Aufgabe doch zu schwer für sie. Der Sand, den sie angreifen mussten, stand dem gewöhnlichen Stein an Härte nicht nach; wenigstens vermochten die Fingernägel der besonders stark ausgedörrten Außenschicht kaum etwas anzuhaben. Als ich aber diese Arbeiter beim Bohren beobachten konnte, machten sie mir klar, dass sie ihre Zähne nicht auf eine so schwere Probe zu stellen brauchten.

Ich sah, dass die Wespe zuerst den Sand aufweicht, den sie abtragen will. Sie lässt ein oder zwei Tropfen Speichel auf den Sand fallen, die sofort aufgesogen werden: Es entsteht eine weiche Paste, die ihre Zähne mühelos zusammenschieben und aufnehmen. Die zwei ersten Beinpaare formen daraus eine Kugel von der Größe des Johannisbeersamens. Mit dieser ersten Kugel legt die Wespe das Fundament der eben beschriebenen Röhre. Sie trägt sie an den Rand des durch den Aushub entstandenen Lochs; ihre Zähne und Beine drehen sie, platten sie an den Seiten ab, so dass sie höher wird. Damit fertig, löst sie wieder Sand heraus und lädt sich eine neue Mörtelkugel auf. Bald hat sie so viel Sand herausgeholt, dass der Eingang des Lochs erkennbar ist und sie eine Basis für die Röhre hat.

Aber das Werk geht nur voran, solange sie den Sand anfeuchten kann. Sie ist genötigt, ihre Arbeit zu unterbrechen, um ihren Wasservorrat zu erneuern. Ich weiß nicht, ob sie an einem Bach Wasser holte oder ob sie aus einer Pflanze oder einer Frucht eine klebrigere Flüssigkeit saugte; aber ich weiß, dass sie bald zurückkam und mit neuem Eifer fortfuhr. Ich beobachtete eine, die in einer Stunde ein Loch von der Länge ihres Körpers aushob und die Röhre so hoch baute, wie das Loch tief war. Nach ein paar Stunden maß die Röhre zwei Zoll, und sie machte das Loch noch tiefer.

Anscheinend hatte die Wespe keine feste Regel für die Tiefe ihres Lochs. Ich fand Löcher, die von der Öffnung vier Zoll tief gingen; andere hatten nur zwei oder drei Zoll. Über dem Loch sieht man auch eine Röhre, die zwei- oder dreimal so lang ist wie andere. Nicht

immer wird der gesamte herausgeholte Mörtel für ihre Verlängerung verwendet. Wenn die Wespe die Röhre für lang genug hält, erscheint sie an der Öffnung, steckt den Kopf heraus und wirft die Kugel rasch hinunter. So habe ich mitunter viel Bauschutt gesehen.

Der Zweck, zu welchem das Loch in die Lehm- oder Sandmasse gebohrt wurde, konnte nicht zweifelhaft sein; es soll offenkundig ein Ei samt Proviant aufnehmen. Weniger offenkundig ist, zu welchem Zweck die Mutter ihre Lehmröhre baut. Im Verlauf der Arbeiten erkennt man: Die Röhre ist für die Wespe das, was ein gut aufgesetzter Steinhaufen für einen Maurer ist, der eine Mauer baut. Das Loch soll nicht nur die darin geborene Larve beherbergen; für sie reicht ein Teil. Es muss jedoch eine gewisse Tiefe haben, damit es der Larve nicht zu heiß wird, wenn die Sonne auf die obere Sandschicht strahlt. Sie darf nur ganz unten wohnen. Die Mutter weiß, wie viel Platz sie lassen muss, und spart ihn aus; alles Übrige stopft sie zu und verfüllt den oberen Teil des Lochs so weit wie nötig mit dem bereitgelegten Sand. Sie baut die Röhre, um den Mörtel zur Hand zu haben. Sobald das Ei gelegt und der Proviant in Reichweite platziert ist, sieht man, wie die Mutter die befeuchtete Röhre am Ende benagt, die Kugel hineinbringt und zurückkommt, um andere in gleicher Weise zu holen, bis das Loch vollgestopft ist.«

Réaumur berichtet sodann von den Vorratshaufen in den Zellen und von den grünen Würmern, den *vers verts*[11], wie er sie ungeachtet des hässlichen Gleichklangs nennt. Da ich nicht die gleichen Dinge gesehen habe, weil meine Odynerus zu einer anderen Art gehört, behalte ich den Ausdruck bei. Nur bei drei Zellen zählte ich das Wildbret; die Kolonie war spärlich; ich musste sie schonend behandeln, wenn ich die Sache bis zum Schluss verfolgen wollte. Bevor die Vorräte angebrochen wurden, zählte ich in einer Zelle 24 Stück; in den beiden anderen, ebenfalls unberührten jeweils 22. Réaumur fand nur 8 bis 12 im Speiseschrank seiner Odynerus und L. Dufour in der Vorratskammer der seinen einen Spieß voll, 10 bis 12. Meine benötigte zwei Dutzend, das Doppelte, was durch das kleinere Wildbret zu erklären ist. Keiner der mir bekannten Räuberischen Hautflügler, außer den Kreiselwespen, die tagtäglich Nachschub bringen, kommt an diese zahlenmäßige Üppigkeit heran. Zwei Dutzend Würmchen für die Versorgung eines einzigen. Was für ein Unterschied zu der einzigen Raupe der Borstigen Sandwespe; welch sinnreiche Maßnahmen verlangt die Sicherheit des Eis in solchem Gedränge! Hier ist höchste Aufmerksamkeit vonnöten, wenn wir uns über die Gefahren für das Ei der Odynerus klar werden wollen sowie über die Möglichkeiten, es zu bewahren.

Und vor allem: Was für ein Wildbret ist das überhaupt? Es besteht aus Würmern, so dick wie eine Stricknadel und unterschiedlich lang. Die längsten messen einen Zentimeter. Der Kopf ist klein, tiefschwarz und glänzend. Die Segmente tragen keine Beine, weder echte noch Scheinfüße wie die Raupen; aber alle sind mit Gehapparaten ausgestattet, einem Paar kleiner fleischiger Warzen. Obwohl diese Würmer nach ihrer Gesamterscheinung zu derselben Art gehören, sind sie unterschiedlich gefärbt. Sie sind hellgrün, gelblich, mit zwei breiten zartrosa Längsstreifen bei den einen und mehr oder weniger dunklen grünen bei den anderen. Zwischen diesen beiden Streifen erstreckt sich auf dem Rücken eine blassgelbe Borte. Der ganze Körper ist voller schwarzer Wärzchen mit einem Härchen. Das Fehlen der Beine beweist, dass es keine Raupen, keine Schmetterlingslarven, sind. Den Versuchen Andoins zufolge sind Réaumurs grüne Würmer die Larven eines Rüsselkäfers, des Phytonomus variabilis, eines Gastes der Luzernefelder. Sollten meine rosa oder grünen Würmchen auch zu einem kleinen Rüsselkäfer gehören? Das ist gut möglich.

Réaumur hält die Würmer, aus denen die Vorräte seiner Odynerus bestehen, für lebendig; er versuchte sie aufzuziehen, in der Hoffnung, eine Fliege oder einen Käfer herauskommen zu sehen. Dufour hingegen nennt die Raupen lebend. Die Beweglichkeit des dargebotenen Wildbrets ist beiden nicht entgangen; sie sahen Würmchen, die sich bewegten und normales Leben zeigten.

Was sie gesehen haben, sehe auch ich. Meine kleinen Larven zappeln; anfangs zu einem Ring eingerollt, entrollen sie sich und rollen sich wieder ein, sobald ich die kleine Glasröhre, in der sie stecken, nur langsam drehe. Wenn man sie mit einer Nadel berührt, schlagen sie um sich. Manche können sich von der Stelle bewegen. Als ich mich mit der Aufzucht des Odynerus-Eis beschäftigte, öffnete ich die Zelle der Länge nach, so dass eine Halbröhre entstand; in diese waagerecht gehaltene Rinne legte ich einige Stücke Wildbret. Am folgenden Tag fand ich gewöhnlich eine herausgefallene Larve: der Beweis, dass sie sich bewegten, ihre Position veränderten, sogar wenn nichts die Ruhe gestört hatte.

Diese Larven wurden nach meiner festen Überzeugung vom Stachel der Odynerus verletzt; denn diese trägt den Degen ja nicht nur zur Schau. Wenn sie eine Waffe besitzt, benutzt sie die auch. Die Verletzung ist jedoch so leicht, dass Réaumur und L. Dufour sie nicht bemerkten. Für sie ist die Beute lebendig, für mich nur fast. Unter diesen Bedingungen sieht man, welchen Gefahren das Ei der Odynerus ohne außerordentliche Schutzmaßnahmen ausgesetzt wäre. Da sind nun zwei Dutzend dieser unruhigen Würmchen in derselben Zelle, Seite an Seite mit dem Ei, das ein Nichts beschädigen kann. Wie entgeht dieser empfindliche Keim dem gefahrvollen Gewühl?

Wie ich, geleitet durch die Beweisführung, voraussah, ist das Ei an der Decke der Kammer aufgehängt. An einem sehr kurzen Faden an der oberen Wand befestigt, hängt es frei im Raum. Beim Anblick dieses Eis, das bei der kleinsten Erschütterung zitterte und damit die Richtigkeit meiner Theorien bestätigte, empfand ich zum ersten Mal jene innere Freude, die einen für so viel Verdruss entschädigt. Ich sollte sie noch öfter empfinden, wie man sehen wird. Wenn wir mit Liebe, Geduld und einem geübten Auge die Welt der Insekten weiter erforschen, gewärtigen wir Wunderbares. Das Ei schaukelt also an der Decke, an einem sehr kurzen, ganz feinen Faden. Die Zelle liegt bald waagerecht, bald schräg. Im ersten Fall ist das Ei senkrecht zur Achse der Zelle angebracht, und sein unteres Ende reicht bis auf ein paar Millimeter an die entgegengesetzte Wand hinunter, im zweiten Fall bildet das Ei, das der Senkrechten folgt, mit dieser Achse einen mehr oder weniger spitzen Winkel.

Ich hatte die Fortschritte dieses Pendel-Eis in Ruhe beobachten wollen, mit all den Bequemlichkeiten, die man zu Hause dafür hat. Beim Ei der Eumenes Amedei ist das nahezu unmöglich, weil die Zelle nicht mit dem Steinblock zu transportieren ist, der ihr oft als Unterlage dient. Ein solches Domizil muss man an Ort und Stelle beobachten. Diesen Nachteil hat die Behausung der Odynerus nicht. Wenn eine Zelle freigelegt ist und sich in dem gewünschten Zustand befindet, ziehe ich mit der Messerspitze einen Graben um sie herum und löse dadurch einen Zylinder heraus, der die Zelle enthält, die aber auf eine Halbröhre reduziert wird, so dass sie nichts von dem verbirgt, was dort passieren muss. Die Vorräte werden Stück für Stück behutsam herausgeholt und in Glasröhren gesteckt. So vermeide ich die Unfälle, die das Larvengewimmel bei den unvermeidlichen Erschütterungen auf dem Transport verursachen könnte. Das Ei bleibt für sich und pendelt im leeren Raum. Eine stabile Röhre nimmt den Erdzylinder auf, den ich auf ein Wattekissen lege. Der Fund kommt in eine Blechbüchse, die ich so halte, dass das Ei senkrecht bleibt und nicht an die Wände stößt.

Nie habe ich einen Umzug durchgeführt, der so viel Zartgefühl verlangte. Durch eine falsche Bewegung konnte der Aufhängefaden reißen, der so fein ist, dass man ihn nur mit der Lupe sieht; durch heftiges Schwanken konnte das Ei an der Zellwand zerquetscht werden; man musste aufpassen, dass es nicht wie ein Klöppel gegen den Bronzebehälter schlug. Deshalb ging ich steif wie ein Automat, ganz aus einem Stück, mit genau berechneten Schritten. Welch ein Pech, wenn jetzt ein Bekannter käme, bei dem ich stehenbleiben müsste, um mit ihm zu plaudern oder ihm die Hand zu geben: Eine Unachtsamkeit von mir könnte alle meine Pläne zunichtemachen! Noch schlimmer wäre es, wenn Bull, der keinen schiefen Blick erträgt, sich Nase an Nase mit einem Rivalen fände und sich mit lang gehegtem Groll auf ihn stürzte. Ich müsste die beiden auseinanderbringen, um den Skandal zu vermeiden, dass ein wohlerzogener Hund sich gegenüber einem Dorfköter unduldsam verhält. Der Zank würde meine ganze Experimentalkonstruktion zunichtemachen. Allein der Gedanke, dass die lebhaften Interessen eines Menschen, der seiner fünf Sinne noch nicht beraubt ist, mitunter von kämpfenden Kötern abhängig sind!

Gottseidank! Die Straße ist leer, die Überführung verläuft ungehindert; der Faden, meine große Sorge, reißt nicht; das Ei wird nicht zerquetscht; alles ist in Ordnung. Das Häufchen Erde wird samt der waagerecht liegenden Zelle an einen sicheren Platz gebracht. Daneben lege ich drei oder vier der gesammelten Würmchen; die gesamten Vorräte würden zu einem Durcheinander führen; da die Zelle nur eine halbe Wand hat und auf eine Rinne reduziert ist. Am übernächsten Tag ist der Schlupf erfolgt. Die junge, gelbe Larve hängt an ihrem Hinterteil, mit dem Kopf nach unten. Sie ist bei ihrem ersten Wurm, dessen Haut schon schlaff wird. Das Hängeseil besteht aus dem kurzen Faden, der das Ei hielt, und aus dessen zu einem knittrigen Streifen eingetrockneter Hülle. Damit das Neugeborene am Ende dieses hohlen Streifens wie in einer Scheide steckenbleibt, wird sein hinteres Ende erst etwas eingeschnürt und dann zu einem Knopf aufgebläht. Wenn ich die Larve in ihrer Ruhe störe oder die Nahrungsvorräte sich bewegen, entzieht sie sich durch Kontraktion, schlüpft aber nicht ins Aufsteigefutteral wie die Larve der Eumenes. Das Halteseil ist kein Zufluchtsbehälter, in den sie sich zurückziehen könnte; es ist eine Ankerkette, die ihr an der Decke Halt gibt und ihr erlaubt, sich in Sicherheit zu bringen, indem sie sich fern des Vorratshaufens zusammenzieht. Ist Ruhe eingekehrt, streckt sich die Larve und kehrt zu ihrem Wurm zurück. Dergestalt verlaufen die Anfänge, wie ich es teils daheim in meinen Aufzuchtbehältern beobachtete, teils an Ort und Stelle, wenn ich Zellen mit einer noch jungen Larve ausgrub.

In vierundzwanzig Stunden ist der erste Wurm verzehrt. Danach hat die Larve sich offenbar gehäutet. Jedenfalls bleibt sie, zusammengezogen, eine Weile untätig; dann löst sie sich vom Seil. Jetzt ist sie frei, in Kontakt mit dem Würmerhaufen, und nun kann sie nicht mehr auf Abstand gehen. Der Rettungsfaden war nicht von langer Dauer; er sicherte das Ei und schützte den Schlupf; aber die Larve ist noch schwach und die Gefahr unvermindert. Suchen wir weitere Schutzmittel.

Als eine sehr seltsame Ausnahme, die ich noch kein zweites Mal sah, wird das Ei gelegt, bevor die Vorräte deponiert sind. Ich fand Zellen, die noch keinen Proviant enthielten und an deren Decke das Ei schaukelte. Ich fand andere, die mit einem Ei, aber nur mit zwei oder drei Stücken Wildbret versehen waren, der Anfang eines reichlicheren Spießes von vierundzwanzig. Dieses frühe Eiablegen, das sich grundlegend von dem unterscheidet, was bei den übrigen Räuberischen Hautflüglern geschieht, hat seine Berechtigung, wie wir noch sehen; es hat seine Logik, die zu bewundern man nicht müde wird.

Das in die leere Zelle gelegte Ei wird nicht aufs Geratewohl an der völlig freien Wand befestigt; es wird dicht über dem Boden, gegenüber dem Eingang, angehängt. Réaumur hatte diese Platzierung der entstehenden Larve angemerkt, ohne bei diesem Detail zu verweilen, dessen Wichtigkeit er nicht ahnte. »Der Wurm«, sagt er, »wird auf dem Grunde des Lochs, das heißt auf dem Boden der Zelle, geboren.« Er spricht nicht vom Ei, das er offenbar nicht sah. Diese Position des Wurms ist ihm so wohlbekannt, dass er, als er die Aufzucht in einer selbst angefertigten Zelle aus Glas probieren wollte, die Larve auf den Boden legte und darauf die Lebensmittel.

Warum halte ich mich bei einem kleinen Detail auf, das der berühmte Chronist der Odynerus in wenigen Worten berichtet? Ein kleines Detail? Oh nein, eher eine Hauptbedingung. Und der Grund ist dieser. Das Ei wird auf den Boden gelegt, deshalb muss die Zelle leer sein und die Verproviantierung nach der Eiablage erfolgen. Jetzt wird der Proviant eingebracht, Stück für Stück, Schicht auf Schicht, vor das Ei; die Zelle wird bis zum Eingang mit Wildbret vollgestopft und dann versiegelt.

Welche von diesen Stücken, deren Beschaffung mehrere Tage dauern kann, sind die ältesten? Die neben dem Ei. Welche sind die frischesten? Die am Eingang. Nun ist klar, die direkte Beobachtung beweist es übrigens, wenn nötig, es ist klar, sage ich, dass die aufgehäuften Würmchen jeden Tag schwächer werden. Da genügen die Wirkungen eines verlängerten Fastens, ganz zu schweigen von den Folgen einer sich verschlimmernden Wunde. Die neugeborene Larve auf dem Grund hat also im zarten Alter neben sich die weniger gefährlichen Stücke, d.h. die ältesten und damit die schwächsten. Je weiter sie im Haufen vordringt, desto frischeres und lebenskräftigeres Wildbret findet sie; aber sie verzehrt es gefahrlos, weil sie zu Kräften gekommen ist.

Dieses Fortschreiten von den fast toten zu den weniger toten Stücken setzt voraus, dass die Würmer ihre Stapelordnung nicht durcheinanderbringen. Und das tun sie auch nicht. Meine Vorgänger in der Geschichtsschreibung der Odynerus haben festgestellt, dass die der Larve vorgelegten Würmer sich gerne zu einem Ring zusammenrollen. »Die Zelle«, sagt Réaumur, »war von grünen Ringen besetzt, acht bis zwölf an der Zahl. Jeder dieser Ringe war eine zusammengerollte lebende wurmförmige Larve, die mit dem Rücken direkt an der Wand des Lochs lag. Diese so gestapelten, ja gepressten Würmer hatten keinerlei Bewegungsfreiheit.«

Bei meinen zwei Dutzend Würmchen stellte ich Ähnliches fest. Sie sind zu einem Ring gerollt; sie sind gestapelt, wenngleich in etwas unordentlichen Reihen; ihr Rücken berührt die Wand. Diese ringförmige Krümmung möchte ich nicht der Wirkung des Stichs zuschreiben, den sie höchstwahrscheinlich erhielten, denn bei den von der Sandwespe operierten Raupen sah ich sie nie; ich halte sie eher für eine natürliche Stellung des inaktiven Wurms, so wie auch das schneckenförmige Sich-Einrollen bei den Juliden[12] etwas Natürliches ist. Dieser lebendige Armreif hat den Drang, wieder gerade zu werden; er ist ein gespannter Bogen, der gegen das Hemmnis um ihn herum angeht. Kraft seines Eingerolltseins hält sich also jeder Wurm einigermaßen an seinem Platz, indem er den Rücken leicht gegen die Wand drückt; und sogar dann, wenn die Zelle sich der Senkrechten nähert.

Übrigens ist die Form der Kammer auf eine solche Einlagerung berechnet. Im Eingangsbereich, den man als Speisebunker bezeichnen könnte, ist die Zelle zylindrisch und schmal, so dass sie den Proviantstücken nur ein Mindestmaß an Raum gewährt; auf diese Weise können diese nicht verrutschen. Hier sind die Würmer dicht gestapelt. Am anderen Ende, zum Grund hin, wird die Zelle eiförmig, damit die Larve Freiraum hat. Der Unterschied zwischen den beiden Durchmessern ist deutlich zu sehen. Am Eingang finde ich nur 4 mm, am Grunde 6 mm. Aufgrund dieser unterschiedlichen Breite ist das Logis zweigeteilt: Vorne das Speisemagazin, hinten das Esszimmer. Die geräumige Kuppel der Eumenes lässt eine solche Nutzung nicht zu: Da liegt das Wildbret auf ungeordneten Haufen, älteres und frischeres durcheinander, nicht eingerollt, sondern nur gekrümmt. Das Aufstiegsfutteral ist ein Mittel gegen die Unannehmlichkeiten dieser Unordnung.

Wir wollen noch anmerken, dass die Anhäufung der Lebensmittel am Spieß der Odynerus von einem Ende zum anderen nicht dieselbe ist. In den Zellen, wo die Vorräte noch nicht oder gerade erst angegriffen wurden, stelle ich Folgendes fest: In der Nähe des Eis oder der eben geschlüpften Larve, im Esszimmer, ist der Raum nicht völlig besetzt. Einige Würmchen, drei oder vier, liegen etwas abseits vom Haufen, sodass Platz für das Ei oder die junge Larve ist. Sie sind die erste Nahrung. Wenn es hier bei den ersten Mundvoll, den riskantesten, gefährlich wird, ist das Rettungsseil ein Mittel für den Rückzug. Weiter vorne liegt das Wildbret in dichten Reihen und der Würmchenstapel ist fortlaufend.

Wird die schon kräftigere Larve so unvorsichtig sein und sich in diesen Haufen schieben? Nein, nie! Die Nahrung wird der Reihe nach verzehrt, von unten nach oben. Die Larve zieht sich den nächstliegenden Ring ins Esszimmer, frisst ihn, ohne von den anderen behelligt zu werden, und verbraucht so Schicht um Schicht den Spieß von zwei Dutzend, stets in vollkommener Sicherheit.

Gehen wir nun unseren Weg zurück, und schließen wir mit einer kurzen Zusammenfassung. Viele Proviantstücke in einer Zelle und ihre sehr unvollständige Lähmung gefährden das Ei des Hautflüglers und seine neugeborene Larve. Was ist dagegen zu tun? Das ist das Problem; eine Lösung gibt uns die Eumenes mit ihrem Futteral, mit dem die Larve wieder zur Decke aufsteigen kann; die Odynerus gibt uns eine nicht minder einfallsreiche und viel kompliziertere.

Das Ei und die frisch geschlüpfte Larve müssen vor dem gefährlichen Kontakt mit dem Wildbret bewahrt werden. Ein Aufhängefaden löst das Problem. Bis hierher ist es die von den Eumenes-Arten übernommene Methode; aber sobald die junge Larve das erste Würmchen verzehrt hat, lässt sie sich vom Haltefaden fallen, um sich abseits zusammenzuziehen. Dann beginnt eine Kette von Bedingungen, alle zu ihrem Wohl.

Die Vorsicht verlangt, dass die sehr junge Larve zuerst die harmlosesten Würmchen angreift, das heißt die durch Hunger am meisten geschwächten, die als erste eingelagert wurden. Und die Vorsicht verlangt, dass der Verzehr bei den älteren Stücken beginnt, damit die Larve bis zum Schluss frisches Wildbret hat. Zu diesem Zweck gibt es eine seltsame Ausnahme von der Regel: Das Ei wird gelegt, bevor die Verproviantierung anfängt. Es wird auf den Boden der Zelle gelegt; auf diese Weise präsentieren sich die angehäuften Lebensmittel der Larve dem Alter nach.

Das reicht nicht; wenn die Würmchen sich bewegen, dürfen sie nicht ihre Position im Stapel verändern. Für den Fall ist vorgesorgt: Der Lebensmittelbunker ist ein enger Zylinder, in dem ein Platzwechsel schwierig ist.

Auch das reicht nicht: Die Larve braucht Platz, damit sie sich mühelos bewegen kann. Die Bedingung ist erfüllt: Im hinteren Teil bildet die Zelle ein relativ geräumiges Esszimmer.

Ist das alles? Noch nicht. Das Esszimmer darf nicht so vollgestopft sein wie der Rest der Kammer. Hier wurde aufgepasst: Das erste Gedeck besteht nur aus ein paar Stücken.

Sind wir fertig? Keineswegs! Dass der Speiseschrank ein enger Zylinder ist, nützt nichts; wenn die Würmchen sich strecken, würden sie sich der Länge nach hineinschieben und die Ruhe des Säuglings im Hinterzimmer stören. Dem wurde vorgebeugt: Das Wildbret ist eine Larve, die sich zu einem Armreif zusammenrollt und sich durch den Drang, wieder gerade zu werden, an ihrem Platz hält.

Durch dieses erfinderische Bewältigen einer Serie von Schwierigkeiten gelingt es der Odynerus, Nachkommen zu hinterlassen. Schon das, was wir von ihrer glänzenden Voraussicht sahen, verblüfft uns; was wäre erst, wenn unseren schwachen Augen nichts verborgen bliebe!

Hat das Insekt seine Gewandtheit nach und nach, von Generation zu Generation erworben, in endlosen zufälligen Versuchen und blindem Tasten? Kann aus dem Chaos solche Ordnung, aus dem Zufall solche Voraussicht, aus Stumpfsinn solche Weisheit entstehen? Ist die Welt, vom ersten Eiweißatom, das zu einer Zelle koagulierte, den Verhängnissen der Evolution ausgeliefert, oder wird sie von einer Intelligenz regiert? Je mehr ich sehe, je mehr ich beobachte, desto stärker erstrahlt diese Intelligenz hinter dem Geheimnis der Dinge. Ich weiß wohl, dass man mich unweigerlich als einen grässlichen Zweckursachenmann[13] beschimpfen wird. Das stört mich wenig; dass man in der Gegenwart altmodisch ist, kann ein sicheres Zeichen sein, dass man in der Zukunft Recht bekommt!

VII
Weitere Forschungen über die Mörtelbienen

Dieses und das folgende Kapitel sollten die Form eines Briefes haben, gerichtet an den berühmten Naturforscher Charles Darwin, der jetzt neben Newton in Westminster ruht. Ich hatte die Pflicht, ihm die Ergebnisse einiger Experimente zu berichten, die er mir im Laufe unserer Korrespondenz vorgeschlagen hatte: eine sehr angenehme Pflicht; denn wenngleich mich meine Sicht der Tatsachen seinen Theorien entfremdet, hege ich dennoch eine große Verehrung für seinen edlen Charakter und seine wissenschaftliche Redlichkeit. Ich schrieb gerade meinen Brief, als mich die schmerzliche Nachricht erreichte: der große Mann war nicht mehr. Nachdem er die gewaltige Frage von der Herkunft der Arten untersucht hatte, befasste er sich mit dem letzten und düsteren Problem des Jenseits. Ich verzichte also auf die Briefform, die angesichts des Grabs in Westminster widersinnig ist. Eine unpersönliche, sachliche Abfassung wird dartun, was ich in einem akademischeren Ton hatte berichten wollen.

Vor allem eine Passage war dem englischen Gelehrten im ersten Band meiner »Erinnerungen eines Insektenforschers« aufgefallen: die Fähigkeit der Mörtelbienen, zu ihrem weit entfernten Nest zurückzufinden. Was für einen Kompass haben sie bei der Rückreise, welcher Sinn leitet sie? Der aufmerksame Beobachter sprach dann mit mir über ein Experiment, das er mit Tauben hatte machen wollen und nie gemacht hatte, da er stets anderweitig beschäftigt war. Dieses Experiment könne ich mit meinen Hautflüglern durchführen. Ein Insekt statt des Vogels, das Problem bliebe dasselbe. Ich zitiere die entsprechende Passage:

»Erlauben Sie mir einen Vorschlag bezüglich Ihres wunderbaren Berichtes über die Insekten, die wieder heim finden. Das wollte ich früher mit Tauben probieren, nämlich die Insekten in Tüten etwa hundert Schritt in die entgegengesetzte Richtung von derjenigen tragen, in welche man sie letztlich zu tragen gedachte, aber sie, ehe man umkehrte, in eine runde Büchse mit Drehzapfen tun, die man sehr schnell erst in eine und dann in die andere Richtung drehen konnte, so dass die Insekten eine Zeitlang kein Richtungsempfinden mehr hatten. Ich hatte manchmal den Gedanken, dass die Tiere vielleicht merken, in welche Richtung sie beim ersten Mal gebracht werden.«

Die Versuchsmethode schien mir raffiniert erdacht. Ehe ich nach Westen gehe, gehe ich nach Osten. Im Dunkel ihrer Tüten, und nur so transportiere ich sie, und allein dadurch, dass ich sie umsetze, haben meine Gefangenen ein Gefühl für die Richtung, in die ich sie bringe. Wenn nichts diesen Eindruck des Aufbruchs stört, leitet er das Tier bei seinem Rückweg. Das würde die Heimkehr meiner Mörtelbienen erklären, die ich drei, vier Kilometer weit weggebracht hatte. Wenn aber die Insekten durch den Transport nach Osten einen genügend festen Eindruck haben, erfolgt das schnelle Drehen, erst hier herum, dann dort herum. Verwirrt durch die vielen gegenläufigen Umdrehungen, weiß das Tier nicht, dass ich umgekehrt bin und steht noch unter dem Eindruck des Aufbruchs. Jetzt trage ich es nach Westen, während das Tier glaubt, dass es immer noch nach Osten geht. Freigelassen, wird es in die entgegengesetzte Richtung fliegen und sein Nest nicht finden.

Dieses Ergebnis erschien mir umso wahrscheinlicher, als die Äußerungen der Leute aus der Gegend dazu angetan waren, mich in meiner Hoffnung zu bestärken. Favier, der für solche Aufklärungen einfach unbezahlbar war, setzte mich auf die Fährte. Er erzählte mir, wenn man eine Katze von einem Gehöft zu einem ziemlich weit entfernten anderen schaffen will, steckt man sie in einen Sack, den man beim Losgehen herumwirbelt. So verhindert man, dass die Katze heimkehrt. Auch andere schilderten mir diese Praktik. Nach ihren Reden war das Herumdrehen im Sack absolut sicher; die verwirrte Katze kam nicht zurück. Ich übermittelte diese Informationen nach England; ich berichtete dem Philosophen in Down, wie der Bauer der Wissenschaft zuvorgekommen war. Charles Darwin staunte; ich auch, und wir beide rechneten fast mit einem Erfolg.

Die Besprechungen fanden im Winter statt; ich hatte viel Zeit, das Experiment vorzubereiten, das im Mai stattfinden sollte. »Favier«, sagte ich eines Tages zu meinem Gehilfen, »ich brauche ein paar Nester, die Ihr kennt. Geht zum Nachbarn, bittet ihn um Erlaubnis und steigt auf sein Schuppendach, mit neuen Ziegeln und mit Mörtel, den Ihr Euch vom Maurer holt; nehmt ungefähr ein Dutzend von den Ziegeln mit den größten Nestern ab, und legt dafür neue.«

So geschah es. Bereitwillig erlaubte mein Nachbar das Auswechseln der Ziegel; denn er muss selbst von Zeit zu Zeit das Werk der Mörtelbienen zerstören, wenn ihm nicht irgendwann das Dach einstürzen soll. Ich nahm lediglich eine Reparatur vorweg, die jedes Jahr dringlicher wurde. Am Abend besaß ich zwölf prächtige rechteckige Neststücke, die in der Wölbung des Ziegels lagen, also mit der Vorderseite zum Schuppeninneren. Ich war so neugierig, den größten zu wiegen: Die Schnellwaage zeigte 16 kg. Das Dach, von dem der Ziegel stammte, war voll mit ähnlichen Klumpen, die sich in einer zusammenhängenden Masse über 70 Ziegel erstreckten. Rechnet man nur die Hälfte des Gewichts, um den Durchschnitt zwischen den größten und den kleinsten Anhäufungen zu ermitteln, ergibt sich für das Bauwerk des Hautflüglers ein Gesamtgewicht von 560 kg. Trotzdem versichern mir die Leute, sie hätten auf dem Schuppen meines Nachbarn noch Besseres gesehen. Lasst die Mörtelbiene weitermachen, wie und wo es ihr beliebt, lassen wir zu, dass sich die Arbeit vieler Generationen anhäuft; und früher oder später wird das Dach unter der Last zusammenbrechen. Lasst die Nester alt werden, lasst sie auseinanderfallen, wenn Feuchtigkeit in sie eindringt, und ihr werdet Steine abbekommen, die euch den Schädel zerschmettern. Das ist das Monument eines wenig bekannten Insekts.[14]

Für mein Hauptziel reichten die Schätze, nicht von der Menge her, sondern aufgrund ihrer Beschaffenheit. Sie stammten vom Nachbarhaus, das von meinem durch ein kleines Feld mit Weizen und Oliven getrennt war. Ich musste befürchten, dass die Insekten aus diesen Nestern erblich beeinflusst waren, da ihre Vorfahren sich seit vielen Jahren in diesem Schuppen aufhielten. Von der eingewurzelten Familiengewohnheit geleitet, käme die umgesiedelte Biene vielleicht zurück; sie fände den Schuppen ihrer Vorgänger wieder und würde von dort aus ihr Nest ohne Schwierigkeiten erreichen. Da es heutzutage Mode ist, Erbeinflüssen eine wichtige Rolle zuzuweisen, muss ich sie aus meinen Experimenten eliminieren. Ich brauche fremde, von weither herbeigeschaffte Bienen, denen die Rückkehr zu ihrem Geburtsort nicht zur Rückkehr zu ihrem umgesiedelten Nest verhilft.

Favier nahm die Sache in die Hand. Er hatte an den Ufern des Aygues, mehrere Kilometer vom Dorf entfernt, eine verlassene Hütte mit einer sehr volkreichen Kolonie von Mörtelbienen entdeckt. Er wollte die Steine mit den Zellen auf der Schubkarre holen; das redete ich ihm aus: Das Holpern auf den Schotterwegen könne den Inhalt der Zellen herausschütteln. Ein Rückenkorb erhielt den Vorzug. Er nahm sich einen Gehilfen und zog los. Die Expedition verschaffte mir vier gut bevölkerte Ziegel. Mehr konnten die beiden nicht tragen; und bei ihrer Ankunft musste man sie mit einem randvollen Glas entlohnen: Sie hatten sich restlos verausgabt. Le Vaillant berichtet von einem Webervogelnest, das er auf einen von zwei Büffeln gezogenen Wagen lud.[15] Meine Mörtelbiene nimmt es mit dem südafrikanischen Vogel auf: Ein Büffelgespann wäre nicht zu viel für das gesamte Nest vom Aygues gewesen.

Jetzt müssen die Dachziegel gelegt werden. Ich möchte sie im Blick haben, von einer Position aus, die mir das Beobachten leicht macht und mir die Plagen von früher erspart: ständiges Leitersteigen, langes Stehen auf einer schmalen Sprosse, die sich schmerzhaft in die Füße drückt, Sonnenstiche an einer brennend heißen Hauswand. Außerdem sollen sich meine Gäste ein bisschen wie zu Hause fühlen. Wenn sie sich an das neue Domizil gewöhnen sollen, muss ich ihnen das Leben angenehm machen. Ich habe genau das Richtige für sie.

Unter einem Flachdach öffnet sich ein breiter Portalvorbau, dessen Seiten der Sonne ausgesetzt sind, während der Hintergrund im Schatten liegt. Hier gibt es für jeden etwas: Für mich Schatten, für meine Gäste Sonne. Die Ziegel werden mit einem Haken aus starkem Eisendraht versehen und in Augenhöhe an die Wand gehängt. Die eine Hälfte meiner Nester befindet sich rechts, die andere links. Das Ganze sieht recht originell aus. Die Leute, die hereinkommen und meine Schaustücke zum ersten Mal sehen, halten sie zuerst für Pökelfleisch, für dicke Scheiben einer exotischen Speckseite, die ich in der Sonne rasch trocknen will. Wenn sie ihren Irrtum erkennen, sind sie über meine neuen Bienenstöcke aus dem Häuschen. Die Neuigkeit verbreitet sich im Dorf, und nicht bloß einer zerreißt sich das Maul darüber. Ich gelte als Züchter von Bastardbienen. Wer weiß, was sie alles über mich erzählen!

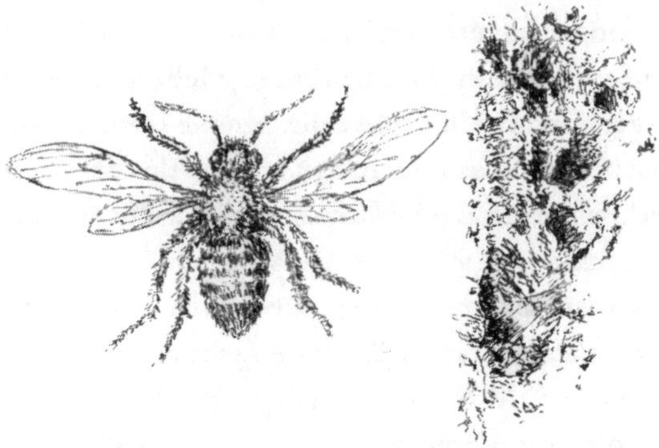

Der April ist noch nicht vorüber, und in meinen Bienenstöcken herrscht Hochbetrieb. Auf dem Höhepunkt der Arbeit wird der Schwarm zu einer kleinen Wolke, die wirbelt und surrt. Der Vorbau ist ein häufig benutzter Durchgang; er führt zu einem Vorratsraum. Anfangs wollen die Hausangestellten mit mir zanken, weil ich diese gefährliche Republik in unserer Gemütlichkeit angesiedelt habe. Sie wagten nicht mehr zu den Vorräten zu gehen: Sie müssten durch einen Bienenschwarm und auf der Hut vor Stichen sein. Ich muss ihnen ein für allemal beweisen, dass die Gefahr gleich Null ist, dass meine Biene absolut friedlich ist, unfähig, den Stachel zu ziehen, solange man sie nicht anfasst. Ich nähere mein Gesicht einer Erdwabe und berühre sie beinahe, als sie ganz schwarz von emsigen Mörtelbienen ist; ich stecke meine Finger in die Zellreihen, setze ein paar Bienen auf meine Hand, ich stelle mich in den dichtesten Wirbel, und nie ein Stich. Ich kenne ihren friedlichen Charakter seit Langem. Früher teilte ich die allgemeine Angst und begab mich nur höchst ungern in einen Schwarm von Woll- oder Mörtelbienen; heute habe ich mich von den Schrecken erholt. Quält das Tier nicht, und es denkt gar nicht daran, euch etwas zu tun. Im schlimmsten Fall wird eine, eher aus Neugier als aus Wut, euch vor dem Gesicht herumfliegen, euch eingehend betrachten, aber als einzige Drohung nur brummen. Lasst sie – ihr Betrachten ist freundlich.

Nach einigen Sitzungen war mein Personal beruhigt: alle, groß und klein, kamen und gingen durch den Vorbau, als ob nichts dabei sei. Meine Bienen waren nicht mehr ein Gegenstand der Angst, sondern ein Gegenstand der Unterhaltung; jeder sieht voller Freude, wie ihre fleißige Arbeit vorangeht. Ich hütete mich, das Geheimnis auszuplaudern. Wenn einer, der hier etwas zu besorgen hatte, am Vorbau vorbeiging, und mich vor den aufgehängten Waben sah, entspann sich ein kurzes Gespräch wie dieses: »Die kennen Sie also, darum stechen Sie sie nicht?« – »Natürlich kennen sie mich.« – »Und mich?« – »Das ist was anderes.« Und man hielt respektvoll Abstand. Genau das wollte ich.

Es ist Zeit, an die Experimente zu denken. Die für die Reise vorgesehenen Mörtelbienen müssen markiert werden, damit ich sie wiedererkenne. Dazu verwende ich eine mit Farbpulver, rot, blau usw., angedickte Lösung aus Gummiarabikum. Die unterschiedlichen Farben verhindern, dass ich die Objekte meiner Experimente verwechsle.

Bei meinen ersten Forschungen markierte ich die Bienen am Ort der Freilassung. Dazu muss man sie zwischen die Finger nehmen; ich bekam so viele Stiche, die umso schmerzhafter waren, als sie kurz nacheinander erfolgten. Daher war der Druck meines Daumens nicht mehr so sanft, zum großen Schaden meiner Reisenden, denen ich nun leicht das Flügelgelenk verletzen konnte und so ihren Aufschwung beeinträchtigte. Diese Methode musste verbessert werden, sowohl in meinem Interesse als auch in dem der Insekten. Man muss den Hautflügler markieren, wegbringen und freilassen, ohne ihn zu berühren. Durch solche Verfeinerungen konnte das Experiment nur gewinnen. Hier meine Methode.

Wenn die Biene, mit dem Bauch in der Zelle, ihre Pollenlast abbürstet oder wenn sie mauert, ist sie in ihre Arbeit vertieft, und man kann sie leicht, ohne sie zu verjagen, mit einem in farbigen Leim getauchten Halm auf dem Bruststück markieren. Diese leichte Berührung beachtet sie gar nicht. Sie fliegt fort und kommt mit einer Ladung Mörtel oder Pollen zurück. Man lässt sie hin und her fliegen, bis die Markierung trocken ist, was bei der Sonne, die für die Arbeiten nötig ist, nicht lange dauert. Dann muss man sie fangen und in eine Tüte stecken, alles, ohne sie zu berühren. Nichts ist leichter als das. Über die in ihre Arbeit vertiefte Biene stülpt man ein kleines Reagenzglas; wenn sie abfliegt, stürmt sie hinein und gelangt von dort in die Tüte, die sofort verschlossen und in die für den Transport aller Tiere vorgesehene Blechbüchse gesteckt wird. Zur Freilassung macht man dann nur die Tüten auf. Das Ganze geht ohne den peinigenden Fingerdruck.

Zuvor ist aber noch eine Frage zu klären. Welche Frist soll ich mir für die Zählung der zurückkehrenden Bienen setzen? Das möchte ich erläutern: Der Farbtupfer auf dem Bruststück hält nicht lange, er haftet nur an den Haaren. Er hält sich auch nicht länger, wenn ich das Insekt anfasse. Der Hautflügler bürstet oft seinen Rücken, er staubt sich jedes Mal ab, wenn er aus seinen Gängen kommt; außerdem streift er beim Honigbringen ständig die Zellwände. Die zu Beginn ihrer Arbeit so adrette Mörtelbiene ist am Ende ihres Werkes zerlumpt; ihr Pelz ist abgewetzt und so zerschlissen wie der Kittel eines Arbeiters.

Es geht weiter. Bei schlechtem Wetter verbringt die Chalicodoma muraria ihre Tage und Nächte in einer Zelle ihres Gewölbes, hängend, mit dem Kopf nach unten. Beinahe ebenso macht es die Schuppen-Mörtelbiene, wenn es freie Gänge gibt: Sie aber sitzt mit dem Kopf zum Eingang. Wenn alte Behausungen benutzt werden und neue Zellen gebaut werden, sucht sie sich einen anderen Unterschlupf. Wie schon erwähnt, gibt es im Harmas Haufen von Steinen, die für die Umfassungsmauer gedacht sind: Dort verbringen meine Mörtelbienen die Nacht. Übereinander, beide Geschlechter gemeinsam, schlafen sie in Gruppen in dem Spalt zwischen zwei übereinandergelegten, schlecht verfugten Steinen. Eine Gruppe besteht manchmal aus Hunderten. Der gebräuchlichste Schlafraum ist eine schmale Nut. Hier kauern sie, den Rücken tief hineingedrückt. So sehe ich sie auf dem Rücken liegen, wie schlafende Menschen. Wenn schlechtes Wetter kommt, der Himmel sich zuzieht, der Nordwind pfeift, gehen sie nicht aus ihrem Asyl.

All diese Umstände bedeuten, dass der Punkt auf dem Brustkorb sich nicht lange hält. Am Tage verschwindet er bald durch das ständige Bürsten und das Scheuern an den Gangwänden; noch schlimmer ist es in dem engen Schlafraum, in den sich Hunderte von Mörtelbienen flüchten. Man darf nicht damit rechnen, dass nach einer Nacht in der Steinspalte die Markierungen vom Vortag noch zu sehen sind. Darum müssen die heimkehrenden Bienen sofort gezählt werden; am nächsten Tag wäre es zu spät. Da ich also nicht erkennen kann, bei welchen Tieren der Punkt nachts verschwunden ist, zähle ich nur die am selben Tag Heimgekehrten.

Bleibt noch der Drehapparat. Darwin schlug eine runde Büchse mit Drehzapfen und Kurbel vor. So etwas habe ich nicht zur Hand. Einfacher und ebenso wirksam ist die Methode der Landbewohner, die ihre Katze durch Herumwirbeln in einem Sack verwirren wollen. Meine Insekten werden, jede in einer Tüte, in eine Blechbüchse gesteckt; die Tüten werden befestigt, um bei der Drehung nicht zu kollidieren; schließlich wird die Büchse an eine Schnur gebunden und herumgeschleudert. Mit diesem Mechanismus kann ich leicht die gewünschte Geschwindigkeit erreichen und auch gegenläufige Bewegungen vollführen, damit meine Gefangenen die Orientierung verlieren. Ich kann meine Schleuder in alle Richtungen drehen, schneller oder langsamer, in Achterkurven und Kreisen; wenn ich mich gleichzeitig auf den Fersen um meine eigene Achse drehe, kann ich die Schwierigkeit noch erhöhen, indem ich mit meiner Schleuder alle Azimutalkreise beschreibe. Ja, so werde ich es machen.

Am 2. Mai 1880 tupfe ich einen weißen Punkt auf zehn mit verschiedenen Arbeiten beschäftigte Mörtelbienen: Einige erkunden die Erdwaben, um sich einen Bauplatz zu suchen, andere mauern, wieder andere lagern Proviant ein. Wenn der Punkt trocken ist, fange ich sie und verteile sie in der beschriebenen Weise. Ich trage sie einen halben Kilometer in die entgegengesetzte Richtung der letztlich beabsichtigten. Ein an meinem Haus vorbeiführender Weg begünstigt dieses Vorbereitungsmanöver; ich habe die berechtigte Hoffnung, dort allein zu sein, wenn ich meine Schleuder betätige. Am Ende des Weges steht ein Kreuz; dort bleibe ich stehen. Hier werden meine Bienen nach allen Regeln gedreht. Aber während ich mit der Schachtel gegenläufige Kreise und Kurven vollführe, während ich mich auf den Fersen drehe, um verschiedene Azimute zu erzielen, kommt eine Frau aus dem Dorf und schaut mich an, aber wie! Unter dem Kreuz! So eine alberne Übung! Darüber wurde geredet. Das war eine Geisterbeschwörung. Hatte ich nicht vor ein paar Tagen einen Toten ausgegraben?! Ja, ich war auf einer urgeschichtlichen Begräbnisstätte gewesen, ich hatte ehrwürdige Schienbeine mit kräftigen Kanten zutage gefördert, eine Schüssel vom Totenmahl und Schulterstücke vom Pferd, die Wegzehrung für die große Reise. Ja, das hatte ich getan, und das war bekannt. Und um allem die Krone aufzusetzen, findet man nun diesen verrufenen Menschen bei satanischen Übungen unter einem Kreuz.

Egal, und das spricht schon von einigem Mut meinerseits, das Drehen wird in Gegenwart dieses unerwarteten Zeugen gebührlich vollendet. Dann gehe ich denselben Weg zurück und in die Richtung westlich von Sérignan. Ich benutze die einsamsten Pfade, ich gehe querfeldein, um eine weitere Begegnung zu vermeiden. Das fehlte mir noch, dass man mich dabei sieht, wie ich die Tüten aufmache und meine »Fliegen« freilasse. Auf halbem Wege vollführe ich, um mein Experiment aussagekräftiger zu machen, wieder eine Drehung, ebenso kompliziert wie die erste. Und ich vollführe eine dritte, dort, wo ich sie freilassen will.

Es ist eine Mulde in einer steinigen Ebene mit spärlichem Grün von Mandelbäumen und Steineichen hier und da. Kräftig ausschreitend, habe ich, in gerader Linie gehend, für die Strecke dreißig Minuten gebraucht. Die Entfernung beträgt also etwa drei Kilometer. Das Wetter ist schön, der Himmel klar, eine leichte nördliche Brise. Ich setze mich mit dem Gesicht nach Süden auf die Erde, damit die Insekten sowohl in Richtung ihres Nestes als auch in die Gegenrichtung fliegen können. 14.15 Uhr lasse ich sie los. Sobald die Tüte auf ist, umkreisen mich die meisten mehrmals und schwirren dann in Richtung Sérignan, soweit ich das beurteilen kann. Die Beobachtung ist schwierig, da sie so schnell abfliegen, nachdem sie mich zwei oder dreimal umkreist haben, diesen verdächtigen Block, den sie offenbar noch erkunden wollen. Eine Viertelstunde später erblickt meine an den Nestern postierte älteste Tochter Antonia die ersten. Bei meiner Rückkehr abends erscheinen noch zwei. Insgesamt sind von zehn Umgesiedelten drei am selben Tag zurückgekehrt.

Am nächsten Tag setze ich das Experiment fort. Zehn Mörtelbienen werden mit einem roten Punkt markiert, um sie von denen zu unterscheiden, die am Abend zuvor kamen, sowie von denen mit dem weißem Punkt, die noch kommen können. Die gleichen Vorsichtsmaßnahmen, die gleichen Drehungen, die gleichen Örtlichkeiten wie das erste Mal; nur dass ich sie unterwegs nicht drehe, sondern nur beim Aufbruch und bei der Ankunft. Die Insekten werden 11.15 Uhr losgelassen. Ich habe den Vormittag gewählt, weil dann die Bienen immer am emsigsten bei der Arbeit waren. 11.20 Uhr erblickte Antonia eine am Nest. Falls sie als erste losgelassen wurde, hat sie nur fünf Minuten gebraucht. Es kann aber ebenso gut eine andere sein, und dann war sie schneller. Dies ist die größte Geschwindigkeit, die ich feststellte. Mittags bin ich zurück und fange in kurzer Zeit drei weitere. Bis zum Abend sehe ich keine mehr. Insgesamt kamen vier von zehn.

Am 4. Mai sehr klares Wetter, ruhig und warm, für meine Experimente günstig. Ich nehme fünfzig blau markierte Mörtelbienen. Die Entfernung ist immer dieselbe. Erste Drehung, nachdem ich meine Insekten einige Hundert Schritt in Gegenrichtung transportiert habe; drei Drehungen unterwegs; die fünfte bei der Freilassung. Wenn sie die Orientierung nicht verlieren, liegt es nicht daran, zu wenig gedreht worden zu sein. 9.20 Uhr öffne ich meine Tüten. Es ist ziemlich früh, daher sind meine Hautflügler unentschlossen und träge; aber nach einem kurzen Sonnenbad auf einem Stein, auf den ich sie gesetzt habe, schwingen sie sich auf. Ich sitze auf der Erde, mit dem Gesicht nach Süden. Links liegt Sérignan, rechts Piolenc. Da ihre Geschwindigkeit mich die Richtung erkennen lässt, sehe ich meine Befreiten nach links verschwinden. Einige fliegen nach Süden; zwei, drei nach Westen, d.h. nach rechts von mir. Von Norden rede ich nicht, da ich ihn mit dem Rücken verdecke. Kurz, die meisten fliegen nach links, zum Nest. 9.40 Uhr ist die Freilassung beendet. Eine der fünfzig Reisenden hat ihre Markierung in der Tüte verloren. Ich zähle sie nicht mit, damit sind es 49.

Antonia zufolge kamen die ersten 9.35 Uhr, also 15 Minuten nach Beginn der Freilassung. Mittags sind es 11, und um 16.00 Uhr 17. Damit ist die Zählung beendet. Summe: 17 von 49.

Das vierte Experiment wird auf den 14. Mai angesetzt. Das Wetter ist prächtig mit leichter nördlicher Brise. Um 8.00 Uhr nehme

ich 20 rosa markierte Mörtelbienen. Drehungen beim Aufbruch, nach dem vorläufigen Rückweg in Gegenrichtung, zwei Drehungen unterwegs, die vierte bei der Ankunft. Alle, die ich mit den Augen verfolgen kann, fliegen nach links, nach Sérignan. Ich hatte jedoch dafür gesorgt, dass sie zwischen beiden Richtungen wählen konnten; vor allem hatte ich meinen Hund weggeschickt, der rechts von mir gesessen hatte. Heute umkreisen mich die Hautflügler nicht; manche fliegen sofort davon; die übrigen, die meisten, sind vielleicht vom Schwanken beim Transport und vom Schleudern benommen und landen nach ein paar Metern; sie scheinen zu warten, bis sie zu sich kommen, dann fliegen sie nach links. Dieser allgemeine Aufschwung wurde jedes Mal festgestellt, wenn eine Beobachtung möglich war. 9.45 Uhr war ich zurück. Zwei Bienen mit rosa Punkt sind da; eine mauert, das Mörtelkügelchen zwischen den Kieferzangen. Um 13.00 Uhr sind sieben da; mehr sah ich nicht. Insgesamt 7 von 20.

Lassen wir es dabei bewenden; das Experiment ist oft genug gemacht worden, aber es endet nicht, wie Darwin – und auch ich – gehofft hatte, besonders nach den Geschichten von der Katze: Umsonst trage ich, wie empfohlen, meine Insekten in Gegenrichtung der Stelle, wo ich sie freilassen muss; umsonst drehe ich meine Schleuder, denselben Weg zurückgehend, mit allen erdenklichen Komplikationen; umsonst drehe ich sie, in der Meinung, die Schwierigkeit zu erhöhen, bis zu fünfmal: beim Aufbruch, unterwegs, bei der Ankunft: Vergebens, die Mörtelbienen kehren zurück, und der Anteil der noch am selben Tag Heimkommenden schwankt zwischen 30 und 40 %. Es fällt mir schwer, eine Idee aufzugeben, die ein so berühmter Mann vorgeschlagen hat und an der ich umso mehr hing, als ich mir von ihr eine endgültige Lösung versprach. Die Fakten sind da und sprechen für sich, deutlicher als alle geistreichen Einfälle; und das Problem ist so dunkel wie eh und je.

Im folgenden Jahr, 1881, setze ich die Experimente fort, aber auf andere Weise. Bisher hatte ich in der Ebene operiert. Um zum Nest zurückzukommen, hatten meine Umgesiedelten nur geringfügige Hindernisse, Hecken und Obstgehölze, überwinden müssen. Heute will ich den Schwierigkeiten der Entfernung die Schwierigkeiten des zu überfliegenden Terrains hinzufügen. Ich verzichte auf alles Drehen, alles Rückwärtsgehen, das ich für nutzlos halte, und erwäge, meine Mörtelbienen im Wald von Sérignan freizulassen, dort, wo er am dichtesten ist. Wie finden sie aus diesem Labyrinth, in dem ich früher einen Kompass brauchte? Zudem habe ich einen Gehilfen, ein Paar jüngere Augen als meine, die dem Aufschwung meiner Insekten besser zu folgen vermögen. Dieser so oft erfolgte rasche Anfangsaufschwung in Richtung Nest interessiert mich inzwischen mehr als die Rückkehr. Ein Apothekerlehrling, der einige Tage bei seinen Eltern weilt, wird mein Augenmitarbeiter sein. Mit ihm habe ich es bequem; die Wissenschaft ist ihm nicht fremd.

Die Waldexpedition findet am 16. Mai statt. Das Wetter ist warm mit Neigung zum Gewitter, das sich bereits zusammenbraut. Ein spürbarer Südwind, aber nicht so stark, um meine Reisenden zu stören. Es werden 40 Mörtelbienen gefangen. Um die Vorbereitungen, wegen der Entfernung, abzukürzen, werde ich sie nicht auf den Waben markieren, sondern am Abflugort. Das ist die alte Methode, die mir viele Stiche einbringt; aber heute wähle ich sie, um Zeit zu gewinnen. Ich brauche eine Stunde für den Weg. Wenn man die Krümmungen und Windungen abzieht, sind es ungefähr 4 km.

Die Stelle muss so beschaffen sein, dass ich die Richtung des ersten Anflugs erkennen kann. Ich wähle einen freien Fleck im Dickicht. Ringsum erstreckt sich ein weiter Teppich dichten Waldes, der den Horizont auf beiden Seiten schließt; im Süden, in Richtung der Nester, erhebt sich ein Vorhang von Hügeln, etwa hundert Meter höher als mein Standort: Der Wind ist schwach, aber für meine heimfliegenden Insekten Gegenwind. Ich drehe Sérignan den Rücken zu, so dass die Bienen, wenn sie meine Finger verlassen, um zum Nest zurückzukehren, rechts und links an mir vorbeifliegen. Ich markiere die Mörtelbienen und lasse sie nacheinander frei. Die Operation beginnt 10.20 Uhr.

Die eine Hälfte zeigt sich ziemlich träge; die Bienen flattern, landen, scheinen munter zu werden und schwingen sich auf. Die andere Hälfte wirkt entschlossener. Obwohl sie gegen den leichten Südwind zu kämpfen haben, steuern sie sofort das Nest an. Nach einigen Kreisen und Kurven um uns herum fliegen alle nach Süden. Bei denjenigen, deren Abflug wir verfolgen konnten, gibt es keine Ausnahme. Das haben ich und mein Kollege eindeutig und zweifelsfrei festgestellt. Meine Mörtelbienen treffen auf das südliche Vorgebirge, als würde ein Kompass ihnen die Windrichtung zeigen.

Um zwölf bin ich zurück. Am Nest ist keine der Umgesiedelten, aber einige Minuten später fange ich zwei. Um zwei sind es neun. Aber nun wird der Himmel dunkel; der Wind frischt auf, und das Gewitter naht. Mit weiteren Ankömmlingen ist nicht zu rechnen. Insgesamt 9 von 40 oder 22 %.

Der Anteil ist geringer als in früheren Fällen, wo er zwischen 30 und 40 % lag. Muss man das Ergebnis auf die zu bewältigenden Schwierigkeiten zurückführen? Haben sich die Mörtelbienen im Waldlabyrinth verirrt? Es ist klug, sich nicht zu äußern; es sind andere Gründe hinzugekommen, die die Zahl der Heimkehrer vielleicht vermindert haben. Die Insekten wurden am Abflugort markiert, ich habe sie angefasst, und ich will nicht behaupten, dass sie meine zerstochenen und schmerzenden Finger in bestem Zustand verlassen haben. Und dann bewölkte es sich, und das Gewitter zog herauf. Im Mai, der bei uns so wechselhaft, so launisch ist, kann man kaum damit rechnen, dass schönes Wetter den ganzen Tag anhält. Auf einen prächtigen Morgen folgt rasch ein unruhiger Nachmittag, und unter solchem Wetterwechsel haben meine Experimente mit den Mörtelbienen oft gelitten. Alles in allem neige ich zu der Ansicht, dass der Rückflug über den Berg und durch den Wald ebenso prompt bewerkstelligt wird wie der über die Ebene und über Weizenfelder.

Es bleibt mir ein letztes Mittel, um zu versuchen, meine Hautflügler zu desorientieren. Ich werde sie weit weg bringen, dann in einem großen Bogen zurückgehen und meine Gefangenen freilassen, wenn ich nahe genug am Dorf bin, etwa 3 km davor. Hierzu ist ein Fahrzeug nötig. Mein Waldmitarbeiter bietet mir sein Carriole[16] an. Mit 15 Mörtelbienen fahren wir Richtung Orange, bis nahe zum Viadukt. Rechter Hand ist die schnurgerade Römerstraße, die Via Domitia. Wir folgen ihr bis zu den Bergen von Uchaux, dem klassischen Fundort prächtiger Kreidezeit-Fossilien. Dann kehren wir um und fahren auf der Piolencer Straße nach Sérignan. Wir halten in einem Landstrich namens Font-Claire, etwa zweieinhalb Kilometer vorm Dorf. Der Leser kann meinen Weg auf dem Messtischblatt gut nachverfolgen, und er wird sehen, dass dieser hakenförmige Kurs fast 9 km lang ist.

Auch Favier kam auf dem direkten Weg über Piolenc nach Font-Claire, um sich mir anzuschließen. Er brachte 15 Mörtelbienen mit, die für den Vergleich mit meinen gedacht waren. Ich verfüge also über zwei Garnituren von Insekten. Fünfzehn rosa markierte haben den 9 km langen Bogen beschrieben; fünfzehn blaue nahmen den direkten Weg, den kürzesten Weg zum Nest. Das Wetter ist warm, sehr klar und schön ruhig; ich kann mir für mein Experiment kein besseres wünschen. Die Insekten werden morgen Mittag freigelassen.

Um 17.00 Uhr sind 7 rosa Mörtelbienen da, von denen, die ich durch den langen Umweg desorientieren wollte, und 6 blaue, die in gerader Linie nach Font-Claire kamen. Der Anteil der beiden, 46 und 40, hält sich fast die Waage; und die geringe Überzahl derer, die den Bogen machten, ist anscheinend ein Zufall, den man nicht beachten muss. Der Haken kann die Rückkehr nicht begünstigt haben; aber er hat sie sicher nicht gestört.

Der Beweis genügt. Weder die verwickelten Drehbewegungen, weder Wald und Hügel noch ein Kurs vor und zurück und in großem Kreis können die Mörtelbienen verwirren und an der Heimkehr hindern. Ich hatte Charles Darwin von meinen ersten negativen Ergebnissen mit den in der Büchse gedrehten Bienen berichtet. Da er einen Erfolg erwartet hatte, war er sehr erstaunt. Wenn er die Zeit gehabt hätte, das Experiment mit seinen Tauben zu machen, hätten sie sich wie meine Hautflügler verhalten; das Drehen hätte sie nicht verwirrt. Das Problem erforderte eine andere Methode, und er schlug mir diese vor:

»Das Insekt in eine Induktionsschleife setzen und damit jede magnetische und diamagnetische Empfindlichkeit zu beeinträchtigen, die sie offenbar haben können.«

Das hielt ich, offen gestanden, für eine sonderbare Idee, für das Produkt einer verzweifelten Phantasie. Ich habe nur mäßiges Vertrauen in unsere Physik, wenn sie sich anheischig macht, das Leben zu erklären; trotzdem hätte ich in meiner Hochachtung für den berühmten Meister auf die Induktionsspulen zurückgegriffen, wenn mir der dazu erforderliche Apparat zugänglich gewesen wäre. Aber in meinem Dorf gibt es keine gelehrten Hilfsmittel; wenn ich einen elektrischen Funken brauche, muss ich ein Blatt Papier auf den Knien reiben. Der Reichtum meines Physikschranks besteht aus einem Magneten, und das ist alles. Als diese Armut bekannt war, wurde mir eine andere Methode vorgeschlagen, die einfacher als die erste und hinsichtlich der Resultate sicherer war, wie Darwin meinte:

»Eine sehr dünne Nadel magnetisieren, sie in kurze Stücke brechen, die auch magnetisch wären, und eines davon mit etwas Zement auf der Brust der Insekten befestigen. Ich denke, dass ein solch kleiner Magnet infolge seiner unmittelbaren Nähe zum Nervensystem das Insekt mehr als terrestrische Strömungen beeinflussen würde.«

Die Idee besteht nach wie vor darin, aus dem Tier eine Art Magnetstab zu machen. Bei der Rückkehr zum Nest wird es von terrestrischen Strömungen geleitet. Es wird ein lebender Kompass, der, durch die Nähe eines Magneten der Erdwirkung entzogen, sich nicht mehr orientieren kann. Mit dem kleinen Magneten auf dem Bruststück, parallel zum Nervensystem und infolge seiner Nähe stärker als der Erdmagnetismus, verliert das Insekt sein Richtungsempfinden. Indem ich dies schreibe, begebe ich mich natürlich in den Schutz der gewaltigen Reputation des gelehrten Erfinders dieser Idee. Käme sie von einer unmaßgeblichen Person, wie ich es bin, würde sie nicht seriös erscheinen. Unbekanntheit kann sich solch kühne Theorien nicht leisten.

Das Experiment scheint einfach; es übersteigt die mir zur Verfügung stehenden Mittel nicht. Probieren wir es. Durch Reiben mit meinem Magnetstab mache ich eine sehr dünne Nadel zu einem Magneten; ich behalte nur das dünnste Stück, die 5 bis 6 mm lange Spitze. Es ist ein perfekter Magnet, der eine an einem Faden hängende magnetisierte Nadel anzieht und abstößt. Den Magneten auf dem Bruststück zu befestigen ist schwierig. Mein Gehilfe, der Apothekerlehrling, stellt alle Klebstoffe in seinem Labor zur Verfügung. Am besten ist eine Art Heftpflaster, das er mit feinstem Gewebe präpariert. Es hat den Vorteil, dass man es an einem heißen Pfeifenkopf geschmeidig machen kann, wenn man im Freien operiert.

Aus dem Heftpflaster schneide ich ein kleines Viereck so groß wie ein Bruststück und stecke die magnetisierte Nadelspitze in einige Fäden des Gewebes. Jetzt muss man nur noch den Klebstoff weichmachen und das Ganze rasch auf dem Rücken der Mörtelbiene befestigen, so dass der Nadelstumpf parallel zur Wirbelsäule liegt. Es werden mehrere solcher Apparate vorbereitet und ihre Pole ermittelt, damit ich bei einigen Tieren den Südpol auf den Kopf, bei anderen auf das entgegengesetzte Ende ausrichten kann.

Mein Gehilfe und ich erproben das Manöver; es ist ratsam zu üben, bevor man das Experiment draußen macht. Außerdem möchte ich sehen, wie sich das Insekt in seinem magnetischen Geschirr verhält. Ich nehme eine an einer Zelle arbeitende Mörtelbiene, markiere sie und gehe in mein Arbeitszimmer am anderen Ende des Hauses. Das magnetisierte Gerät wird auf dem Bruststück befestigt und das Insekt freigelassen. Sofort lässt es sich fallen und rollt sich wie wild auf dem Boden. Es fliegt auf, lässt sich fallen, wirft sich auf die Seite, auf den Rücken, stößt sich an Hindernissen, surrt, schlägt verzweifelt um sich und rast schließlich durchs Fenster davon.

Was hat das zu bedeuten? Der Magnet wirkt offenbar seltsam auf das Nervensystem des Versuchstiers. Was für ein Gewese! Was für eine Panik! Als die Biene infolge der Wirkung meiner Schurkenstreiche die Orientierung verlor, schien sie völlig durcheinander. Gehen wir zum Nest, und schauen wir, was passiert. Wir brauchen nicht lange zu warten: Meine Biene kommt, aber ohne ihr magnetisches Geschirr. Ich erkenne sie an den Klebstoffresten auf den Haaren am Brustkorb. Sie geht zu ihrer Zelle und arbeitet weiter.

Stets vorsichtig, wenn ich Unbekanntes erkunde, und nicht gewillt, Schlussfolgerungen zu ziehen, bevor ich das Für und Wider abgewogen habe, habe ich Zweifel. War es wirklich die Magnetwirkung, die meinen Hautflügler so sonderbar verstört hat? Stand er tatsächlich unter der Wirkung des Magneten auf seiner Brust, als er zappelte und strampelte, mit den Flügeln schlug und verschreckt davonflog? Hat mein Apparat die Leitwirkung der terrestrischen Strömungen beeinträchtigt? Oder war sein Missbehagen nur die Folge des ungewohnten Geschirrs? Das muss festgestellt werden, und zwar gleich.

Ich baue einen zweiten Apparat, nehme aber statt des Magneten einen kurzen Strohhalm. Das Insekt, das ihn auf dem Rücken hat, wälzt sich, zappelt, strampelt wie das vorige, bis der lästige Apparat ab ist, mitsamt einem Stück Brustpelz. Das Stroh wirkt wie der Magnet, das heißt, der Magnetismus hat mit dem Geschehen nichts zu tun. Meine Konstruktion ist beide Male ein unbequemes Geschirr, das der Hautflügler mit aller Kraft abwerfen will. Von ihm ein normales Verhalten zu erwarten, solange er ein Gerät auf der Brust hat, ob magnetisiert oder nicht, wäre genauso, als wollte man das normale Verhalten eines Hundes erforschen, dem man einen Kessel an den Schwanz gebunden hat.

Das Experiment mit dem Magneten ist nicht durchführbar. Was würde es uns sagen, wenn das Tier mitmachte? Ich glaube, nichts. Auf das Heimkehrvermögen hat ein Magnet nicht mehr Einfluss als ein Stückchen Stroh.

VIII
Die Geschichte meiner Katzen

Wenn dieses Drehen das Insekt nicht desorientiert, wieso wirkt es dann bei der Katze? Ist die Methode des Sackschleuderns vertrauenswürdig? Anfangs glaubte ich das, da sie mit der Idee, die mir der große Darwin vorgeschlagen hatte, so eng verknüpft war. Doch mein Vertrauen ist erschüttert; meine Erfahrung mit dem Insekt weckt Zweifel an der Katze. Wenn jenes nach dem Herumdrehen zurückkehrt, warum nicht diese? Deshalb mache ich neue Experimente.

Und zuallererst: Inwieweit verdient die Katze ihren Ruf, zu ihrem geliebten Heim, zu den Schauplätzen ihrer amourösen Heldentaten auf Dächern und Heuboden zurückzufinden? Über ihren Instinkt erzählt man die seltsamsten Sachen; in den naturgeschichtlichen Kinderbüchern wimmelt es von Glanztaten, die ihrer Pilgerbegabung zu höchster Ehre gereichen. Ich schätze diese Geschichten nicht sehr; sie stammen von Gelegenheitsbeobachtern, unkritischen Menschen, die gerne übertreiben. Nicht jedem ist es gegeben, über Tiere richtig zu erzählen. Wenn einer, der nicht vom Fach ist, mir sagt, ein Tier sei schwarz, erkundige ich mich erst einmal, ob es nicht zufällig weiß ist; und oft findet man die Wahrheit in der umgekehrten Behauptung. Man rühmt mir die Katze als Reiseexpertin. Gut und schön, betrachten wir sie als dumme Reisende. Und das wären all meine Kenntnisse, hätte ich nur die Aussagen von Büchern und von Menschen, die genaues wissenschaftliches Prüfen nicht gewöhnt sind. Zum Glück kenne ich einige Fakten, die meiner Skepsis standhalten. Die Katze verdient tatsächlich ihren Ruf als scharfsinnige Pilgerin. Diese Fakten wollen wir erzählen.

Eines Tages, es war in Avignon, erschien auf der Gartenmauer eine elende, struppige Katze, ausgemergelt, mit hervorstehenden Rippen, so dünn, dass der Rücken zackig war. Sie miaute hungrig. Meine damals sehr jungen Kinder hatten Mitleid mit ihr. An einem Schilfrohr wurde ihr in Milch eingetauchtes Brot hingehalten.

Sie nahm es. Ein Bissen folgte dem anderen, bis sie gesättigt davonging, ohne sich um das Mieze! Mieze! ihrer mitleidigen Freunde zu kümmern. Der Hunger kam wieder, und auch die Ausgehungerte kam wieder in das Esszimmer auf der Mauer. Dieselbe Bewirtung mit milchgetränktem Brot, dieselben Koseworte; sie ließ sich locken. Sie kam herunter und ließ sich streicheln. O Gott, wie mager sie war!

Das war die große Frage des Tages. Darüber sprachen wir beim Essen: Wir würden die Landstreicherin zähmen, wir würden sie behalten, ihr ein Lager aus Heu bereiten. Das war eine schöne Geschichte! Ich sehe es noch heute und werde es immer sehen, wie der Rat der Unbesonnenen über das Schicksal der Katze beriet. Sie ruhten nicht, bis das verwilderte Tier blieb. Aus ihm wurde bald ein prächtiger Kater. Sein dicker runder Kopf, seine muskulösen Beine, sein dunkel gefleckter orangener Pelz erinnerten an einen kleinen Jaguar. Wegen seiner Farbe wurde er Gelber genannt. Später bekam er eine Gefährtin, die unter ganz ähnlichen Umständen angelockt worden war. Das ist der Ursprung meiner Reihe von Gelben, die ich seit fast zwanzig Jahren durch alle Umzüge hindurch behalten habe.

Der erste Umzug fand 1870 statt. Kurz vorher hatte ein Minister, der in der Universität bleibende Erinnerungen hinterließ, der hervorragende Victor Duruy, Höhere Töchterschulen eingerichtet. So begann, im Maße dessen, was damals möglich war, die große Frage, die heute so lebhaft verhandelt wird. Gerne leistete ich meinen bescheidenen Beitrag zu diesem Werk der Aufklärung. Man übertrug mir den Physik- und Naturkundeunterricht. Ich war mit Überzeugung bei der Sache und klagte nicht über die Arbeit; auch stand ich selten vor einer so aufmerksamen und interessierten Hörerschaft. Die Unterrichtstage waren Feiertage, vor allem die Botanikstunden, wenn der Tisch unter den Schätzen aus den benachbarten Gewächshäusern verschwand.

Das ging zu weit! Ja, schauen Sie, wie gemein doch mein Verbrechen war: Ich lehrte diese jungen Menschen, was Luft und Wasser sind, woher Blitz und Donner kommen, und warum es einschlägt; kraft welchen Kunststücks unser Denken durch einen Metalldraht über Meere und Kontinente übertragen wird; warum der Herd brennt, und warum wir atmen, wie ein Same keimt und eine Blume blüht: alles höchst abscheuliche Dinge für gewisse Leute, deren schwache Lider sich beim Tageslicht zusammenkneifen.

Die kleine Lampe muss schnell ausgelöscht werden, und dieser Unverschämte, der sie am Leuchten halten will, muss weg. Das Komplott wurde mit meinen Hausbesitzerinnen ausgeheckt, alten Jungfern, die in den neuen Lehrmethoden den »Gräuel der Verwüstung« erblickten. Ich hatte mit ihnen keinen schriftlichen Vertrag, der mich schützte. Der Gerichtsvollzieher erschien mit einem gestempelten Papier. Es enthielt die nüchterne Mitteilung, dass ich binnen vier Wochen auszuziehen hätte; andernfalls würden meine Möbel auf die Straße gestellt. Ich musste schnell eine Wohnung suchen. Das erste Haus, das gefunden wurde, war zufällig in Orange. So kam es zu meinem Auszug aus Avignon.

Der Umzug der Katzen musste uns Sorgen machen. Wir hingen an ihnen und hätten es geradezu für ein Verbrechen erachtet, diese armen Tiere, die wir so oft gestreichelt hatten, der Not und vielleicht rücksichtsloser Verfolgung auszusetzen. Die Katzenjungen und ihre Mütter würden ohne Schwierigkeiten reisen; die setzt man in einen Korb; die sind unterwegs ruhig; aber für die alten Kater ist das nicht einfach. Ich hatte zwei: das Oberhaupt des Geschlechts, den Patriarchen, und einen seiner Abkömmlinge, der ebenso stark war wie er. Den Großvater nehmen wir, wenn er schön mitmacht, den Enkel lassen wir zurück und sichern ihm sein Auskommen.

Einer mein Freunde, Dr. Loriol, kümmerte sich um den Verlassenen. Er wurde ihm bei Einbruch der Nacht in einem geschlossenen Korb gebracht. Wir hatten uns gerade zu Tisch gesetzt und sprachen davon, was für ein Glück unser Kater gehabt hatte, als wir eine triefende Masse durchs Fenster springen sahen. Das formlose Bündel strich um unsere Beine und schnurrte vor Glück.

Es war der Kater.

Am nächsten Tag kannte ich seine Geschichte.

Gleich nach der Ankunft bei Dr. Loriol wurde er in einem Zimmer eingeschlossen. Als er sich in einem unbekannten Raum gefangen sieht, springt er wild auf die Möbel, gegen die Fensterscheiben, zwischen den Nippes auf dem Kaminsims und droht alles zu verwüsten. Frau Loriol hatte Angst vor dem kleinen Verrückten; schnell öffnet sie das Fenster, und der Kater springt auf die Straße, mitten zwischen die Passanten. Ein paar Minuten später hatte er sein Haus wiedergefunden. Und das war nicht leicht: Er musste beinahe die ganze Stadt durchqueren, er musste durch ein langes Labyrinth von belebten Straßen, durch Tausende Gefahren, vor allem Gassenbengel und Hunde; schließlich musste er, ein wohl noch schwierigeres Hindernis, über einen Wasserlauf, die Sorgue, die durch Avignon fließt. Es gab Brücken, sogar mehrere; doch das Tier, das den kürzesten Weg nahm, hatte keine benutzt und war mutig ins Wasser gesprungen, wie sein triefender Pelz bewies. Ich hatte Mitleid mit dem Kater, der seinem Heim so treu war. Wir beschlossen, alles zu versuchen, um ihn mitnehmen zu können. Die Mühen blieben uns erspart: Einige Tage später lag er steif und starr unter einem Busch im Garten. Das tapfere Tier war einer dummen Bosheit zum Opfer gefallen. Man hatte ihn mir vergiftet. Wer? Wahrscheinlich kein Freund.

Es blieb der alte Kater. Als wir abfuhren, war er nicht da; er streifte durch die umliegenden Scheunen. Dem Kutscher wurden zehn Franken versprochen, wenn er ihn bei einer der noch ausstehenden Fuhren nach Orange mitbrächte. Bei der letzten Fahrt hatte er ihn unter seinem Sitz. Als wir sein rollendes Gefängnis öffneten, in dem er seit dem Vortag saß, erkannte ich meinen alten Kater kaum wieder. Da kam ein furchterregendes Tier hervor, das kratzte und fauchte, mit gesträubtem Fell, blutunterlaufenen Augen und Schaum vorm Mund. Ich glaubte, er sei durchgedreht, und beobachtete ihn eine Weile. Ich hatte mich geirrt: Es war nur die Angst eines verstörten Tiers. War er mit dem Kutscher aneinandergeraten, als der ihn fing? War ihm die Fahrt nicht bekommen? Die Geschichte schweigt zu beiden Fragen. Ich weiß nur, dass er völlig verändert war: kein freundliches Schnurren, kein Reiben an den Beinen; aber ein wilder Blick, düstere Traurigkeit. Gute Behandlung konnte ihn nicht besänftigen. Einige Wochen schleppte er sein Elend von einer Ecke zur anderen; dann fand ich ihn eines Morgens tot in der Herdasche. Der Kummer hatte ihn umgebracht, das Alter hatte mitgeholfen. Wäre er nach Avignon zurückgekehrt, wenn er die Kraft gehabt hätte? Das wage ich nicht zu behaupten. Zumindest finde ich es bemerkenswert, dass ein Tier an Heimweh stirbt, weil es wegen Altersschwäche nicht mehr an seinen angestammten Ort zurückkehren kann.

Was der Patriarch nicht versuchen konnte, unternimmt ein anderer, freilich bei viel geringerer Entfernung. Wieder wird ein Umzug beschlossen, damit ich endlich die für meine Arbeiten nötige Ruhe habe. Es ist hoffentlich der letzte. Ich ziehe von Orange nach Sérignan.

Die Familie der Gelben hat sich erneuert; die Alten sind gestorben, Neue gekommen, darunter ein ausgewachsener Kater, seiner Ahnen in jeder Hinsicht würdig. Nur er wird Schwierigkeiten machen; die anderen, die Mütter und ihre Jungen, lassen sich ohne Mühe fortschaffen. Sie werden in Körbe gesteckt. Der Kater hat einen für sich, damit Friede herrscht. Die Reise erfolgt per Kutsche, in Begleitung meiner Familie. Bis zur Ankunft passiert nichts Besonderes. Aus ihren Körben befreit, inspizieren die Katzen die neue Behausung und erkunden die Zimmer. Mit ihren rosa Nasen erkennen sie die Möbel wieder: Sie finden ihre Stühle, Tische, Sessel, aber die Umgebung ist anders. Sie miauen erstaunt, schauen fragend. Etwas Streicheln und Futter vermindert ihre Angst, und am nächsten Tag sind alle Katzenmütter akklimatisiert.

Beim Kater ist das anders. Wir bringen ihn im Dachgeschoss unter, wo er viel Platz für seine Kapriolen hat; wir leisten ihm Gesellschaft, um die Langeweile der Gefangenschaft zu mildern; er bekommt doppelt so viele Teller zum Ablecken; ab und an bringen wir ihn in Kontakt mit den Seinen, damit er merkt, dass er nicht allein im Haus ist; wir bezeigen ihm tausend kleine Aufmerksam-

keiten in der Hoffnung, dass er Orange vergisst. Anscheinend vergisst er es tatsächlich: Er ist sanft unter der liebkosenden Hand, er kommt, wenn man ihn ruft, schnurrt, macht einen Buckel. Gut so: Eine Woche Abgeschiedenheit und freundliche Behandlung haben alle Gedanken an Rückkehr vertrieben. Geben wir ihm die Freiheit. Er kommt in die Küche, steht wie die anderen am Tisch; unter der Aufsicht von Aglaé, die ihn nicht aus den Augen lässt, geht er in den Garten, er durchstreift die Gegend mit der unschuldigsten Miene. Er kommt zurück. Sieg! Der Kater läuft nicht weg.

Am nächsten Morgen: Mieze! Mieze!... Keine Mieze. Wir suchen und rufen. Nichts. – Oh, dieser Heuchler, dieser Heuchler! Wie hat er uns getäuscht! Er ist weggelaufen, er ist in Orange. Außer mir wagt keiner an diese kühne Pilgerfahrt zu glauben. Ich erkläre, dass der Deserteur eben jetzt in Orange ist und vor dem leeren Haus miaut.

Aglaé und Claire brechen auf. Sie fanden den Kater, wie ich es prophezeit hatte, und brachten ihn in einem Korb zurück. Sein Bauch und seine Beine waren voller roter Erde; dabei war es trocken, es gab keinen Schlamm. Er war also beim Durchqueren des Aygues nass geworden, und an seinem feuchten Fell war der rote Staub der von ihm durchquerten Felder haften geblieben. Die Entfernung von Sérignan nach Orange beträgt in gerader Linie 7 km. Über den Aygues gehen zwei Brücken, die eine oberhalb dieser Linie, die andere unterhalb. Der Kater hat keine benutzt: Sein Instinkt zeigte ihm den kürzesten Weg, und den hat er genommen, wie der rot beschmierte Bauch zeigt. Er überquerte den Aygues im Mai, als er viel Wasser führte; er hat seine Wasserscheu überwunden, um zu seinem geliebten Heim zurückzukehren. Der Kater in Avignon machte es ebenso, als er über die Sorgue ging.

Der Deserteur wurde wieder in sein Dachgeschoss in Sérignan gesetzt. Dort blieb er einen halben Monat, und schließlich ließen wir ihn hinaus. Keine vierundzwanzig Stunden später war er wieder in Orange. Man musste ihn seinem unglücklichen Schicksal überlassen. Ein früherer Nachbar erzählte mir, er habe gesehen, wie sich der Kater, ein Kaninchen zwischen den Zähnen, hinter einer Hecke versteckte. Da er kein Futter mehr bekam, wurde der an die Annehmlichkeiten des Katzendaseins Gewöhnte zum Wilddieb und plünderte die Höfe in der Nähe meines einstigen Hauses. Ich habe nie wieder von ihm gehört. Er hat gewiss ein schlimmes Ende genommen: Zum Räuber geworden, musste er wie ein Räuber enden.

Der Beweis ist erbracht, zweimal nacheinander, ich habe es gesehen. Ausgewachsene Kater finden wieder nach Hause, trotz der Entfernung und trotz völliger Unkenntnis der Gegend. Sie haben, auf ihre Weise, den Instinkt meiner Mörtelbienen. Noch ein Punkt ist zu klären, das Sackdrehen. Werden sie durch dieses Manöver desorientiert oder nicht? Ich erwog gerade weitere Experimente, als ich genauere Informationen erhielt, die mir ihre Nutzlosigkeit bewiesen. Der erste, der mir von der Methode des Sackdrehens erzählte, hatte sie von einem, der den Bericht eines Dritten wiedergab, der wiederum auf der Aussage eines Vierten beruhte etc. Keiner hatte sie ausprobiert oder gesehen. Das ist Tradition auf dem Lande. Alle preisen die Methode als unfehlbar, meistens ohne sie versucht zu haben. Und der Grund, den sie für den Erfolg nennen, ist für sie schlüssig. Wenn wir, so sagen sie, uns mit verbundenen Augen ein paar Sekunden drehen, wissen wir nicht mehr, wo wir sind. Desgleichen die Katze, die in der Dunkelheit ihres gedrehten Sacks transportiert wird. Sie schließen vom Menschen auf das Tier, so wie andere vom Tier auf den Menschen, eine so oder so schlechte Methode, falls es tatsächlich zwei verschiedene seelische Welten gibt.

Dieser Glaube wäre nicht so tief im Geist der ländlichen Menschen verwurzelt, wenn die Tatsachen ihn nicht hin und wieder bestätigt hätten. Aber wir dürfen annehmen, dass in erfolgreichen Fällen die desorientierten Katzen junge, unselbstständige Tiere waren. Bei solchen Novizen genügt ein bisschen Milch, um den Kummer des Exils zu vertreiben. Sie kehren nicht zurück, ob sie nun in einem Sack herumgewirbelt wurden oder nicht. Wenn man die Vorsicht noch weiter treiben will, kann man sich ja einfallen lassen, sie im Sack zu drehen; und so hat diese Methode ihre Prüfung durch einen Erfolg bestanden, mit dem sie nichts zu tun hatte. Um die Methode wirklich auszuprobieren, muss man eine ausgewachsene Katze, einen richtigen Kater, deportieren.

Das zu diesem Punkt gewünschte Beweismaterial habe ich dann doch bekommen. Vertrauenswürdige, denkfähige Menschen, welche die Dinge zu durchschauen vermögen, sagten mir, sie hätten die Methode des Sackdrehens ausprobiert, um die Kater von der Heimkehr abzuhalten. Obwohl weit weg gebracht, in ein anderes Haus und nach sorgsamem Drehen, kam die Katze immer wieder. Ich denke vor allem an einen Goldfischräuber, der, nach der altehrwürdigen Methode von Sérignan nach Piolenc deportiert, immer wieder an seinem Goldfischteich erschien. Auch als man ihn ins Bergland brachte und im Wald aussetzte. Da weder Sack noch Drehen wirkten, musste man den Ungläubigen erschlagen. Ich habe eine ausreichende Zahl ähnlicher Beispiele erfasst, alle unter sehr günstigen Bedingungen. Die Aussagen stimmen überein: Das Drehen hindert den ausgewachsenen Kater keineswegs an der Rückkehr. Der Volksglaube, der mich zunächst verführt hatte, ist ein ländlicher Aberglaube, der auf schlecht beobachteten Tatsachen beruht. Wir müssen also Darwins Idee aufgeben, um die Rückkehr der Katze und auch der Mörtelbiene zu erklären.

IX
Die Roten Ameisen

Die Hunderte Meilen weit weggebrachte Taube findet in ihren Schlag zurück; die aus ihrem Winterquartier in Afrika heimkehrende Schwalbe überquert das Meer und nimmt wieder ihr altes Nest in Besitz. Was leitet sie auf diesen langen Reisen? Sollte es das Sehen sein? Ein geistvoller Beobachter, der im Wissen über in Vitrinen ausgestellte Tiere von anderen übertroffen wird, aber einer der besten Kenner von Tieren in freier Wildbahn ist, Toussenel, der bewundernswerte Autor des Buches »L'esprit des bêtes«, gibt der Brieftaube als Führer das Sehen und die Meteorologie. »Der Vogel in Frankreich«, sagt er, »weiß aus Erfahrung, dass die Kälte von Norden kommt, die Wärme von Süden, die Trockenheit von Osten, die Feuchtigkeit von Westen. Diese meteorologischen Kenntnisse reichen ihm als Anhaltspunkte und um seinen Flug zu lenken. Die in einem verschlossenen Korb von Brüssel nach Toulouse transportierte Brieftaube hat gewiss nicht die Möglichkeit, auf die geographische Streckenkarte zu blicken; doch niemand vermag sie daran zu hindern, dass sie an den warmen Einflüssen der Atmosphäre spürt, es geht nach Süden. In Toulouse freigelassen, weiß sie, dass sie nach Norden fliegen muss, um in ihren Taubenschlag zu gelangen. Sie steuert also schnurstracks diese Richtung an und hält sich an die Himmelsgegenden, deren mittlere Temperatur die gleiche ist wie in ihrer Gegend. Wenn sie ihre Behausung nicht beim ersten Anlauf findet, dann, weil sie sich zu weit nach rechts oder links gehalten hat. In jedem Fall braucht sie nur ein paar Stunden in östlicher oder westlicher Richtung zu suchen, um ihren Fehler zu korrigieren.«

Die Erklärung ist verführerisch, wenn der Transport von Nord nach Süd erfolgt; aber sie passt nicht für den Transport von Ost nach West auf derselben Isotherme. Zudem hat sie den Mangel, dass sie sich nicht verallgemeinern lässt. Wenn eine Katze zu ihrem Logis am anderen Ende der Stadt zurückkehrt und sich in einem Labyrinth von Straßen und Gassen zurechtfindet, die sie zum ersten Mal sieht, soll man nicht denken, dass hier das Sehen oder gar ein Klimawechsel zur Wirkung kommt. Auch meine Mörtelbienen leitet nicht das Sehen, schon gar nicht, wenn man sie mitten im Wald loslässt. Ihr niedriger Flug, zwei oder drei Meter über dem Boden, ermöglicht ihnen nicht, einen Überblick über das Ganze zu bekommen und eine Landkarte zu erstellen. Brauchen sie eine Topographie? Das Zögern ist kurz; nach einigen Haken um den Experimentator fliegen sie in Richtung des Nestes, trotz des Vorhangs aus Wald, trotz des Schirms einer Kette hoher Hügel, die sie überwinden, indem sie die Steigung dicht über dem Erdboden hinauffliegen. Das Sehen ermöglicht es ihnen, Hindernisse zu vermeiden, aber es klärt sie nicht über die Richtung auf. Die Meteorologie hat ebenfalls nichts damit zu tun: Auf diesen paar Kilometern, die sie weggebracht wurden, hat sich das Klima nicht geändert. Die Erfahrung von Wärme, Kälte, Trockenheit und Feuchtigkeit hat meine Mörtelbienen nicht belehrt: Das ist bei einem nur wenige Wochen währenden Leben nicht möglich. Und auch wenn sie in den Hauptpunkten erfahren wären, wüssten sie aufgrund des gleichen Klimas an ihrem Nest und am Punkt ihrer Freilassung nicht, in welche Richtung sie fliegen müssten. Um all diese Geheimnisse zu erklären, muss man sich also zwangsläufig auf ein weiteres Geheimnis berufen, das heißt auf ein besonderes Empfindungsvermögen, das der menschlichen Natur versagt ist. Ch. Darwin, dessen beeindruckende Autorität niemand bestreiten wird, kommt zu demselben Schluss. Wenn man untersucht, ob das Tier von terrestrischen Strömungen oder von einer anliegenden magnetischen Nadel beeinflusst wird, geht man dann nicht vom Vorhandensein einer magnetischen Empfänglichkeit aus? Haben auch wir so etwas? Ich meine natürlich nicht den Magnetismus der Physiker und den eines Mesmer oder Cagliostro. Sicherlich besitzen wir nichts Ähnliches. Wozu braucht der Matrose einen Kompass, wenn er selbst der Kompass ist?

So gesteht der Meister es ein: Ein besonderer Sinn, der unserem Organismus so fremd ist, dass wir uns ihn nicht einmal vorstellen können, leitet Taube, Schwalbe, Katze, Mörtelbiene und viele andere in der Fremde. Ob er magnetisch ist, das will ich nicht entscheiden; ich bin zufrieden, dass ich nicht wenig mitgeholfen habe, ihn nachzuweisen. Ein Sinn mehr für uns, welche Errungenschaft, welch eine Quelle des Fortschritts! Warum wurden wir seiner beraubt? Er wäre eine schöne und sehr nützliche Waffe für den struggle for life! Wenn, wie man behauptet, das gesamte Tierreich, einschließlich des Menschen, aus nur einer Gussform, der Urzelle, stammt und sich über die Zeitalter weiterentwickelte, indem es die besser Begabten begünstigte und die Minderbegabten zugrunde ge-

hen ließ, wie kommt es, dass dieser wunderbare Sinn nur der Anteil einiger Unscheinbarer ist und dass er keine Spur beim Menschen, dem Gipfel der zoologischen Reihe, hinterlassen hat? Es war eine schlechte Idee von unseren Vorläufern, ein so grandioses Erbe verlorengehen zu lassen; es war des Bewahrens eher wert als ein Steißbeinwirbel, ein Schnurrbarthaar.

Wenn die Vererbung nicht stattgefunden hat, sind wir wohl zu wenig verwandt? Dieses kleine Problem unterbreite ich den Evolutionisten, und ich wüsste gern, was Protoplasma und Zellkern dazu sagen.

Sitzt dieser unbekannte Sinn bei den Hautflüglern an einer bestimmten Stelle, wirkt er über ein spezielles Organ? Man denkt gleich an die Fühler. Zu denen flüchten wir uns immer, wenn wir bei den Handlungen des Insekts nicht klar sehen; wir billigen ihm gern alles zu, was wir für unsere Argumente brauchen. Ich hatte übrigens gute Gründe, in ihnen den Richtungssinn zu vermuten. Wenn die Borstige Sandwespe den Grauen Wurm sucht, benutzt sie die Fühler, diese Fingerchen, die fortwährend den Boden abklopfen, wo sie offenbar das Wildbret in der Erde erkennt. Könnten diese Kundschafter-Fäden, die das Tier bei der Jagd zu leiten scheinen, dies nicht auch bei Reisen tun? Das musste man sehen, und das habe ich gesehen.

Bei einigen Mörtelbienen schneide ich die Fühler mit der Schere möglichst kurz. Die Verstümmelten werden fortgebracht, dann freigelassen. Sie kehren ebenso mühelos zum Nest zurück wie die anderen. Früher experimentierte ich auf ähnliche Weise mit der größten unserer Knotenwespen (Cerceris tuberculata); und der Jäger der Rüsselkäfer kehrte zu seinen Erdhöhlen zurück. Damit sind wir von einer Hypothese befreit: Der Richtungssinn wird nicht von den Fühlern ausgeübt. Wo also sitzt er? Ich weiß es nicht.

Aber was ich weiß: Die fühlerlosen Mörtelbienen arbeiten nach ihrer Rückkehr nicht weiter. Hartnäckig flattern sie vor ihrer Maurerarbeit, setzen sich auf das Erdnäpfchen, landen auf dem Zellenrand und verharren dort lange Zeit, wie nachdenklich oder betrübt,

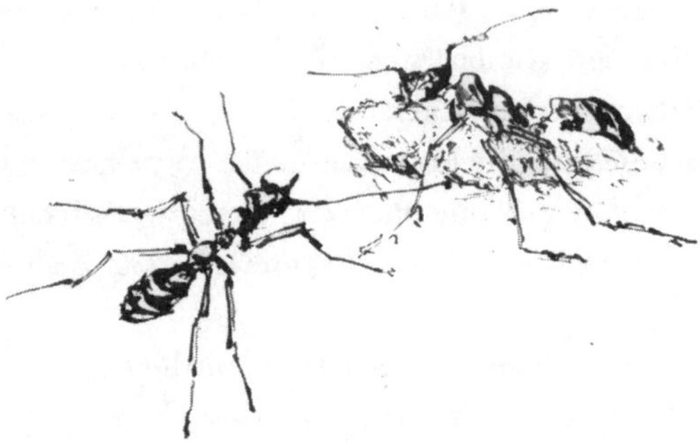

das Werk betrachtend, das nicht fertig wird. Sie fliegen weg, sie kehren zurück, sie verjagen lästige Nachbarinnen, aber bringen weder Honig noch Mörtel herbei. Am folgenden Tag bleiben sie weg. Ohne sein Werkzeug ist der Arbeiter nicht mit dem Herzen bei der Sache. Wenn die Mörtelbiene mauert, tasten ihre Fühler ständig umher; sie sondieren, untersuchen und scheinen die Vollendung der Arbeit zu leiten. Sie sind ihre Präzisionsinstrumente; sie stellen Zirkel, Winkelmaß, Wasserwaage und Senkschnur dar.

Bis hierher erstreckten sich meine Versuche nur auf Weibchen, die wegen ihrer Mutterpflichten dem Nest viel treuer sind. Was würden die Männchen tun, wenn man sie fortbringt? Ich hatte kein großes Zutrauen zu diesen Verliebten, die tagelang eine stürmische Versammlung vor den Waben bilden und darauf warten, dass die Weibchen herauskommen; um deren Besitz zanken sie sich endlos und verschwinden, wenn die Arbeiten in vollem Gange sind. Was macht es ihnen schon aus, sagte ich mir, ob sie zu ihrer heimatlichen Wabe zurückkehren oder sich anderswo einrichten, wenn sie nur eine finden, der sie ihre Liebe erklären können! Ich täuschte mich: Die Männchen kommen zurück. In Anbetracht ihrer Schwächlichkeit mute ich ihnen freilich keine lange Reise zu: ungefähr einen Kilometer. Doch für sie war das eine Expedition in die Ferne, in ein unbekanntes Land; denn weitere Ausflüge sehe ich sie nicht machen. Tagsüber besuchen sie die Waben oder die Blumen im Garten; nachts suchen sie Zuflucht in den alten Gängen oder in den Steinhaufen im Harmas.

In ein und denselben Waben hausen häufig zwei Mauerbienenarten (Osmia tricornis und Osmia Latreillii), die ihre Zellen in den verlassenen Gängen der Mörtelbienen bauen. Die häufigere ist die Dreihorn-Mauerbiene. Es war eine gute Gelegenheit, ein wenig zu erkunden, in welchem Grad der Richtungssinn bei den Hautflüglern vorkommt, und die nutzte ich. Nun gut, die Dreihorn-Mauerbienen, Männchen wie Weibchen, finden zum Nest zurück. Meine Versuche wurden rasch durchgeführt, in kleiner Zahl, mit geringen Entfernungen; aber sie stimmten so gut mit den übrigen überein, dass sie mich überzeugten. Kurz, die Rückkehr zum Nest wurde – meine früheren Versuchsergebnisse einbezogen – für vier Arten festgestellt: Die Sizilianische Mörtelbiene, die Chalicodoma muraria, die Dreihorn-Mauerbiene und Cerceris tuberculata. Darf ich ohne Einschränkung verallgemeinern und annehmen, dass alle Hautflügler aus einer unbekannten Gegend heimfinden? Ich werde mich hüten; denn es gibt, nach meiner Kenntnis, ein widersprüchliches Ergebnis, das sehr bezeichnend ist.

Unter den Schätzen meines Harmas-Laboratoriums steht an erster Stelle ein Ameisenhaufen von Polyergus rufescens, der berühmten Roten Ameise, der Amazone, die sich Sklaven fängt. Unfähig, ihre Nachkommen aufzuziehen, unfähig, sich Nahrung zu suchen, ja sie zu ergreifen, wenn sie vor ihr liegt, benötigt sie Diener, die sie füttern und ihr den Haushalt besorgen. Die Roten Ameisen stehlen Kinder, die zum Dienst für die Gemeinschaft bestimmt sind. Sie plündern die benachbarten Ameisenhaufen einer anderen Art; verschleppen die Puppen, die bald schlüpfen und im fremden Haus zu eifrigen Dienstboten werden.

Wenn die warmen Wochen im Juni und Juli kommen, sehe ich nachmittags die Amazonen aus ihrer Kaserne zur Expedition ausziehen. Die Kolonne ist fünf bis sechs Meter lang. Wenn auf dem Weg nichts zu sehen ist, was Aufmerksamkeit verdient, bleiben die Reihen ziemlich vollständig. Aber bei den ersten Anzeichen eines Ameisenhaufens macht die Spitze Halt und zerstreut sich zu einem wirbelnden Gewimmel, dem sich weitere mit großen Schritten zugesellen. Kundschafter laufen los, der Irrtum wird aufgeklärt, und der Marsch geht weiter. Die Kohorte überquert Gartenwege, verschwindet im Gras, taucht wieder auf, zieht durch einen Laubhaufen und ist stets auf Abenteuer aus. Endlich ist ein Nest von Schwarzen Ameisen gefunden. Eilig steigen die Roten Ameisen in die Schlafräume hinunter, wo die Puppen ruhen, und kommen bald mit ihrem Fang heraufgeklettert. An den Toren der unterirdischen Stadt gibt es ein betäubendes Getümmel von Schwarzen, die ihr Eigentum verteidigen, und Roten, die versuchen, es wegzutragen. Der

Kampf ist zu ungleich, um unentschieden auszugehen. Der Sieg gehört den Roten, die heimwärts rennen, in ihren Kieferzangen eine Puppe in Windeln. Für Leser, die mit solchen Sklavenhaltersitten nicht vertraut sind, wäre diese Amazonen-Geschichte recht kurios; zu meinem großen Bedauern verzichte ich auf sie: Sie würde uns zu weit vom Thema wegführen: von der Heimkehr zum Nest.

Die von der diebischen Kolonne beim Nymphentransport bewältigte Entfernung ist unterschiedlich und hängt davon ab, wie viele Schwarze Ameisen es in der Nähe gibt. Manchmal genügen zehn bis zwanzig Schritt; dann wieder sind fünfzig, hundert und mehr erforderlich. Ein einziges Mal sah ich, dass eine Expedition den Garten verließ. Die Amazonen kletterten über die vier Meter hohe Mauer und liefen in ein Weizenfeld. Was die Route betrifft, so ist sie der Kolonne gleichgültig. Offener Boden, dichter Rasen oder Steinhaufen, Mauerwerk, Kräuterdickichte werden überwunden, wobei die Ameisen keine Vorliebe für diese oder jene Art von Weg zeigen.

Streng festgelegt ist nur der Rückweg, der in all seinen Windungen und Passagen, wie schwierig auch immer, dem Hinweg folgt. Beutebeladen nehmen die Roten Ameisen dieselbe Strecke, die oft sehr kompliziert und von den Eventualitäten der Jagd bestimmt ist. Sie laufen dort entlang, wo sie zuvor entlang liefen; und das ist für sie eine so zwingende Notwendigkeit, dass keine Erschöpfung, ja nicht einmal eine sehr ernste Gefahr sie dazu bringt, die Route zu ändern.

Sie haben gerade, nehme ich an, einen dichten Laubhaufen durchquert, für sie eine Passage voller Abgründe, wo andauernd eine stürzt, wo viele sich vergeblich mühen, aus Schluchten zu klettern, auf schwankenden Brücken die Höhe zu gewinnen und endlich aus dem Gewirr der Gassen aufzutauchen. Egal: Bei ihrer Rückkehr werden sie, wiewohl schwer beladen, erneut das mühsame Gewirr durchqueren. Was müssten sie tun, um diese Strapaze zu vermeiden? Ein wenig vom Hinweg abweichen; denn die gute Strecke, vollkommen eben, ist da, kaum einen Schritt entfernt. Auf diese kleine Änderung kommen sie nicht.

Eines Tages treffe ich sie unterwegs zu einem Raubüberfall. Sie defilieren an der Innenmauer des Bassins, dessen alte Froschpopulation ich durch Goldfische ersetzt habe. Der Nordwind blies heftig, traf die Kolonne in der Flanke und fegte ganze Reihen ins Wasser. Die Fische schwammen herbei; bildeten das Publikum und schluckten die Ertrunkenen. Die Passage war schwierig; bevor die Kolonne sie bewältigt hatte, war sie dezimiert. Ich erwartete einen anderen Rückweg, der den verhängnisvollen Abgrund umgehen würde. Daraus wurde nichts. Die mit Puppen beladene Rotte ging den gefährlichen Weg, und die Goldfische hatten einen zweifachen Mannasegen: die Ameisen samt Beute. Statt ihre Route zu ändern, ließ die Kolonne sich ein zweites Mal dezimieren.

Nach einem langen Marsch, nach launenhaften Abweichungen, die bei den verschiedenen Expeditionen selten identisch sind, das Domizil wiederzufinden, ist schwierig und zwingt die Amazonen, den gleichen Weg zurückzugehen. Will das Insekt sich nicht verirren, hat es keine Wahl: Es muss auf dem Weg heimkehren, den es kennt und gerade erst gegangen ist. Wenn die Prozessionsspinnerraupen aus ihrem Nest kommen und auf einem anderen Zweig, auf einem anderen Baum, Nadeln suchen, die ihnen besser schmecken, belegen sie den Weg mit Seide, und an den gespannten Fäden kriechen sie zu ihrem Domizil zurück. Dies ist die einfachste Methode für das Insekt, das bei seinen Streifzügen Gefahr läuft, sich zu verirren: Eine Straße aus Seide führt es wieder heim. Bei den Prozessionsspinnern und ihrem naiven Straßenbauamt sind wir recht weit von den Mörtelbienen und anderen entfernt, die ein besonderes Empfindungsvermögen leitet.

Obwohl vom Stamm der Hautflügler, hat die Amazone nur beschränkte Hilfen für die Heimkehr, wie es die Notwendigkeit, hin und zurück denselben Weg zu nehmen, bezeugt. Ob sie, in gewissem Maße, die Prozessionsspinner nachahmt, indem sie auf ihrer Bahn zwar keine Leitfäden, für die sie nicht ausgerüstet ist, hinterlässt, sondern eine duftende Ausströmung, etwa einen Ameisenduft, an dem sie sich mit Hilfe ihres Geruchssinns orientieren kann?

Das ist die allgemeine Auffassung. Man sagt, Ameisen würden vom Geruchssinn geleitet, und dieser Sinn scheint in den Fühlern zu sitzen, die ständig in Bewegung sind. Ich erlaube mir, für diese Ansicht keinen großen Eifer zu bezeigen. Erstens misstraue ich einem Geruchssinn, der in den Fühlern sitzt: Meine Gründe habe ich genannt; und zweitens hoffe ich experimentell zu beweisen, dass die Roten Ameisen nicht vom Geruch geleitet werden.

Es kostete mich zu viel Zeit, ganze Nachmittage, oft ohne Erfolg, den Ausmarsch meiner Amazonen auszuspähen. Ich verbündete mich mit einer Gehilfin, deren Stunden nicht so besetzt wie meine waren. Das war meine Enkelin Lucie, ein kleiner Schelm, die gerne meine Ameisengeschichten hörte. Sie hatte die große Schlacht zwischen Roten und Schwarzen mit angesehen und war durch den Raub der Wickelkinder sehr nachdenklich geworden. Ausführlich über ihre wichtigen Aufgaben belehrt und ganz stolz, dass sie, die Kleine, schon für die Grand Dame, die Wissenschaft, arbeiten durfte, lief Lucie also durch den Garten, wenn die Witterung günstig zu sein schien, und überwachte die Roten Ameisen, mit dem Auftrag, den Weg zum geplünderten Ameisenhaufen auszukundschaften. Sie hatte ihren Eifer schon unter Beweis gestellt, auf den konnte ich zählen. Als ich einmal meine tägliche Prosaquote zu Papier brachte, hörte ich an der Tür meines Arbeitszimmers: »Poch, poch! Ich bin's, Lucie. Komm schnell: Die Roten sind bei den Schwarzen eingedrungen! Komm schnell!« – »Und weißt du, auf welchem Weg?« – »Ja, ich hab ihn markiert.« – »Was, markiert? Wie denn?« – »So wie der Däumling: Ich hab weiße Kiesel gestreut.«

Ich lief hin. Es war, wie meine sechsjährige Mitarbeiterin gesagt hatte. Lucie hatte sich Steinchen zurechtgelegt, und als sie das Ameisenbataillon aus der Kaserne ausrücken sah, war sie hinterhergegangen und hatte in Abständen Kiesel gestreut. Die Amazonen kehrten gerade von ihrem Raubzug zurück und folgten der von den Steinen angezeigten Linie. Zum Nest waren es etwa hundert Schritt, was mir Zeit gab, mich auf ein bereits in Ruhe bedachtes Experiment vorzubereiten.

Ich bewaffne mich mit einem kräftigen Besen und fege einen etwa einen Meter breiten Streifen. Dadurch werden die Staubpartikel auf der Oberfläche beseitigt; an ihrer Stelle treten andere zutage. Wenn diese mit einem duftenden Ausfluss getränkt sind, wird ihr Nichtvorhandensein die Ameisen aus der Bahn werfen. Auf diese Art unterbreche ich den Weg an vier Stellen durch einen etliche Meter breiten Streifen.

Da erreicht die Kolonne den ersten Abschnitt. Das Zögern der Ameisen ist deutlich. Einige laufen zurück, kommen wieder, um nochmals umzukehren; andere irren an der Stirnseite des Abschnitts umher; wieder andere zerstreuen sich seitlich und wollen anscheinend das unbekannte Land umgehen. Die anfangs auf einigen Dezimetern zusammengedrängte Kolonnenspitze verteilt sich jetzt auf drei, vier Meter. Aber die Nachrückenden sammeln sich vor dem Hindernis, stauen sich und bilden einen unentschlossenen Haufen. Schließlich wagen sich einige auf den gefegten Streifen, die anderen folgen, während ein paar durch eine Umgehung wieder auf den Weg gelangt sind. An den übrigen Streifen dieselben Verzögerungen; doch sie werden überwunden, entweder direkt oder seitlich. Trotz meiner Tücken gelingt die Heimkehr zum Nest, und zwar auf dem Kiesel-Weg.

Das Experiment spricht offensichtlich für das Vorhandensein des Geruchssinns. Viermal gibt es deutliche Verzögerungen, überall dort, wo gefegt ist. Wenn der Rückmarsch trotzdem auf derselben Route erfolgt, kann das mit der ungleichmäßigen Arbeit des Besens zu tun haben, der kleine Stellen mit duftendem Staub liegenließ. Die Ameisen, die den Streifen umgangen haben, wurden womöglich von beiseite gefegten Resten geleitet. Bevor man also den Geruchssinn bejaht oder verneint, sollte man den Versuch unter besseren Bedingungen wiederholen und alles, was duftet, restlos entfernen.

Als einige Tage später mein Plan feststeht, begibt sich Lucie wieder auf ihren Beobachterposten und meldet mir bald einen Ausmarsch. Damit hatte ich gerechnet; denn an den schwülen Juni- und Julinachmittagen gehen die Amazonen fast immer auf Expedition, besonders bei Gewitterstimmung. Die Kiesel des Däumlings markieren wieder den Weg, auf dem ich den für meine Absichten günstigsten Punkt ausgesucht habe. Ein Gartenschlauch aus Segeltuch wird an einen Wasserhahn des Bassins angeschlossen; der Hahn wird aufgedreht, und die Straße der Ameisen wird von einem ständigen Strahl unterbrochen, der gut einen Schritt breit und unendlich lang ist. Der Schwall erfolgt zunächst reichlich und rasch, damit er den Boden gut abwäscht und alles beseitigt, was duften könnte. Dieses Abschwemmen dauert fast eine Viertelstunde. Dann, als die Ameisen mit Beute ankommen, vermindere ich den Strahl und senke den Wasserstand, damit es für ihre Kräfte nicht zu viel wird. Dies ist nun das Hindernis, das die Amazonen überwinden müssen, falls es für sie zwingend ist, die Route des Hinwegs zu benutzen.

Hier gibt es ein langes Zögern; die Nachzügler haben Zeit, sich wieder mit der Spitze der Kolonne zu vereinigen. Dennoch wollen sie den Strom mit Hilfe einiger aus den Wellen herausragender Steine durchqueren, dann verlieren sie den Grund, und die Strömung reißt die Kühnsten fort; diese lassen sich, ihren Fang in den Kieferzangen, treiben, stranden an einer seichten Stelle, gewinnen das Ufer und suchen erneut eine Furt. Hier und dort bleiben angeschwemmte Strohhalme hängen: schwankende Brücken, welche die Ameisen betreten. Trockene Olivenblätter werden zu Flößen voller Passagiere. Die Tapfersten erreichen ohne Zwischenlandung das andere Ufer, teils durch ihre Manöver, teils mit ein bisschen Glück. Ich sehe welche, die zwei oder drei Schritt von der Strömung mitgerissen werden und dann am Ufer offenbar nicht wissen, was sie machen sollen. Mitten in der Unordnung dieser in wilder Flucht begriffenen Armee, mitten in Ertrinkungsgefahr, lässt keine ihre Beute los. Sie wird sich hüten: Lieber sterben! Kurz, der Sturzbach wird mehr schlecht als recht überwunden, und zwar auf der vorschriftsmäßigen Route.

Es scheint mir, dass der Duft des Weges dafür nicht der Grund sein kann, nach dem Versuch mit dem Sturzbach, der den Boden erst abgeschwemmt und ihm während der Durchquerung ständig Wasser zugeführt hat. Untersuchen wir, was geschieht, wenn der

Ameisenduft, falls es ihn auf der Route wirklich gibt, durch einen unvergleichlich kräftigeren ersetzt wird, den wir mit unserem Geruchssinn wahrnehmen können, was bei ersterem, wenigstens unter den hier in Rede stehenden Bedingungen, nicht der Fall war.

Ein dritter Ausmarsch wird ausgespäht, und an einer Stelle der Route wird die Erde mit ein paar Handvoll Pfefferminze eingerieben, die ich gerade an einer Rabatte abgeschnitten habe. Ein Stückchen weiter lege ich Blätter derselben Pflanze hin. Die Ameisen überqueren auf dem Rückweg die eingeriebene Fläche, offenbar ohne sich darum zu kümmern; sie zögern vor dem mit Blättern bestreuten Stück und laufen weiter.

Nach diesen beiden Versuchen, mit dem Sturzbach, der den Boden abschwemmt, und mit der Pfefferminze, die seinen Geruch verändert, darf man, so meine ich, sich nicht mehr darauf berufen, dass der Geruchssinn die Ameisen auf die Route des Hinwegs führt. Weitere Beweise werden uns mehr sagen.

Ohne die Erde zu berühren, lege ich jetzt große Zeitungsblätter auf den Weg und beschwere sie mit ein paar Steinchen. Vor diesem Teppich, der das Aussehen der Strecke völlig verändert, ohne ihr etwas zu nehmen, was Duft verbreiten könnte, zögern die Ameisen noch länger als vor meinen anderen Fallen, sogar länger als vor dem Sturzbach. Sie müssen vielfache Versuche unternehmen, Erkundungen an den Seiten, Bewegungen nach vorne und immer wieder zurück, ehe sie sich insgesamt in die unbekannte Zone wagen. Schließlich wird der Papierstreifen überwunden und der Marsch wie gewohnt wiederaufgenommen.

Ein Stück weiter erwartet die Amazonen eine weitere Tücke. Ich hatte den grauen Weg durch eine dünne Schicht gelben Sandes unterbrochen. Bereits diese farbliche Veränderung genügt, um die Ameisen einen Augenblick zu verwirren, die hier wie vor der Papierzone zögern, aber nicht so lange. Dann wird auch dieses Hindernis überwunden.

Nachdem meine Streifen aus Sand und Papier die duftenden Ausströmungen, mit denen der Weg hätte durchdrungen sein können, nicht beseitigt haben, ist es offensichtlich, da ja die Ameisen wie zuvor zögerten und stehenblieben, dass sie ihren Weg nicht durch den Geruchssinn wiederfinden, sondern durch den Gesichtssinn; denn jedes Mal, wenn ich das Aussehen der Strecke irgendwie verändere, durch die Erosionen mit dem Besen, den Wasserschwall, die grüne Minze, den Papierteppich, den andersfarbigen Sand, macht die heimkehrende Kolonne Halt, zögert und versucht die plötzlichen Veränderungen einzuordnen. Ja, es ist das Sehen, freilich ein sehr kurzsichtiges, für das schon einige versetzte Steinchen den Horizont verändern. Für diese Kurzsichtigkeit genügt ein Papierstreifen, eine Schicht Minzeblätter, eine Lage gelben Sandes, ein Wasserstrahl, ein Besenstoß und noch geringfügigere Veränderungen, dass die Landschaft sich verwandelt; und das Bataillon, das den Drang hat, so rasch wie möglich mit seiner Beute heimzukehren, verharrt ängstlich vor der ihm unbekannten Gegend. Wenn die verdächtigen Zonen doch überwunden werden, dann deswegen, weil bei den zunehmenden Versuchen, die veränderten Streifen zu überqueren, etliche Ameisen dahinter schließlich Punkte erkennen, die ihnen vertraut sind. Im Vertrauen auf diese Scharfsichtigen folgen die anderen.

Der Gesichtssinn wäre unzureichend, wenn die Amazone nicht auch über ein präzises Ortsgedächtnis verfügte. Das Gedächtnis einer Ameise! Was könnte das bedeuten? Worin ähnelt es unserem? Auf diese Fragen habe ich keine Antwort; aber ich brauche nur einige Zeilen, um zu beweisen, dass das Insekt sich ziemlich zuverlässig und sehr genau an Orte erinnert, die es besucht hat. Hier etwas, das ich oft mitangesehen habe. Manchmal bietet der geplünderte Ameisenhaufen den Amazonen reichlichere Beute, als das Expeditionskorps wegschleppen kann. Oft ist auch die Gegend reich an Ameisenhaufen. Es wäre ein weiterer Raubzug nötig, um die Stelle gründlich auszubeuten. Dann erfolgt eine zweite Expedition, entweder am nächsten Tag oder zwei, drei Tage später. Dieses Mal sucht die Kolonne nicht mehr; sie läuft geradewegs zu der an Puppen reichen Stätte und geht dann denselben Weg zurück. Es ist vorgekommen, dass ich auf etwa zwanzig Metern den Weg markierte, den die

Ameisen einige Tage zuvor einschlugen, und die Amazonenexpedition auf derselben Strecke antraf, Stein für Stein. Erst gehen sie hier-, und dann gehen sie dorthin, sagte ich mir aufgrund meiner Kieselmarkierung, und tatsächlich, sie gingen hierhin, sie gingen dorthin, die ganze Kieselreihe entlang, ohne merkliche Abweichung.

Kann man annehmen, dass die über den Weg verbreiteten Ausströmungen einige Tage lang anhalten? Dies würde niemand wagen. Es ist also sicher der Gesichtssinn, der die Amazonen leitet, der Gesichtssinn, der vom Ortsgedächtnis unterstützt wird. Und dieses Gedächtnis ist so zuverlässig, dass es den Eindruck einen Tag und länger bewahrt; es ist peinlich genau; denn es führt die Kolonne auf demselben Pfad wie am Vortag durch alle Unebenheiten des Geländes.

Wie verhält sich die Amazone, wenn sie die Orte nicht kennt? Besitzt die Ameise außer dem topographischen Gedächtnis, das ihr in dieser vermutlich noch unbekannten Gegend nichts nützt, den Richtungssinn der Mörtelbiene, wenigstens in bescheidenem Maße, und könnte sie so ihren Ameisenhaufen oder ihre Marschkolonne wiederfinden?

Nicht alle Teile des Gartens werden von der marodierenden Legion in gleicher Weise visitiert; mit Vorliebe wird die nördliche Partie ausgebeutet; die Raubzüge sind hier sicherlich ergiebiger. Die Amazonen lenken ihre Karawanen also immer in die Richtung nördlich ihrer Kaserne; nur selten begegne ich ihnen im Süden. Dieser Teil des Gartens ist ihnen also nur wenig, wenn überhaupt bekannt. Trotzdem wollen wir schauen, wie sich die fortgebrachte Ameise verhält.

Ich stelle mich an den Ameisenhaufen, und als die Kolonne von der Sklavenjagd kommt, lasse ich eine Ameise auf ein hingehaltenes Laubblatt krabbeln. Ohne sie zu berühren, bringe ich sie zwei oder drei Schritt von ihrem Bataillon weg, aber in südlicher Richtung. Das genügt, um sie zu verwirren und völlig zu desorientieren. Ich setze sie auf die Erde und sehe, wie sie herumirrt, immer die Beute in den Kieferzangen, ich sehe, wie sie sich rasch von ihren Genossen entfernt, in der Meinung, sie zu erreichen; ich sehe, wie sie denselben Weg zurückkommt, sich abermals entfernt, es rechts versucht, links versucht, sich in viele Richtungen vorwärtstastet, sich aber nicht zurechtfindet. Dieser kriegerische Sklavenhändler mit den kräftigen Kiefern ist, zwei Schritt von seiner Schar, verloren. Ich erinnere mich an Verirrte, die nach halbstündigem Suchen den Weg nicht fanden und sich, die Puppe in den Zähnen, immer weiter entfernten. Was wurde aus ihnen, was machten sie mit ihrem Fang? Ich hatte nicht die Geduld, diesen stumpfsinnigen Plünderern bis zuletzt zu folgen.

Wiederholen wir den Versuch, aber indem wir die Amazone nach Norden umsetzen. Nach mehr oder weniger langem Zögern, nach Suchen bald in dieser, bald in jener Richtung findet sie ihre Kolonne. Die Stellen sind ihr bekannt.

Da haben wir mit Sicherheit einen Hautflügler, der des Richtungssinnes, dessen sich andere Hautflügler erfreuen, beraubt ist. Für ihn spricht das Ortsgedächtnis, mehr nicht. Eine Entfernung von zwei bis drei Schritt genügt, dass er den Weg verliert und nicht mehr zu den Seinen zurückkehrt, während die Mörtelbiene nach Kilometern in unbekannten Gegenden sich nicht verfliegt. Ich habe mein Erstaunen geäußert, dass der Mensch dieses wunderbaren Sinnes beraubt ist, mit dem einige Tiere begabt sind. Der ungeheure Abstand zwischen den beiden Dingen, die hier verglichen werden, könnte Diskussionsstoff liefern. Diesen Abstand gibt es im vorliegenden Fall nicht: Wir haben hier zwei sehr nah verwandte Insekten, zwei Hautflügler. Wenn sie aus derselben Gussform kommen, wieso besitzt dann der eine einen Sinn, den der andere nicht hat, einen zusätzlichen Sinn, der ein viel wichtigeres Merkmal ist als Einzelheiten im Körperbau? Ich warte, dass die Transformisten geruhen, mir einen triftigen Grund zu nennen.

Inwieweit ist dieses Ortsgedächtnis, dessen Zuverlässigkeit und Genauigkeit ich soeben anerkannte habe, geschmeidig genug, um einen Eindruck zu bewahren? Bedarf die Amazone wiederholter Märsche, um ihre Geographie zu kennen, oder reicht eine einzige Expedition? Haben sich die Routen und Orte sofort in ihr Gedächt-

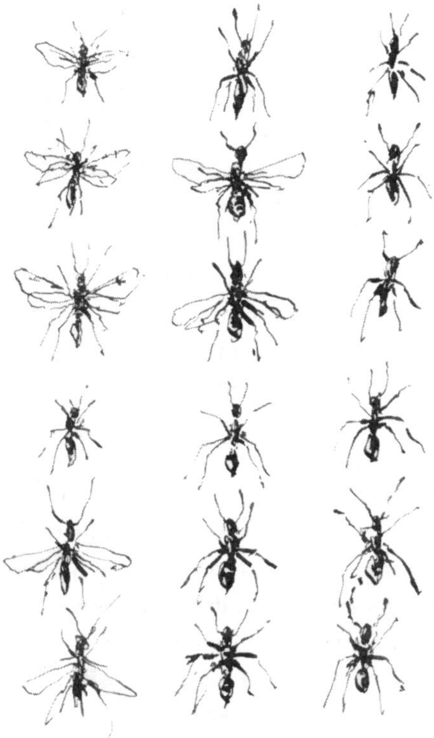

nis eingegraben? Für Versuche, die Antwort geben könnten, bietet sich die Rote Ameise nicht an: Der Experimentator kann nicht feststellen, ob das Expeditionskorps die Strecke zum ersten Mal zurücklegt; und es steht nicht in seiner Macht, die Schar zu diesem oder jenem Weg zu veranlassen. Wenn die Amazonen Ameisenhaufen plündern wollen, tun sie, was ihnen beliebt, und wir dürfen uns nicht in ihren Marsch einmischen. Halten wir uns also an andere Hautflügler.

Ich wähle die Wegwespen, deren Verhalten in einem späteren Kapitel eingehend untersucht wird. Sie jagen Spinnen und Grabwespen. Das Wildbret, die Nahrung der künftigen Larve, wird gefangen und gelähmt; die Behausung wird danach gegraben. Da die schwere Beute den Hautflügler beim Suchen nach einer günstigen Stelle sehr behindern würde, legt er die Spinne an einer hohen Stelle ab, auf einem Grasbüschel oder im Gestrüpp; dort ist sie sicher vor Marodeuren, vor allem vor Ameisen, die das kostbare Stück in Abwesenheit des rechtmäßigen Besitzers beschädigen könnten. Hat die Wegwespe ihren Fang auf einen grünen Gipfelpunkt gelegt, sucht sie sich eine passende Stelle und gräbt ihre Höhle. Ab und an geht sie zur Spinne, knabbert an ihr und beklopft sie, als wollte sie sich zu der reichen Kost beglückwünschen; dann gräbt sie wieder an ihrer Erdhöhle. Wenn etwas sie beunruhigt, beschränkt sie sich nicht auf Besuche bei der Spinne; sie bringt sie näher an ihren Arbeitsplatz, legt sie aber stets auf einen grünen Busch. Das sind die Manöver, die ich mir leicht zunutze machen kann, um zu erfahren, wie flexibel das Gedächtnis der Wegwespe ist.

Während der Hautflügler an seiner Höhle arbeitet, bemächtige ich mich des Wildbrets und lege es auf eine kahle Stelle, etwa einen halben Meter von der ursprünglichen entfernt. Bald verlässt die Wegwespe das Loch, um nach ihrer Beute zu schauen, und läuft geradeaus zu dem Punkt, wo sie sie zurückgelassen hatte. Diese Richtungssicherheit und diese Gedächtnisgenauigkeit sind durch das wiederholte Visitieren der Beute zu erklären. Was davor passiert ist, weiß ich nicht. Lassen wir diese erste Expedition außer Acht;

die weiteren sind beweiskräftiger. Im Augenblick findet die Wegwespe ohne jedes Zögern den Grasbüschel, wo ihre Beute lag. Dann gibt es in diesem Büschel ein Hin- und Zurücklaufen, sorgfältige Nachforschungen und häufiges Zurückkehren zu dem Punkt, wo die Spinne gelegen hatte. Nachdem sich der Hautflügler überzeugt hat, dass sie nicht da ist, durchmisst er die Umgebung mit langsamen Schritten, wobei die Fühler die Erde betasten. Die Spinne wird auf der kahlen Stelle entdeckt, wo ich sie hingelegt habe. Überraschung bei der Wegwespe, die darauf zuläuft, aber plötzlich zurückspringt. Lebt sie? Ist sie tot? Ist das wirklich mein Wildbret? scheint sie sich zu fragen. Seien wir misstrauisch!

Das Zögern dauert nicht lange: Der Jäger packt die Spinne und schleppt sie rückwärts, um sie, stets an erhöhter Stelle, auf einem zweiten grünen Büschel abzusetzen, das vom ersten zwei bis drei Schritt entfernt ist. Darauf kehrt er zur Erdhöhle zurück, wo er eine Zeitlang wühlt. Zum zweiten Mal entferne ich die Spinne und lege sie ein Stück weiter auf die nackte Erde. Dies ist der Moment, das Gedächtnis der Wegwespe zu beurteilen. Zwei Grasbüschel dienten dem Wildbret als provisorischer Ruheplatz. Den ersten, zu dem sie mit solcher Genauigkeit zurückkam, erkannte sie durch gründlicheres Prüfen, durch wiederholte Visiten, die mir entgingen; der zweite aber hat auf ihr Gedächtnis gewiss nur einen oberflächlichen Eindruck gemacht. Sie hat ihn ohne prüfende Auswahl angenommen; sie war dort nur so lange, als nötig war, um ihre Spinne hinauf zu bringen; sie sah ihn zum ersten Mal, flüchtig, im Vorübergehen. Wird dieser rasche Blick genügen, damit sie eine exakte Erinnerung behält? Außerdem können sich in ihrem Gedächtnis jetzt zwei Örtlichkeiten vermengen; der erste Ruheplatz kann mit dem zweiten verwechselt werden. Wohin wird die Wegwespe laufen?

Gleich wissen wir es: Gerade verlässt sie die Erdhöhle, um nochmals die Spinne aufzusuchen. Sie läuft geradeaus zum zweiten Büschel, wo sie ihre nicht vorhandene Beute lange sucht. Sie weiß sehr gut, dass sie beim letzten Mal hier und nicht anderswo war; sie sucht hier weiter und kommt nicht darauf, zum ersten Ruheplatz zu gehen. Für sie zählt das erste Grasbüschel nicht mehr, sie kümmert sich nur um das zweite. Danach beginnen die Nachforschungen in der Umgebung.

Als der Hautflügler sein Wildbret auf der kahlen Stelle fand, packte er die Spinne rasch auf ein drittes Grasbüschel, und der Versuch beginnt von vorn. Diesmal läuft die Wegwespe sofort zum dritten Büschel, ohne es mit den beiden ersten zu verwechseln, die zu besuchen sie verschmäht, so sicher ist ihr Gedächtnis. Das mache ich noch ein paar Mal, und das Insekt geht stets zum letzten Ruheplatz und kümmert sich nicht um die anderen. Ich staune über das Gedächtnis dieses Knirpses. Er braucht einen Punkt, der sich in nichts von vielen anderen unterscheidet, nur einmal kurz zu erblicken, um sich an ihn gut zu erinnern, trotz seiner Bergmannsarbeit, vertieft in sein Werk untertage. Könnte unser Gedächtnis hier mithalten? Das ist sehr zweifelhaft. Billigen wir der Roten Ameise ein ähnliches Gedächtnis zu, und ihre Wanderungen samt Heimkehr auf demselben Weg sind nicht mehr unerklärlich.

Versuche dieser Art haben mir einige erwähnenswerte Ergebnisse geliefert. Wenn die Wegwespe nach ermüdend schwierigen Erkundungen überzeugt ist, dass die Spinne nicht mehr auf dem Grasbüschel liegt, wo sie sie hingelegt hat, sucht sie in der Nähe und findet sie ziemlich leicht, denn ich habe sie vorsorglich auf einer kahlen Stelle platziert. Erhöhen wir die Schwierigkeit ein wenig. Mit der Fingerspitze mache ich eine Vertiefung, lege die Spinne hinein und bedecke sie mit einem dünnen Blatt. Nun passiert es, dass der Hautflügler auf der Suche nach seinem Wildbret über das Blatt oder immer wieder an ihm vorbeigeht, ohne darunter die Spinne zu vermuten, denn er läuft weiter und setzt seine vergeblichen Erkundungen fort. Es leitet ihn also nicht der Geruchssinn, sondern wirklich der Gesichtsinn. Doch seine Fühler tasten unablässig den Boden ab. Was kann die Rolle dieser Organe sein? Ich weiß es nicht, obwohl ich behaupte, sie sind keine Geruchsorgane. Dazu hat mich auch die ihren Grauen Wurm suchende Sandwespe veranlasst; jetzt erhalte ich einen experimentellen Beweis, der mir entscheidend zu sein scheint. Ich füge hinzu, dass die Wegwespe sehr kurzsichtig ist: Oft geht sie dicht an ihrer Spinne vorbei und sieht sie nicht.

X
Fragmente über die Psychologie des Insekts

Der Laudator temporis acti[17] ist nicht willkommen: Die Welt geht vorwärts. Ja, aber manchmal rückwärts. In meiner Jugend lehrten uns Büchlein zu vier Sous, dass der Mensch ein vernunftbegabtes Tier ist; heute beweisen uns gelehrte Bände, dass die menschliche Vernunft nur eine höhere Stufe auf einer Leiter ist, deren Fuß bis in die tiefsten Tiefen des Tierischen hinabreicht. Da gibt es das Mehr und das Weniger, es gibt Zwischensprossen, aber keine plötzliche Unterbrechung. Das beginnt bei null im Zelleiweiß und steigt bis zu dem mächtigen Gehirn eines Newton auf. Die vornehme Fähigkeit, auf die wir so stolz waren, ist ein zoologisches Erbe. Davon besitzen alle einen größeren oder kleineren Teil, vom belebten Atom bis hin zum Menschenaffen, dieser garstigen Karikatur des Menschen.

Ich hatte immer den Eindruck, dass diese gleichmacherische Theorie die Tatsachen sagen lässt, was sie gar nicht besagen; ich hatte den Eindruck, dass man, um die Ebene zu erreichen, den Gipfel, den Menschen, absenkte und das Tal, das Tier, erhöhte. Für diese Nivellierung wollte ich Beweise haben; und da ich in Büchern keine oder nur zweifelhafte und sehr anfechtbare finde, forsche ich selbst, um mir eine Anschauung zu bilden, deshalb suche und experimentiere ich.

Um mit Gewissheit sprechen zu können, darf man nicht über das Gebiet hinausgehen, in dem man sich auskennt. Nach etwa vierzigjähriger Beschäftigung mit dem Insekt kenne ich es jetzt einigermaßen. Fragen wir also das Insekt, nicht das erstbeste, sondern das begabteste, den Hautflügler. Hier biete ich meinen Gegnern eine günstige Gelegenheit. Wo findet man ein reicher begabtes Tier? Es scheint, als habe es der Natur, als sie es schuf, gefallen, der kleinsten Masse an Materie die größte Menge an Fleiß zu geben. Kann der Vogel, dieser wunderbare Architekt, seine Arbeit mit dem Bau der Biene, diesem Meisterwerk der höheren Geometrie, vergleichen? Selbst der Mensch hat im Hautflügler einen Rivalen. Wir erbauen Städte, er auch; wir haben Diener, er ebenfalls; wir züchten Haustiere, er zieht seine Tiere mit Zucker auf; wir pferchen Herden ein, er seine Milchkühe, die Blattläuse; wir haben die Sklaverei abgeschafft, er betreibt weiter seinen Sklavenhandel.

Nun gut! Kann dieses kultivierte, dieses privilegierte Wesen denken? Lächle nicht, lieber Leser! Das ist eine sehr ernste, bedenkenswerte Sache. Sich mit dem Tier beschäftigen heißt die beunruhigende Frage erörtern: Wer sind wir? Woher kommen wir? Also: Was geht in diesem kleinen Hautflüglergehirn vor? Gibt es hier Fähigkeiten, die mit unseren verwandt sind, gibt es hier ein Denken? Welch ein Problem, wenn wir es lösen könnten! Welch ein Kapitel der Psychologie, wenn wir es schreiben könnten! Aber schon bei unseren ersten Untersuchungen wird sich das Geheimnis vor uns auftürmen, undurchdringlich, des seien wir gewiss. Wir sind nicht imstande, uns selbst zu erkennen; was geschieht, wenn wir den Intellekt eines andern ergründen wollen? Seien wir zufrieden, wenn es uns gelingt, bei unserer Ährenlese ein paar Körnchen Wahrheit aufzuklauben.

Was ist Vernunft? Die Philosophie würde uns gelehrte Definitionen geben. Seien wir bescheiden, und halten wir uns an das Einfachste: Es geht ja nur um das Tier. Vernunft ist die Fähigkeit, welche Wirkung und Ursache verknüpft und das Handeln leitet, indem sie es den Erfordernissen des Zufälligen anpasst. Ist das Tier, innerhalb dieser Grenzen, fähig zu überlegen? Ist es imstande, ein Warum mit einem Weil zu verbinden und dann sein Verhalten danach auszurichten? Kann es angesichts eines Unfalls seine Verhaltensführung ändern?

Die Geschichte bietet kaum Dokumente, die uns bei dieser Frage leiten könnten; und diejenigen, die man bei einzelnen Autoren findet, halten selten einer strengen Prüfung stand. Eines der bemerkenswertesten, das ich kenne, liefert uns Erasmus Darwin in seinem Buch Zoonomia[18]. Es erzählt von einer Wespe, die eine dicke Mücke gefangen und getötet hat. Der Wind bläst, und die Jägerin, die durch die große Oberfläche ihres Wildbrets beim Aufschwung behindert wird, landet wieder, um Hinterleib, Kopf und Flügel zu amputieren; sie fliegt nur mit dem Brustteil davon, das dem Wind weniger Widerstand bietet. Wenn man sich an die nackten Tatsachen hält, gibt es hier wirklich einen Anschein von Vernunft. Die Wespe erfasst anscheinend die Beziehung zwischen Wirkung und Ursache. Die Wirkung ist die Behinderung beim Aufschwung, die Ursache der Luftwiderstand der großen Beute. Sehr logische Schlussfolgerung: Der Umfang muss verkleinert, Hinterleib, Kopf und vor allem die Flügel müssen abgeschnitten werden, und dann vermindert sich der Luftwiderstand.[19]

Aber erfolgt diese Verkettung von Gedanken, so elementar sie auch ist, tatsächlich im Intellekt des Insekts? Ich bin vom Gegenteil überzeugt, und meine Beweise sind unwiderlegbar. Im ersten Band dieser Erinnerungen habe ich durch ein Experiment bewiesen, dass die Wespe Erasmus Darwins lediglich ihrem gewöhnlichen Intellekt gehorchte, der darin besteht, das Wildbret zu zerstückeln und nur den nahrhaftesten Teil, das Bruststück, zu behalten. Ob das Wetter völlig ruhig oder ob es windig ist, ob im Schutz eines dichten Gestrüpps oder im Freien, der Hautflügler geht stets so vor, dass er Trockenes und Saftiges sortiert. Ich sehe, wie er die Beine wegwirft, Flügel, Kopf, Hinterleib, und nur die Brust für das seinen Larven zugedachte Mus behält. Welchen Wert hat dann dieses Zerstückeln, wenn der Wind bläst, als Argument für die Beteiligung der Vernunft? Gar keinen; denn bei Windstille fände es genauso statt. Erasmus Darwin war zu eilig mit seiner Folgerung, die das Produkt seiner Denkweisen und nicht der Logik der Dinge war. Hätte er sich über die Gewohnheiten der Wespe informiert, hätte er eine Tatsache, die keine Beziehung zu der schwierigen Frage der tierischen Vernunft hat, nicht als ernst gemeintes Argument angeführt.

Ich komme auf dieses Beispiel zurück, um zu zeigen, auf welche Schwierigkeiten derjenige stößt, der sich auf zufällige Untersuchungen beschränkt, seien sie auch sorgfältig vorgenommen. Man sollte nicht mit einem glücklichen Zufall rechnen, der vielleicht der einzige bleibt. Man muss die Beobachtungen vervielfachen, aneinander überprüfen; man muss Handlungen hervorrufen, ihre Folgen feststellen, ihre Beziehung entwirren; dann, erst dann und mit viel Zurückhaltung darf man ein paar glaubwürdige Ansichten aussprechen. Nirgends finde ich unter solchen Bedingungen gesammelte Belege; aus diesem Grunde ist es mir, so sehr ich es auch wünsche, unmöglich, das Wenige, das ich erkannt habe, durch das Zeugnis anderer zu stützen.

Meine schon erwähnten Mörtelbienen mit ihren an die Wand gehängten Nestern boten sich für die Versuche mehr als andere Hautflügler an. Ich hatte sie dort, im eigenen Haus, jederzeit und so lange, wie ich wollte, vor Augen. Es stand mir frei, ihre Tätigkeiten in allen Einzelheiten zu verfolgen und einen Versuch zum guten Ende zu führen, wie lange es auch dauerte; zudem ermöglichte mir ihre Anzahl, die Versuche so oft zu wiederholen, bis ich restlos überzeugt war. Die Mörtelbienen liefern mir also auch das Material für dieses Kapitel.

Doch zuvor einige Worte zu den Arbeiten. Die Sizilianische Mörtelbiene benutzt zunächst die alten Gänge der Erdwabe und überlässt einen Teil von ihnen mietfrei den beiden Mauerbienenarten: Osmia tricornis und Osmia Latreillii. Diese alten Gänge, die Arbeit ersparen, sind sehr gefragt, aber es gibt nicht viele freie, da die früher entwickelten Mauerbienen die meisten schon besetzt haben. So beginnt bald die Herstellung neuer Zellen, die auf die Wabe gemauert werden; dadurch wird sie jedes Jahr dicker. Das Zellengebäude wird nicht in einem Zug errichtet: Mörtel und Honig wechseln mehrmals. Das Mauerwerk beginnt mit einer Art kleinem Schwalbennest, mit einem Halbnäpfchen, das durch die Wand, die ihm als Halt dient, vervollständigt wird. Stellen wir uns den halbierten Becher einer Eichel vor, der auf der Wabe befestigt ist; so sieht der Behälter aus, wenn er weit genug fortgeschritten ist, um den ersten Honig aufzunehmen.

Dann lässt die Biene den Mörtel sein und widmet sich der Ernte. Nach einigen Bevorratungsflügen wird wieder gemauert, und neue Schichten erhöhen das Näpfchen, das immer mehr Vorräte fasst. Dann ein Tätigkeitswechsel; der Maurer wird zum Erntearbeiter, dieser bald wieder zum Maurer und so fort, bis die Zelle die vorschriftsmäßige Höhe hat und die für die Larve nötige Honigmenge enthält. So erfolgen immer wieder, je nach Tätigkeit mehr oder weniger zahlreich, Flüge zu dem trockenen Pfad, wo der Zement gesammelt und angerührt wird, und zu den Blüten, wo der Kropf sich vor Honig aufbläht und der Hinterleib sich mit Pollen einstaubt.

Schließlich kommt der Moment der Eiablage. Die Biene erscheint mit einem Mörtelkügelchen. Sie schaut auf die Zelle, ob alles in Ordnung ist, schiebt ihren Hinterleib hinein, und das Ei wird gelegt. Dann versiegelt die Mutter sofort das Logis; mit dem Kügelchen verschließt sie die Mündung, und dabei ist sie so sparsam mit dem Material, dass der Deckel gleich beim ersten Mal vollständig ausgeformt wird; er muss nur noch dicker, durch neue Schichten verstärkt werden, eine Arbeit, die nicht eilt und später an der Reihe ist. Was aber nach der weihevollen Hinterlegung des Eis offenbar eilt, ist das Verschließen der Zelle, damit es in Abwesenheit der Mutter nicht zu böswilligen Besuchen kommt. Die Biene muss schwerwiegende Gründe haben, sich mit dem Verschluss so zu beeilen. Was würde passieren, wenn sie nach der Eiablage das Logis offen ließe und sich zum Steinbruch aufmachte, um Zement für das Vermauern der Tür zu suchen? Vielleicht käme ein Räuber, der das Ei der Mörtelbiene durch seins ersetzen würde. Dies sind, wie wir noch sehen werden, keine unbegründeten Befürchtungen. Jedenfalls hat die Mörtelbiene, wenn sie ihr Ei legt, zwischen den Kieferzangen immer das Mörtelkügelchen für den Deckel. Das geliebte Ei darf den Begierden von Marodeuren keinen einzigen Augenblick ausgesetzt werden.

Diesen Auskünften möchte ich einige allgemeine Beobachtungen hinzufügen, die das Verständnis des Folgenden erleichtern. Solange die Umstände normal sind, hat das Insekt seine Handlungen ganz zweckmäßig auf das Ziel hin berechnet. Was könnte zum Beispiel logischer sein als die Manöver des Räuberischen Hautflüglers, der seine Beute lähmt, damit sie für seine Larve frisch bleibt, aber diese dennoch nicht gefährdet? Das ist überragend zweckmäßig; wir könnten es nicht besser; und doch handelt das Insekt nicht mit Vernunft. Wenn es sich seine Chirurgie ausgedacht hätte, wäre es der unseren überlegen. Niemand wird annehmen, dass das Tier sich über seine klugen Operationen im Klaren ist. Solange das Insekt den ihm vorgegebenen Weg nicht verlässt, kann es die vernünftigsten Handlungen ausführen, ohne dass wir darin die geringste Mitwirkung der Vernunft erblicken dürften.

Was geschähe bei einem Unfall? Hier müssen wir zwei Fälle sorgsam unterscheiden, wenn wir nicht Gefahr laufen wollen, schwere Fehler zu begehen. Zunächst Unfälle, die sich bei der jeweiligen Tätigkeit des Insekts ereignen. Unter solchen Umständen ist das Tier in der Lage, mit dem Unfall fertig zu werden; es setzt seine Arbeit in ähnlicher Weise fort, es bleibt also in seinem psychischen Zustand. Im zweiten Fall ist der Unfall mit einer länger zurückliegenden Tätigkeit verbunden, er steht in Beziehung zu einer abgeschlossenen Arbeit, mit der sich das Insekt normalerweise nicht mehr beschäftigen muss. Um mit diesem Unfall fertig zu werden, müsste das Insekt seine psychische Strömung zurückverfolgen, es müsste alles, was es getan hat, nochmals tun, um sich danach anderem zuzuwenden. Ist es dazu fähig? Kann es die Gegenwart beiseitelassen, um sich der Vergangenheit zuzuwenden? Wird es zu einer Arbeit zurückkehren, die viel dringender ist als die, der es sich gerade widmet? Das wären wahrlich Beweise für ein bisschen Vernunft. Dies ist das Problem, das die Experimente klären sollen.

Zunächst ein paar Handlungen der erstgenannten Kategorie:

Eine Mörtelbiene vollendet gerade die erste Schicht ihres Zelldeckels. Sie ist weggeflogen, um Material zur dessen Verstärkung zu holen. In ihrer Abwesenheit durchsteche ich den Deckel mit einer Nadel und mache einen breiten Spalt, der über die halbe Öffnung reicht. Das Insekt kommt zurück und behebt den Schaden. Da es zuvor mit dem Deckel beschäftigt war, macht es dort weiter, indem es ihn repariert.

Eine zweite arbeitet an den ersten Schichten des Mauerwerks. Die Zelle ist erst ein flaches Näpfchen ohne jeden Inhalt. Ich mache ein breites Loch in den Boden, und das Insekt stopft es sofort. Es war beim Mauern und machte kurz etwas anderes, um dann weiterzumauern. Das Reparieren ist die Fortsetzung der Arbeit, mit der es gerade beschäftigt war.

Eine dritte hat ihr Ei deponiert und die Zelle verschlossen. Während sie Zement sucht, um die Tür besser zu vermauern, mache ich direkt unter dem Deckel einen breiten Spalt; er liegt zu hoch, als dass Honig auslaufen könnte. Das Insekt bringt Mörtel, der nicht für ein solches Werk bestimmt ist; es sieht, dass der Topf oben abgebrochen ist und repariert ihn sehr gut. Eine so verständige Leistung habe ich selten gesehen. Trotzdem: Nachdem alles recht bedacht ist, wollen wir nicht zu sehr loben. Das Insekt war beim Verschließen. Als es zurückkehrt, sieht es einen Spalt, in seinen Augen eine schlechte Fuge, die es übersehen hat; es vervollständigt sein aktuelles Werk, indem es sie abdichtet.

Diese drei Beispiele, die ich aus einer großen Zahl mehr oder weniger ähnlicher auswähle, zeigen, dass das Insekt weiß, was es bei einem Zwischenfall zu tun hat, vorausgesetzt, die nächste Handlung verlässt nicht die Ordnung der Dinge, die das Insekt in diesem Moment beschäftigt. Sollen wir dies Vernunft nennen? Ja, warum denn! Das Insekt bleibt in derselben psychischen Strömung, es setzt seine Handlung fort, es tut, was es vorher tat, es bessert aus, was in seinen Augen lediglich eine Nachlässigkeit bei seinem gegenwärtigen Werk ist.

Es würde übrigens unsere Beurteilungen völlig verändern, wenn wir auf die Idee kämen, in der Reparatur dieses Spalts eine von der Vernunft diktierte Arbeit zu sehen. Nehmen wir erstens an, es

handle sich um solche Zellen wie beim zweiten Versuch, also um angedeutete Näpfchen von geringer Tiefe, die aber schon Honig enthalten. Ich bohre unten ein Loch, durch das die Vorräte versickern und verloren gehen. Ihre Besitzer ernten. – Nehmen wir andererseits Zellen, die beinahe fertig und fast vollständig mit Proviant versehen sind. Ich durchbohre sie in gleicher Weise, so dass der Honig heraustropft. Ihre Besitzer mauern.

Nach dem Vorangegangenen erwartet der Leser vielleicht eine sofortige Reparatur, eine sehr dringende Reparatur, denn hier geht es um das Wohl der künftigen Larve. Er lasse sich eines Besseren belehren! Es werden immer mehr Flüge unternommen: Bald um Futter, bald um Mörtel zu holen, und keine von den Mörtelbienen befasst sich mit dem verheerenden Spalt. Die Erntende erntet weiter, die an einer neuen Schicht Mauernde beginnt mit der nächsten, als ob nichts Außergewöhnliches passiert sei. Wenn die aufgeschlitzten Zellen hoch genug sind und ausreichend Vorrat enthalten, legt das Insekt sein Ei, gibt dem Logis eine Tür und schreitet zu neuen Gründungen, ohne ein Mittel gegen das Ausfließen des Honigs zu bringen. Zwei, drei Tage später haben die Zellen ihren Inhalt verloren, der jetzt auf der Wabe eine lange Spur bildet.

Ist es mangelnder Intellekt, dass die Biene den Honig versickern lässt? Ist es nicht eher Unvermögen? Vielleicht hat sich der Mörtel an dem vom Honig klebrigen Loch nicht gehalten. Dadurch kann sich der Zement womöglich nicht der Öffnung anschmiegen; und dann wäre die Untätigkeit des Insekts Resignation vor einem unheilbaren Übel. Machen wir uns kundig, bevor wir zu einem Fazit gelangen. – Mit einer Pinzette nehme ich einer Biene das Mörtelkügelchen ab und lege es auf das Loch, aus dem der Honig rinnt. Meine Reparatur hat vollen Erfolg, obwohl ich mir nicht schmeicheln kann, die Geschicklichkeit der Mörtelbiene zu erreichen. Für eine Arbeit von Menschenhand ist sie ganz annehmbar. Mein Mörtelbewurf verbindet sich mit der aufgeschlitzten Wand, er wird hart wie gewöhnlich, und der Honig läuft nicht mehr aus. So ist es recht. Was wäre, wenn das mit Hochpräzisionsinstrumenten ausgestattete Insekt diese Ar-

beit erledigt hätte? Wenn die Mörtelbiene nicht tätig wird, dann also nicht aus Unvermögen oder aufgrund mangelhaften Materials.

Es zeigt sich ein weiterer Einwand. Gehen wir nicht zu weit, wenn wir im Intellekt des Insekts folgende Gedankenverbindung einräumen: Der Honig läuft aus, weil die Zelle ein Loch hat; damit er nicht verloren geht, muss das Loch zugemacht werden. Soviel Logik übersteigt wohl sein armes kleines Gehirn. Und zudem ist ja das Loch nicht sichtbar, es wird durch den auslaufenden Honig verdeckt. Die Ursache für das Auslaufen ist nicht bekannt; und das Verschwinden der Flüssigkeit auf diese Ursache, auf den Spalt im Behälter, zurückzuführen, das ist zu hoch für das Insekt.

In eine Zelle im Zustand des angedeuteten Näpfchens und ohne Vorrat wird unten ein 3 bis 4 mm weites Loch gebohrt. Die Mörtelbiene verstopft es sofort. Eine solche Reparatur haben wir schon gesehen. Dann begibt sie sich auf Nahrungssuche. Ich bohre an derselben Stelle wieder ein Loch. Durch diese Öffnung rieselt der Pollen, als die Biene ihre erste Ladung in die Zelle bürstet. Der Schaden wird sicherlich erkannt. Als sie den Kopf auf den Grund des Näpfchens taucht, um festzustellen, wie viel sie eingelagert hat, führt sie die Fühler in die künstliche Öffnung, die sie betastet, die sie erkundet, die zu bemerken sie nicht umhin kann.

Ich sah die zwei nachforschenden Fädchen, die außerhalb des Lochs vibrierten. Das Insekt erkannte den Spalt, das steht außer Frage. Es fliegt davon. Wird es, wie kurz zuvor, Mörtel für die Reparatur des durchbohrten Topfs mitbringen?

Keineswegs. Es kehrt mit Vorräten zurück, würgt seinen Honig hervor, bürstet seine Pollen ab, vermischt das Zeug. Das klebrige, dickflüssige Futter verstopft den Spalt und sickert nur ganz langsam hindurch. Mit einem Fidibus aus Papier lege ich das Loch frei, das offen bleibt und durch das man das Tageslicht, in beiden Richtungen gleich gut, sieht. Ich fege immer wieder mit meinem Fidibus, wenn dies durch das andauernde Herbeibringen von Vorräten nötig wird; ich säubere die Öffnung bald in Abwesenheit der Biene, bald in ihrer Gegenwart, wenn sie mit dem Vermischen beschäftigt ist. Dass in dem von unten geplünderten Magazin Ungewöhnliches passiert, kann ihr nicht entgehen und auch nicht, dass der Spalt am Grund der Zelle offengehalten wird. Dennoch erlebe ich drei Stunden lang dieses seltsame Schauspiel: Der Hautflügler, der voller Eifer bei der Arbeit ist, steckt keinen Pfropfen in dieses Danaïdenfass. Er füllt beharrlich seinen angebohrten Behälter, aus dem die Vorräte verschwinden, sobald sie eingelagert sind. Er wechselt zwischen Mauern und Ernten; durch neue Schichten erhöht er den Zellenrand; er bringt Vorräte, die ich ihm fortwährend entziehe, damit der Spalt sichtbar bleibt. Vor meinen Augen macht er 32 Flüge, nach Mörtel, nach Honig, und nicht ein Mal kommt er darauf, das Loch am Grund seines Topfes zu schließen.

Um fünf Uhr abends enden die Arbeiten. Sie werden am nächsten Tag wieder aufgenommen. Diesmal halte ich die künstliche Öffnung nicht frei und lasse den Futterbrei heraussickern. Schließlich wird das Ei gelegt und die Haustür versiegelt, ohne dass die Biene etwas gegen den zerstörerischen Spalt unternommen hätte. Ein Pfropfen wäre für sie doch ein Leichtes gewesen; ein Mörtelkügelchen hätte genügt. Und hat sie denn nicht, als das Näpfchen noch leer war, das von mir gebohrte Loch sofort wieder verstopft? Warum wiederholt sie diese Reparatur nicht? Hier zeigt sich deutlich, dass sie nicht in der Lage ist, den Ablauf ihrer Handlungen auch nur ein bisschen zurückzuverfolgen. Beim ersten Spalt war das Näpfchen leer, und sie mauerte die ersten Schichten. Der von mir provozierte Unfall betraf den Teil des Werkes, mit dem sie gerade beschäftigt war, es war ein Baumangel, der bei neuen, noch nicht hart gewordenen Schichten natürlich auftreten kann. Als der Maurer den Mangel behob, verließ er seine Arbeit nicht.

Aber sobald die Verproviantierung beginnt, ist der Napf ein für allemal fertig, und was auch passiert, er wird von dem Insekt nicht mehr angerührt. Die Erntende wird weiter ernten, obwohl der Pollen durch das Loch auf den Boden rieselt. Diesen Spalt mit einem Pfropfen zu verschließen würde einen Tätigkeitswechsel erfordern, zu dem das Insekt im Moment nicht fähig ist. Jetzt ist der Honig an der Reihe, nicht der Mörtel. Darin ist die Regel unwandelbar. Es kommt der Moment, wenn die Ernte beendet und wieder gemauert wird. Der Bau muss ein Stockwerk höher werden. Wird sich die Biene, wieder zum Maurer geworden, der neuen Zement anrührt, mit dem Leck am Grund beschäftigen? Nicht mehr als zuvor. Jetzt beschäftigt sie das neue Stockwerk, dessen Schichten sie sogleich reparierte, wenn ein Schaden aufträte; was jedoch das unterste Stockwerk betrifft, so ist es im gesamten Werk zu alt, es reicht zu weit in die Vergangenheit zurück, und die Arbeiterin wird dort nichts mehr ausbessern, nicht einmal bei ernster Gefahr.

Im Übrigen haben das aktuelle Stockwerk und die ihm noch folgenden dasselbe Schicksal. Von dem Insekt sorgsam überwacht, solange sie im Bau sind, werden sie vergessen und dem Verfall preisgegeben, sobald sie fertig sind. Hierfür ein frappierendes Beispiel. In einer Zelle, die ihre volle Höhe erreicht hat, bringe ich im mittleren Teil, über dem Honig, ein Fenster an, das fast so groß ist wie die natürliche Öffnung. Eine Zeitlang bringt die Biene noch Vorräte, dann legt sie ihr Ei. Durch das große Fenster sehe ich, wic sie das Ei auf den Futterbrci legt. Dann arbeitet sie am Deckel, den sie mit größter Sorgfalt emsig beklopft, während der Spalt weiter offen ist. Auf dem Deckel verstopft sie gewissenhaft jede Pore, durch die ein Atom hineinschlüpfen könnte, und die große Öffnung, die das Logis jedem ausliefert, belässt sie. Mehrere Male kommt sie zu dem Spalt, steckt den Kopf hinein, prüft die Zelle, erkundet sie mit den Fühlern, knabbert an den Rändern. Und das ist alles. Die aufgebrochene Zelle bleibt, wie sie ist, ohne eine Kelle Mörtel. Die beschädigte Partie stammt aus zu weiter Ferne, als dass der Hautflügler darauf kommen könnte, sich mit ihr zu befassen.

Ich meine, das genügt, um das psychische Unvermögen des Insekts angesichts eines Zwischenfalls zu zeigen. Es wird durch die Wiederholung des Versuchs bestätigt, eine Bedingung jedes guten Experiments; meine Notizen quellen über von Beispielen, welche den dargelegten entsprechen. Sie zu berichten hieße sich wiederholen; ich lasse sie beiseite, um es kürzer zu machen.

Das Wiederholen des Versuchs genügt nicht, er muss auch abgewandelt werden. Untersuchen wir darum den Intellekt des Insekts unter einem anderen Gesichtspunkt. Es werden fremde Körper in die Zelle eingeführt. Die Mörtelbiene ist, wie übrigens alle Hautflügler, eine äußerst reinliche Hausfrau. In ihrem Honigtopf darf kein Schmutz sein; auf ihrem Mus wird kein Stäubchen geduldet. Dennoch ist der kostbare Futterbrei bei offenem Behälter Unfällen ausgesetzt. Den Arbeitern an den oberen Zellen fällt Mörtel herunter; die Besitzerin lässt, wenn sie den Topf vergrößert, ein Körnchen Zement auf den Proviant fallen. Eine vom Duft angelockte Mücke bleibt am Honig kleben; Streit zwischen Nachbarinnen, die einander stören, kann Staub aufwirbeln. All das muss verschwinden, und zwar sofort, damit die Larve unter ihren empfindlichen Kieferzangen keine groben Bissen findet. Also müssen die Mörtelbienen wissen, wie man die Zelle von Fremdkörpern säubert. Und das wissen sie tatsächlich.

Ich lege fünf oder sechs 1 mm lange Strohhalme auf den Honig. Erstauntes Gehabe beim Insekt, das sie bei der Rückkehr sieht. Nie war in seinem Magazin so viel Kehricht angehäuft! Die Biene zieht die Halme einzeln heraus, bis zum letzten, und wirft sie weit weg. Eine Mühe, die in keinem Verhältnis zu dem Abraum steht; ich sehe, wie sie sich über die nächste Platane hinaufschwingt, bis etwa 10 m hoch, und von dort aus ihre Bürde hinüberwirft, ein Atom. Sie fürchtete, den Platz zu versperren, wenn sie den Strohhalm über der Wabe fallen ließe. So was gehört weit weg.

Auf den Futterbrei lege ich ein Ei, das eine Mörtelbiene vor meinen Augen in eine benachbarte Zelle gelegt hat. Die Biene zieht es heraus und wirft es weit weg wie vorher die Halme. Eine doppelte, sehr interessante Schlussfolgerung. Zunächst einmal dieses Ei, dieses kostbare: Es ist für die Biene, die sich doch für seine Zukunft verausgabt, ein wertloses, hinderliches, verhasstes Ding, weil es von einer anderen stammt. Ihr eigenes Ei ist alles, das Ei ihrer Nachbarin ist nichts. Das wirft sie wie einen Dreck auf den Müll. Das Individuum, das so eifrig für seinen Nachwuchs sorgt, ist von einer schrecklichen Gleichgültigkeit gegen den Rest seiner Rasse. Jeder für sich. Zweitens frage ich mich, ohne eine Antwort zu haben, wie bestimmte Parasiten es schaffen, dass ihre Larve von den angehäuften Vorräten der Mörtelbiene profitiert. Wenn sie ihr Ei auf dem Futterbrei in der offenen Zelle ablegen, wird die Biene es, sobald sie es erblickt, sofort hinauszuwerfen; wenn sie beschließen, nach der Besitzerin hier ihr Ei zu legen, können sie es nicht, denn jene vermauert die Tür gleich nach der Eiablage. Ein seltsames Problem, das künftigen Forschungen vorbehalten ist.

Dann stecke ich einen 2 bis 3 cm langen Halm in den Futterbrei; er überragt den Zellenrand. Das Insekt entfernt ihn mühevoll, indem es von der Seite daran zieht oder, emporfliegend, von oben. Mit dem honigbeschmierten Halm fliegt es pfeilschnell davon und wirft ihn weit fort über die Platane.

Hier nun werden die Dinge kompliziert. Ich sagte, dass die Mörtelbiene zur Eiablage ein Mörtelkügelchen mitbringt, um daraus sofort den Verschluss für das Logis zu machen. Sie klammert die Vorderbeine um den Zellenrand und schiebt den Hinterleib in die Zelle; den Mörtel hält sie zwischen den Zähnen. Nachdem das Ei abgesetzt ist, kommt sie heraus und will die Tür zumauern. Ich schiebe sie beiseite und pflanze meinen Halm wie vorhin ein; er ragt etwa 1 cm heraus. Was wird die Biene tun? Wird sie, die das Logis gewissenhaft von jedem Stäubchen befreit, diesen Balken herausziehen, der mit Sicherheit den Untergang der Larve bedeutet, da er ihr Wachstum behindert? Das könnte sie; denn gerade hat sie einen ähnlichen Balken herausgezogen und weit weggeworfen.

Das Insekt könnte es und tut es nicht. Es verschließt die Zelle, mauert den Deckel, zementiert den Halm in der dicken Mörtelschicht ein. Weitere Flüge werden unternommen, in ziemlicher Anzahl, um neuen Zement für die Verstärkung des Deckels zu holen. Jedes Mal trägt die Mörtelbiene das Material mit größter Sorgfalt auf, ohne sich um den Halm zu kümmern. So erlange ich, Schlag auf Schlag, acht verschlossene Zellen, deren Deckel von einem Mast, einem Stück Stroh, überragt wird. Welcher Beweis für einen beschränkten Intellekt!

Dieses Ergebnis verdient aufmerksame Überprüfung. In dem Augenblick, wo ich meinen Balken einpflanze, hat das Insekt seine Kieferzangen nicht frei; sie halten das für den Verschluss bestimmte Mörtelkügelchen. Da das Instrument zum Herausziehen beschäftigt ist, findet das Herausziehen nicht statt. Ich dachte, dass die Biene ihren Mörtel liegen lassen und versuchen würde, das hinderliche Stück herauszunehmen. Eine Kelle Mörtel mehr oder weniger ist keine Schwierigkeit. Ich hatte bemerkt, dass meine Mörtelbienen für das Sammeln einer solchen einen Flug von drei bis vier Minuten brauchen. Die Pollen-Expeditionen dauern länger, zehn bis fünfzehn Minuten. Das Kügelchen hinwerfen, den Halm mit den jetzt freien Kieferzangen packen, ihn herausnehmen, neuen Mörtelvorrat sammeln, kostet höchstens fünf Minuten. Das Insekt hat anders entschieden. Sein Kügelchen will und kann es nicht liegenlassen; und es verwendet den Mörtel. Die Larve wird an dieser unangebrachten Kelle voll Mörtel zugrundegehen; egal. Es ist Zeit, die Haustür zu vermauern, also wird die Haustür vermauert. Sobald die Kieferzangen frei sind, könnte das Herausziehen versucht werden, sollte dabei auch der Deckel in Stücke gehen. Davor hütet die Biene sich: Sie holt weiter Zement und vollendet gewissenhaft den Deckel.

Man könnte sich auch sagen: Wenn die Biene ihre erste Portion Mörtel liegen gelassen hätte, um den Halm herauszuziehen, müsste sie von Neuem nach Mörtel ausfliegen. Sie ließe das Ei unbewacht, eine äußerste Maßnahme, zu der die Mutter sich nicht entschließen kann. Warum legt sie ihr Kügelchen dann nicht auf den Zellenrand? Die freien Kieferzangen würden den Balken entfernen; das Kügelchen würde gleich wieder aufgenommen, und alles verliefe nach Wunsch. Aber nein: Das Insekt hat seinen Mörtel, und es verwendet ihn, koste es was es wolle, zu dem Werk, für das er bestimmt war.

Wenn jemand in diesem Hautflüglerintellekt einen Ansatz von Vernunft sieht, hat er schärfere Augen als ich. Ich sehe in all diesem

nur ein unbezwingliches Sich-Versteifen auf die begonnene Handlung. Das Zahnrädchen hat gegriffen, und das übrige Räderwerk muss folgen. Die Kieferzangen halten das Mörtelkügelchen, und auf den Gedanken, sie zu lockern, kommt das Insekt nicht, solange das Kügelchen seine Bestimmung nicht erreicht hat. Ja, es wird noch absurder: Der begonnene Verschluss wird sehr sorgfältig mit neuen Mörtelportionen vollendet! Eine treffliche Aufmerksamkeit für einen nun unnützen Verschluss, keinerlei Aufmerksamkeit für den gefährlichen Balken. Du kleiner Schimmer von Vernunft, von dem man sagt, dass du das Tier erleuchtest – du bist recht nahe an der Finsternis, du bist nichts!

Eine weitere, noch aussagekräftigere Tatsache wird letztlich auch den überzeugen, der noch zweifeln sollte. Die in der Zelle eingelagerte Honigration ist offenbar nach den Bedürfnissen der künftigen Larve bemessen. Nicht zu viel, nicht zu wenig. Wie weiß die Biene, dass sie die richtige Menge hat? Die Zellen haben mehr oder weniger dasselbe Volumen; aber sie sind nicht ganz voll, nur etwa zu zwei Dritteln. Es bleibt also viel Platz, und die Futterlieferantin muss abschätzen, wann der Brei hoch genug steht. Da der Honig völlig undurchsichtig ist, erkennt man nicht, wie tief er geht. Ich brauche eine Sonde, um den Inhalt des Topfes zu messen, und ich finde eine durchschnittliche Dicke von 10 mm. Der Hautflügler hat dies Mittel nicht; er hat den Blick, der ihn befähigt, vom leeren Teil auf den gefüllten zu schließen. Dies erfordert ein leicht geometrisches Auge, welches das Drittel einer Strecke bestimmen kann. Wenn das Insekt sich nach Euklid richtete, wäre das grandios. Welch prächtiger Beweis für seinen kleinen Verstand: Eine Mörtelbiene mit dem Auge eines Geometers und fähig, eine Strecke durch drei zu teilen! Das muss man ernsthaft untersuchen.

Mit einem in einer Pinzette gehaltenen Wattebausch hole ich den Honig aus fünf nicht vollständig verproviantierten Zellen. Von Zeit zu Zeit, immer wenn der Hautflügler neue Vorräte bringt, wiederhole ich dieses Ausbaggern, wobei ich den Behälter entweder völlig oder bis auf eine dünne Schicht leere. Bei meinen Ausgeplünderten bemerke ich kein sonderliches Zögern, obwohl sie mich dabei überraschen, wie ich den Topf leere; mit stillem Eifer arbeiten sie weiter. Manchmal bleiben Wattefäden an den Zellwänden hängen; die heben sie sorgfältig ab, um sie, in wildem Flug wie üblich, ein Ende weiter abzuwerfen. Schließlich erfolgt früher oder später die Eiablage, und der Deckel wird angebracht.

Ich breche die fünf verschlossenen Zellen auf. In der einen ist das Ei auf 3 mm Honig abgelegt; in zweien auf 1 mm; in den beiden übrigen an der völlig trockenen Wand des Behälters, genauer gesagt: Sie hat nur einen Überzug, einen Firnis, der beim Reiben mit dem honigbeschmierten Wattebausch übrigblieb.

Die Schlussfolgerung ist offenkundig: Das Insekt beurteilt die Honigmenge nicht nach ihrer Höhe; es denkt nicht geometrisch, es denkt gar nicht. Es sammelt so lange, wie es in sich den geheimen Antrieb fühlt, der es veranlasst zu ernten, bis der Vorrat vollständig ist; es hört erst damit auf, wenn dieser Antrieb befriedigt ist, gleichviel, ob das Ergebnis durch einen Zwischenfall wertlos geworden ist. Keine psychische Fähigkeit, unterstützt durch den Gesichtssinn, sagt ihm, ob es genug oder zu wenig ist. Eine Instinktveranlagung ist sein einziger Führer, der unter normalen Umständen unfehlbar ist, aber durch die Tücken des Experimentierens völlig desorientiert wird. Würde das Insekt, hätte es auch nur einen Schimmer von Vernunft, sein Ei auf ein Drittel, auf ein Zehntel des nötigen Vorrats legen? Würde es das Ei in eine leere Zelle legen? Würde es, welch unglaubliche Verirrung der Muttergefühle, den Säugling ohne Nahrung lassen? Ich habe die Geschichte erzählt, der Leser möge entscheiden.

Diese Instinktveranlagung, die es dem Tier nicht gestattet, frei zu handeln, und es eben dadurch vor Irrtum schützt, fällt unter einem anderen Aspekt ins Auge. Billigen wir der Biene so viel Urteilskraft zu, wie man will. Wäre sie dann in der Lage, der künftigen Larve ihre Ration zuzumessen? Keineswegs. Diese Ration ist ihr nicht bekannt. Die Mutter der Familie wird durch nichts informiert, und doch füllt sie bei ihrem ersten Versuch den Honigtopf im richtigen Maß. In ihrer Kindheit freilich hat sie eine solche Ration empfangen; aber die verzehrte sie im Dunkel einer Zelle; und außerdem war sie, als Larve, blind. Das Sehen hat sie nicht über die Menge der Vorräte instruiert. Es bliebe das Gedächtnis des Magens, der sie verdaut hat. Aber das vollzog sich im Laufe eines Jahres, und seit dieser fernen Zeit ist aus dem Säugling ein erwachsenes Tier geworden; es hat Gestalt, Wohnsitz und Lebensweise geändert. Es war ein Wurm, es ist eine Biene. Hat das Insekt eine Erinnerung an dieses Mahl der Kindheit? Nicht mehr als wir an unsere Züge an der Mutterbrust. Die Biene weiß also nicht, wie viel Proviant ihre Larve benötigt, weder durch Erinnerung noch durch Beispiel noch durch erworbenes Wissen. Was also leitet sie, dass sie den Futterbrei derart genau bemessen kann? Die Urteilskraft und der Blick würden die Mutter sehr verwirren, sie liefe Gefahr, zu viel oder zu wenig zu geben. Um Bescheid zu wissen, ohne dass ein Irrtum möglich ist, braucht sie eine besondere Veranlagung, einen unbewussten Antrieb, einen Instinkt, eine innere Stimme, die das Maß vorschreibt.

XI
Die Schwarzbäuchige Tarantel

Die Spinne hat einen schlechten Ruf: Für die meisten von uns ist sie ein widerlicher Schädling, den jeder eilig tottritt. Diesem summarischen Urteil stellt der Beobachter den Fleiß des Tieres gegenüber, seine Begabung als Weber, seine Jagdlisten, seine tragische Hochzeit und andere hochinteressante Verhaltensweisen. Ja, die Spinne verdient es, dass man sie studiert, von der wissenschaftlichen Beschäftigung ganz abgesehen; aber sie gilt als giftig, und das ist ihr Verbrechen und der Hauptgrund für den Ekel, den sie bei uns erregt. Giftig ja, wenn man darunter versteht, dass sie mit zwei Haken bewaffnet ist, mit denen sie die von ihr gefangene kleine Beute rasch tötet; aber es ist ein großer Unterschied, ob eine Mücke getötet oder ein Mensch verletzt wird. Doch so blitzartig ihr Gift bei einem in ihrem verhängnisvollen Netz verstrickten Insekt auch wirkt, für uns ist es ungefährlich und harmloser als ein Schnakenstich. Dies lässt sich zumindest von den meisten einheimischen Spinnen sagen.

Manche freilich sind zu fürchten, besonders die Malmignatte, der Schrecken der korsischen Bauern. Ich habe gesehen, wie sie sich in Ackerfurchen setzte, ihr Netz spannte und sich mutig auf Insekten stürzte, die viel größer waren. Ich habe ihr karminrot getüpfeltes schwarzes Samtgewand bewundert; aber vor allem habe ich wenig beruhigende Äußerungen über sie gehört. In der Gegend von Ajaccio und Bonifacio gilt ihr Biss als sehr gefährlich, ja manchmal als tödlich. Das sagt der Landmann, und nicht immer wagt der Arzt, es zu bestreiten. In der Umgebung von Pujaud, nicht weit von Avignon, reden die Bauern voller Entsetzen von Theridium lugubre, die übrigens Dufour im katalonischen Bergland als erster beobachtet hat; nach ihren Aussagen hat ihr Biss schlimme Folgen. Die Italiener haben die Tarantel schlecht gemacht; ihr Biss rufe bei dem Betroffenen Zuckungen und Tanzwut hervor. Gegen den Tarantismus, so heißt diese Krankheit, helfe Musik, sie sei das einzige Heilmittel. Man hat dafür eigene Melodien notiert, die besonders lindernd wirken. Es gibt eine medizinische Choreographie, medizinische Musik. Und wir? Haben wir nicht die Tarantella, diesen lebhaften, hüpfenden Tanz, den uns vielleicht die Heilkunst der kalabrischen Bauern vermacht hat?

Soll man diese Seltsamkeiten ernstnehmen oder darüber lachen? Nach dem Wenigen, das ich gesehen habe, zögere ich. Nichts sagt uns, dass ein Tarantelbiss bei schwachen, leicht beeinflussbaren Menschen kein Nervenleiden hervorruft, welches Musik lindert; nichts sagt uns, dass heftiges Schwitzen infolge raschen Tanzens nicht die Beschwerden verringert, indem es deren Ursachen vermindert. Weit entfernt davon zu lachen, überlege ich und frage nach, wenn mir der kalabrische Bauer von seiner Tarantel, der Schnitter in Pujaud von seiner Theridium lugubre und der korsische Landmann von seiner Malmignatte erzählt. Diese und andere Spinnentiere könnten, wenigstens zum Teil, ihren schrecklichen Ruf verdient haben.

Die kräftigste Spinne in meiner Gegend, die Schwarzbäuchige Tarantel, wird uns dazu bald Stoff zum Nachdenken liefern. Mir geht es hier nicht um medizinische Fragen, mich interessiert vor allem der Instinkt; aber da die Gifthaken bei den Kriegsmanövern der Jägerin eine wichtige Rolle spielen, werde ich auch ihre Wirkungen erwähnen. Das Verhalten der Tarantel, ihre Hinterhalte, Listen und Tötungsmethoden, das ist mein Gegenstand. Ich will mit einem Bericht von L. Dufour beginnen, einem jener Berichte, die mich einst so entzückten und großen Anteil an meiner Liaison mit den Insekten haben. Der Weise aus den Landes erzählt uns von der gewöhnlichen, der kalabrischen Tarantel, die er in Spanien beobachtete:

»Lycosa tarentula lebt vorzugsweise auf nacktem, trockenem, unfruchtbarem, unbebautem Boden, der viel Sonne bekommt. Sie wohnt, zumindest in ausgewachsenem Zustand, in unterirdischen Gängen, regelrechten Höhlen, die sie gräbt. Diese Höhlen sind zylindrisch, häufig 1 Zoll breit und gehen 1 Fuß und mehr in den Boden hinein, aber nicht senkrecht. Die Bewohnerin dieses Schlauchs beweist, dass sie eine geschickte Jägerin und fähige Ingenieurin ist. Es ging ihr nicht nur um einen tiefen Unterschlupf, in dem sie sich vor ihren Verfolgern verstecken kann; sie brauchte auch einen Ausguck, um Beute zu erspähen und über sie herzufallen. Die Tarantel ist für alles gerüstet: Der unterirdische Gang beginnt vertikal; aber in 4 oder 5 Zoll Tiefe biegt er in einem stumpfen Winkel ab, bildet einen waagerechten Ellbogen und verläuft wieder vertikal. Am Anfang dieser Röhre postiert sich die Tarantel als Wachposten und lässt die Tür ihrer Behausung keinen Moment aus den Augen; in der Zeit, als ich Jagd auf sie machte, sah ich diese wie Diamanten funkelnden Augen, die wie die einer Katze im Dunkeln leuchteten.

Aus dem Tarantelloch ragt gewöhnlich eine Röhre, die sie selbst gebaut hat. Ein echtes architektonisches Kunstwerk, das bis zu 1

Zoll aus der Erde kommt, manchmal 2 Zoll Durchmesser hat und damit breiter als die Höhle ist. Dieser von der fleißigen Spinne offenbar einkalkulierte Umstand ermöglicht ihr ganz wunderbar das Ausstrecken der Beine, das nötig ist, wenn sie die Beute packen will. Die Röhre besteht hauptsächlich aus trockenen Holzspänchen, die durch Lehm zusammengehalten und derart kunstvoll aufgeschichtet sind, dass sie ein senkrechtes Gerüst bilden, das innen ein Hohlzylinder ist. Die Festigkeit dieses röhrenförmigen Bauwerks, dieses Bollwerks, ist vor allem dadurch gesichert, dass es mit einem von den Spinndrüsen der Lycosa abgesonderten Gewebe ausgekleidet und gepolstert ist, das durch die ganze Höhle geht. Man kann sich gut vorstellen, wie nützlich diese so geschickt hergestellte Auskleidung sein muss: Sie verhindert Einstürze und Verwerfungen, sorgt für Sauberkeit und erleichtert den Tarantelkrallen das Erklimmen der Festung.

Ich habe angedeutet, dass dieses überirdische Bollwerk nicht überall vorhanden ist; oft fand ich Tarantellöcher, wo man nichts davon sah, entweder, weil vom Wetter zerstört, weil die Lycosa nicht immer das richtige Material findet oder weil die architektonische Begabung vielleicht nur in Individuen auftritt, die ihre körperliche und geistige Entwicklung vollendet haben.

Jedenfalls hatte ich oft Gelegenheit, solche Röhren zu sehen, diese Bollwerke, welche die Behausung der Tarantel überragen; sie erinnern mich an die Röhren bestimmter Köcherfliegen, sind aber größer. Die Spinne hat beim Bauen mehrere Ziele: Sie schützt ihre Zuflucht vor Überschwemmungen, sie verhindert, dass Fremdkörper hereingeweht werden, die sie verstopfen können; und sie benutzt sie als Hinterhalt, indem sie Fliegen und anderen Insekten, von denen sie sich ernährt, einen hervorstehenden Punkt anbietet, damit sie sich darauf setzen. Wer nennt uns all die Listen, die diese geschickte, furchtlose Jägerin anwendet?

Kommen wir nun zu meinen recht unterhaltsamen Taranteljagden. Am günstigsten sind dafür Mai und Juni. Als ich die Höhlen dieser Spinne zum ersten Mal entdeckte und feststellte, dass sie bewohnt waren, da ich sie in Lauerstellung im ersten Stock ihrer Behausung, nämlich am Ellbogen, bemerkte, glaubte ich, dass ich sie heftig angreifen und bis aufs Äußerste verfolgen müsste, um sie zu fangen. Ich habe in mehreren Stunden mit dem Messer einen Graben ausgehoben, einen Fuß tief und zwei Zoll breit, ohne die Tarantel zu erblicken. Dasselbe machte ich bei anderen Höhlen, mit ebenso wenig Erfolg. Ich brauchte eigentlich eine Hacke, um mein Ziel zu erreichen, war aber fern jeder menschlichen Behausung. Ich musste meinen Angriffsplan ändern und nahm Zuflucht zu einer List. Not macht erfinderisch.

Ich kam auf die Idee, als Köder einen Halm mit einer kleinen Ähre obenauf zu nehmen, ihn am Loch zu reiben und damit zu wedeln. Die Aufmerksamkeit und die Begierden der Lycosa waren bald geweckt. Vom Köder angelockt, näherte sie sich der Ähre gemessenen Schrittes. Ich zog sie etwas heraus, um ihr keine Zeit zum Nachdenken zu lassen; und die Spinne schoss aus dem Loch, das ich sogleich verschloss. Von ihrer Freiheit verwirrt, war die Tarantel zu unbeholfen, um meinen Verfolgungen zu entgehen, und ich nötigte sie, in eine Papiertüte zu krabbeln, die ich sogleich verschloss.

Manchmal, die Falle ahnend oder weniger hungrig, blieb sie reglos liegen, nicht weit von der Schwelle, die zu überschreiten sie für nicht angebracht hielt. Ihre Geduld ermüdete meine. Dann wandte ich folgende Taktik an. Nachdem ich die Richtung des Schlauchs und die Position der Lycosa erkannt hatte, stach ich mit dem Messer schräg hinein, um sie von hinten anzugreifen und ihr durch diese Barriere den Rückweg abzuschneiden. Mein Streich gelang fast immer, besonders, wenn das Terrain nicht steinig war. In solch kritischen Situationen suchte die erschreckte Tarantel das Weite, oder sie blieb, den Rücken an der Klinge, störrisch sitzen. Dann schnippte ich mit dem Messer die Erde samt Lycosa heraus und fing sie. Mit dieser Methode erbeutete ich manchmal bis zu fünfzehn Taranteln in einer Stunde.

Unter bestimmten Umständen, wenn die Tarantel sich über die Falle im Klaren war, staunte ich nicht schlecht, dass sie, wenn ich

die Ähre so weit hineinschob, dass sie sich im Loch drehte, damit verächtlich spielte und mit den Beinen wegstieß, ohne Anstalten zu machen, sich nach unten zurückzuziehen.

Baglivi berichtet, dass die apulischen Bauern Taranteln jagen, indem sie vor den Löchern auf einem Haferhalm Insektensummen nachahmen.

›Ruricolae nostri quando eas captare volunt, ad illorum latibula accedunt, tenuisque avenaceae fistulae sonum, apum murmuri non absimilem, modulantur. Quo audito, ferox exit Tarentula ut muscas vel alia hujus modi insecta, quorum murmur esse putat, captat; captatur tamen ista a rustico insidiatore.‹[20]

So grauenhaft die Tarantel auf den ersten Blick auch wirkt, besonders wenn man voller Angst daran denkt, wie gefährlich ihr Biss ist, und so grimmig sie auch aussieht, sie lässt sich leicht zähmen, wie ich es in mehreren Experimenten getan habe.

Am 17. Mai 1812 fing ich bei meinem Aufenthalt in Valencia in Spanien eine männliche Tarantel von recht schöner Größe, ohne sie zu verletzen, und steckte sie in ein Glas mit einem Papierdeckel, in dessen Mitte ich eine Klappöffnung gemacht hatte. Auf dem Boden befestigte ich eine Tüte, die ihr als die gewohnte Behausung dienen sollte. Ich stellte das Glas auf einen Tisch in meinem Schlafzimmer, um es oft vor Augen zu haben. Die Spinne gewöhnte sich rasch an die Abgeschiedenheit und wurde so zutraulich, dass sie herankam, um eine lebendige Fliege von meinen Fingerspitzen zu nehmen. Nachdem sie dem Opfer mit ihren Haken den Todesstoß versetzt hatte, begnügte sie sich nicht wie die meisten Spinnen damit, ihr den Kopf auszusaugen, sondern sie zermalmte den ganzen Körper, indem sie ihn nach und nach mit den Kiefertastern in den Mund schob; dann spie sie die Hüllen aus und fegte sie weit weg.

Nach ihrer Mahlzeit machte sie fast immer Toilette, die darin bestand, dass sie sich innen und außen mit den Vorderkrallen, Tastern und Kieferzangen abbürstete; danach fiel sie wieder in ihren reglosen Ernst. Abend und Nacht waren für sie Zeit zum Spazierengehen. Oft hörte ich sie an der Tüte kratzen. Diese Gewohnheiten bestätigten meine an anderer Stelle geäußerte Meinung, dass die meisten Spinnen, wie die Katzen, am Tag und in der Nacht sehen können.

Am 28. Juni warf die Tarantel die Haut ab. Es war ihre letzte Häutung, die weder ihre Farbe noch Größe merklich veränderte. Am 14. Juli musste ich Valencia verlassen und blieb bis zum 23. fort. Während dieser Zeit fastete die Tarantel; ich fand sie bei meiner Rückkehr dennoch wohlauf. Am 20. August fuhr ich für neun Tage weg, was meine Gefangene ohne Nahrung und ohne gesundheitliche Schäden überstand. Am 1. Oktober ließ ich die Tarantel abermals ohne Proviant zurück. Am 21. des Monats, als ich etwa zwanzig Meilen von Valencia entfernt war und dort zu bleiben beabsichtigte, sollte ein Diener sie holen. Leider hörte ich, dass er sie nicht im Gefäß fand, und ich kenne ihr Schicksal nicht.

Ich schließe meine Beobachtungen der Tarantel mit der kurzen Beschreibung eines sonderbaren Kampfes zwischen diesen Tieren. Eines Tages, nach einer glücklichen Jagd auf diese Wolfsspinnen, setzte ich zwei ausgewachsene, recht kräftige Männchen in ein großes Weckglas, um mir den Anblick eines Kampfes auf Leben und Tod zu verschaffen. Nachdem sie mehrmals im Kreis gelaufen waren, um sich aus dem Weg zu gehen, nahmen sie, wie auf Signal, eine kriegerische Haltung ein. Erstaunt sah ich, wie sie auf Abstand gingen, sich feierlich auf die Hinterbeine setzten, als wollten sie einander ihre Brustschilde präsentieren. Nachdem sie sich zwei Minuten lang angestarrt und durch Blicke, die mir entgingen, zweifellos provoziert hatten, stürzten sie sich gleichzeitig aufeinander, umklammerten sich mit den Beinen und versuchten sich mit den Haken ihrer Kieferzangen zu stechen. Ob nun wegen Erschöpfung oder durch Übereinkunft, der Kampf wurde eingestellt; es gab einen sekundenlangen Waffenstillstand, beide Athleten zogen sich etwas zurück, um dann wieder in Drohstellung zu gehen. Das erinnerte mich daran, dass es auch bei den merkwürdigen Kämpfen von Katzen Waffenstillstände gibt. Aber das Duell zwischen meinen Taranteln begann bald wieder, und noch erbitterter. Eine Zeitlang war der Ausgang ungewiss, dann wurde die eine zu Boden gedrückt und tödlich in den Kopf gebissen. Sie wurde die Beute des Siegers, der ihr den Kopf aufriss und sie fraß. Nach diesem eigenartigen Kampf habe ich die siegreiche Tarantel noch mehrere Wochen am Leben erhalten.«

Die Gewöhnliche Tarantel, das Spinnentier, dessen Verhalten uns der Gelehrte aus den Landes hier schildert, gibt es in meiner Region nicht; aber sie hat eine schwarzbäuchige Entsprechung, die nur halb so große Lycosa Narbonensis; an ihrer Unterseite trägt sie schwarzen Samt, besonders unter dem Bauch, mit braunen Streifen am Hinterleib und weißen Ringen um die Beine. Ihre bevorzugte Behausung ist trockener steiniger Boden, den sonnenversengter Thymian bedeckt. In meinem Harmas-Laboratorium gibt es etwa zwanzig Erdhöhlen dieser Wolfsspinne. Selten gehe ich an diesen Schlupfwinkeln vorbei, ohne nach unten zu schauen, wo die vier großen Augen[21], die vier Fernrohre der Einsiedler, wie Diamanten glänzen. Die vier anderen, viel kleineren, sind in dieser Tiefe nicht zu sehen.

Will ich größere Schätze haben, muss ich von meinem Haus aus nur ein paar Hundert Schritt gehen, auf das nahe Plateau, früher ein schattiger Wald, heute eine triste Einöde, wo die Heuschrecke weidet und der Steinschmätzer von Stein zu Stein flattert. Profitgier hat die Gegend verwüstet. Da der Wein viel einbringt, hat man den Wald gerodet und Reben gepflanzt. Dann kam die Phylloxera[22], die Weinstöcke gingen ein, und aus der grünen Hochebene wurde eine Ödnis, wo zwischen Steinen Büschel widerstandsfähiger Gräser wachsen. Dieses steinige Arabien ist das Paradies der Wolfsspinne; in einer Stunde fände ich hier, wenn nötig, auf einer mäßig großen Fläche hundert Erdhöhlen.

Die Behausungen sind etwa 1 Zoll tief, anfangs senkrecht, dann wie ein Ellenbogen gekrümmt, durchschnittlich 1 Zoll breit. Über der Öffnung erhebt sich eine Einfassung aus Stroh, Zweiglein aller Art, bis hin zu haselnussgroßen Steinchen. Das Ganze wird durch Seide verbunden und zusammengehalten. Oft holt sich die Spinne einfach trockene Blätter vom nahen Rasen, die sie mit Spinnweben befestigt, ohne sie vom Stängel zu lösen; häufig zieht sie auch vor, in Gerüstbauweise eine Mauer aus kleinen Steinen zu errichten. Die Art der Einfassung richtet sich nach den Materialien, die sich in Reichweite der Lycosa, direkt neben dem Bauplatz, befinden. Es gibt kein Auswählen; alles wird genommen, wenn es nur zur Hand ist.

Die Zeitersparnis ist also der Grund für die so unterschiedliche Zusammensetzung der Verteidigungsmauer. Auch die Höhe variiert. Die eine Einfassung besteht aus einem 1 Zoll hohen Türmchen, die andere aus einer einfachen Randleiste. Bei allen sind die Teile durch Seide verbunden; und alle haben dieselbe Breite wie die unterirdische Röhre, deren Verlängerung sie sind. Das unterirdische Domizil und sein überstehendes Bollwerk haben keine unterschiedlichen Durchmesser; an seiner Öffnung gibt es nicht die Plattform, die das Türmchen den Beinen der italienischen Tarantel als Spielraum gewährt. Ein Loch mit einem Rand, das ist das Werk der Schwarzbäuchigen Tarantel.

Wenn der Boden sandig und einheitlich ist, steht diesem Bautyp nichts entgegen, und die Behausung des Spinnentiers wird eine zylindrische Röhre; wenn aber der Bauplatz steinig ist, wird die Form den Möglichkeiten des Grabens angepasst. In diesem Fall ist der Unterschlupf oft eine grob gehauene Höhle mit Windungen, aus deren Wänden Steinchen ragen, die beim Ausschachten umgangen wurden. Ob regelmäßig oder nicht, das Haus wird bis zu einer bestimmten Tiefe mit Seide ausgekleidet, die Einstürze verhindert und das Klettern erleichtert, wenn die Spinne rasch hinauskommen muss.

Baglivi lehrt uns in seinem naiven Latein, wie man Taranteln fängt. Ich wurde sein rusticus insidiator[23]; und wedelte am Höhleneingang mit einer Ähre, um Bienengesumm nachzuahmen und die Aufmerksamkeit der Wolfsspinne zu erregen, die herausstürzt, weil sie eine Beute zu fangen glaubt. Mit dieser Methode hatte ich keinen Erfolg. Die Spinne verlässt zwar ihre entlegenen Gemächer und krabbelt die senkrechte Röhre ein Stückchen hoch, um die Geräusche an der Tür zu untersuchen; aber listig, wie sie ist, wittert sie die Falle; sie verharrt reglos auf halber Höhe und verzieht sich bei der leisesten Warnung in einen Abzweig, wo man sie nicht sieht.

Dufours Methode erschiene mir besser, wenn sie bei den Verhältnissen hier anwendbar wäre. Mit dem Messer quer zur Höhle in den Boden stechen, um der Tarantel den Rückzug abzuschneiden, wenn sie sich, von der Ähre gelockt, im Obergeschoss aufhält, ist gewiss eine Taktik mit sicherem Erfolg, sofern der Boden es erlaubt. Leider ist das hier nicht der Fall; ebenso gut könnte man mit dem Messer in Tuff stechen.

Andere Listen sind nötig. Hier sind zwei, mit denen ich Erfolg hatte. Ich empfehle sie künftigen Taranteljägern. Ich schiebe einen Halm mit dicker Ähre möglichst tief in die Höhle, so dass die Spinne sie ganz erfassen kann. Ich bewege meinen Köder hin und her und vor und zurück. Von dem zudringlichen Ding berührt, denkt die Tarantel an Verteidigung und beißt zu. Ein leichter Widerstand sagt meinen Fingern, dass sie in die Falle gegangen ist und mit ihren Haken das Halmende gepackt hat. Ich ziehe den Halm langsam und vorsichtig heran; sie zerrt von unten, die Beine gegen die Wand gestemmt. Der Halm kommt höher und höher. Ich verstecke mich möglichst, wenn die Spinne in die senkrechte Röhre kommt; wenn sie mich sähe, würde sie den Köder loslassen und nach unten gehen. So bringe ich sie Stück für Stück an die Öffnung. Das ist der heikle Moment. Zieht man sacht weiter, wird sie sich verschleppt fühlen und sofort wieder hineingehen. Auf diese Weise holt man das misstrauische Tier nie heraus. Sobald sie am Grund auftaucht, rucke ich an. Von diesem Streich überrascht, kann die Tarantel nicht mehr loslassen; an die Ähre geklammert, wird sie ein paar Zoll weit aus der Höhle geschleudert. Und jetzt kann man sie leicht fangen. Außerhalb ihrer Behausung ist die Wolfsspinne ängstlich, wie verschreckt und kaum in der Lage zu flüchten. Sie mit dem Halm in eine Tüte zu schieben ist Sekundensache.

Man braucht Geduld, um die Tarantel, die in die tückische Ähre gebissen hat, bis an die Öffnung zu bringen. Die folgende Methode

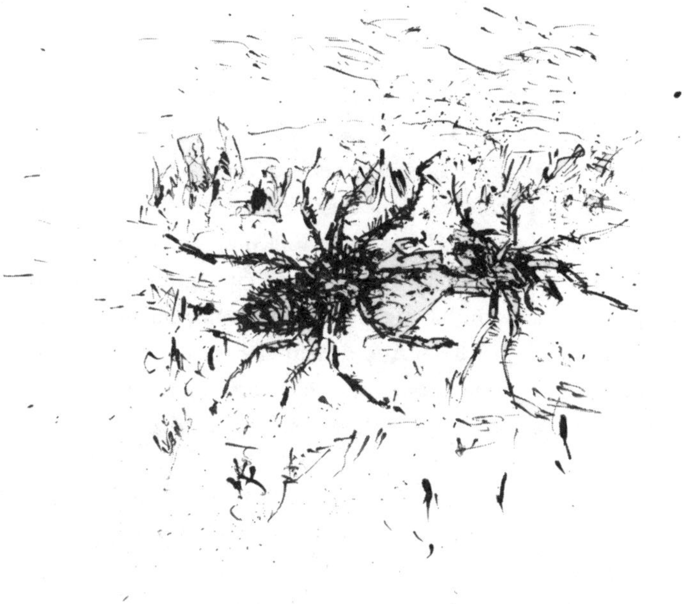

geht schneller. Ich besorge mir lebende Hummeln. Eine setze ich in ein Fläschchen, dessen Hals so groß ist wie das Loch ist, und stülpe diesen mit Ködern versehenen Apparat über die Öffnung. Der kräftige Hautflügler surrt in seinem gläsernen Gefängnis; als er eine Höhle bemerkt, die aussieht wie seine heimische, begibt er sich ohne Zögern hinein. Das war aber sehr unbesonnen: Während er hinabsteigt, klettert die Spinne herauf; im senkrechten Gang begegnen sie sich. Das Ohr vernimmt eine Art Sterbegesang. Es ist das Brummen der Hummel, die gegen ihren Empfang protestiert. Dann plötzlich Stille. Ich nehme die Flasche hoch und greife mit einer langen Pinzette ins Loch. Ich ziehe die Hummel heraus, sie ist reglos, tot, mit hängendem Rüssel. Welch schreckliches Drama hat sich da abgespielt! Die Spinne folgt, da sie eine so reiche Beute nicht preisgeben will. Wildbret und Jäger kommen an die Öffnung. Misstrauisch weicht die Spinne mitunter zurück; aber man braucht nur die Hummel auf die Schwelle oder ein paar Zoll weiter zu legen, um sie wieder zu erblicken. Sie kommt aus ihrer Festung und geht kühn zu der Beute, um sie zu packen. Und das ist der Moment: Die Öffnung wird mit dem Finger oder einem Stein verschlossen und, wie Baglivi sagt: *captatur tamen ista a rustico insidiatore,* dem ich hinzufüge: *adjuvante Bombo.* [Gefangen wird aber auch sie von dem hinterlistigen Bauern, mit Hilfe der Hummel.]

Das Ziel dieser Jagdmethoden war jedoch nicht, mir Taranteln zu beschaffen; ich hegte nicht im Entferntesten den Wunsch, die Spinne in einer Flasche aufzuziehen. Mich interessierte etwas anderes: Da ist, sagte ich mir, eine leidenschaftliche Jägerin, die ausschließlich, die von diesem Handwerk lebt. Sie konserviert die Nahrung nicht für ihre Nachkommen; die Beute, die sie fängt, verzehrt sie selbst. Sie ist keine »Lähmerin«, die ihr Wildbret schont, damit ihm eine Spur von Leben bleibt und es wochenlang frisch ist; sie ist eine »Schlächterin«, die ihre Beute sofort verzehrt. Bei ihr gibt es keine systematische Vivisektion, die die Bewegungen, aber nicht alles Leben auslöscht; bei ihr gibt es nur einen vollständigen, möglichst raschen Tod, der die Angreiferin vor Gegenangriffen bewahrt.

Ihr Wildbret muss übrigens robust und nicht immer das friedlichste sein. Diese Diana, die in ihrem Türmchen lauert, braucht eine Beute, die ihres Könnens würdig ist. Die dicke Heuschrecke mit ihren starken Kiefern, die jähzornige Wespe, Biene, Hummel und andere, die einen Giftstachel tragen, müssen ab und zu in diesen Hinterhalt gehen. Es ist ein Duell mit fast gleichrangigen Waffen. Den giftigen Zangen der Wolfsspinne setzt die Wespe ihren vergifteten Dolch entgegen. Welcher der beiden Banditen behält die Oberhand? Es ist ein Kampf Mann gegen Mann. Die Wolfsspinne hat kein anderes Verteidigungsmittel, keinen Strick, um ihr Opfer zu fesseln, keine Falle, um es zu überwältigen. Wenn die Epeira oder Radnetzspinne ein Insekt in ihrem großen senkrechten Netz erblickt, eilt sie herbei und bewirft den Gefangenen armvollweise mit Teppichen aus Tauwerk und Seidenbändern, die jeden Widerstand unmöglich machen. Mit den Gifthaken wird die fest verschnürte Beute vorsichtig injiziert; dann zieht sie sich zurück und wartet, dass die Todeszuckungen nachlassen. Sie geht wieder zu ihrem Wildbret. Unter solchen Umständen gibt es keine ernstliche Gefahr. Für die Wolfsspinne ist das Metier misslicher. Sie hat nur ihre Kühnheit und ihre Haken; sie muss über das gefährliche Wildbret herfallen, es durch Geschicklichkeit bezwingen, durch ihre besondere Begabung als Schnellschlächter gleichsam blitzartig töten.

Blitzartig töten ist der richtige Begriff: Die Hummeln, die ich aus dem todbringenden Loch hole, sind dafür Beweis genug. Umsonst beeile ich mich, meine Pinzette einzuführen, sobald das schrille Summen, der Sterbegesang, verstummt: Stets ziehe ich ein totes Insekt heraus, mit schlaffem Rüssel, hängenden Beinen. Nur deren schwaches Zittern zeigt, dass es ein frischer Leichnam ist. Die Hummel war sofort tot. Immer, wenn ich ein Opfer aus dem schrecklichen Schlachthaus hole, staune ich über diese plötzliche Reglosigkeit.

Doch beide Tiere sind etwa gleich kräftig: Ich wähle Hummeln der größten Arten (Bombus hortorum und B. terestris, Garten- und Erdhummel). Die Waffen sind nahezu gleichwertig; der Stachel des Hautflüglers hält dem Vergleich mit den Haken der Spinne stand;

sein Stich erscheint mir ebenso furchtbar wie ihr Biss. Wieso behält die Tarantel immer die Oberhand und überdies in einem sehr kurzen Kampf, aus dem sie unversehrt hervorgeht? Sicher hat sie eine kluge Taktik. So scharf ihr Gift auch sein mag, ich kann nicht glauben, dass allein sein Injizieren an einer beliebigen Stelle des Opfers einen so raschen Ausgang bewirkt. Nicht einmal die berüchtigte Klapperschlange tötet so schnell; sie braucht Stunden, und die Tarantel nicht einmal eine Sekunde. Es ist also nicht die Grausamkeit des Giftes, sondern die Lebenswichtigkeit der von der Spinne angegriffenen Stelle, die uns diesen plötzlichen Tod erklärt.

Welche ist das? Bei den Hummeln ist sie nicht festzustellen. Sie dringen in die Höhle ein, und das Mordgeschehen ist nicht sichtbar. Auch die Lupe entdeckt keine Wunde am Leichnam; so fein sind die Waffen, die sie schlagen. Man müsste die Gegner beim Kampf beobachten. Ich habe mehrmals versucht, eine Tarantel und eine Hummel in einer Flasche aufeinander loszulassen. Die beiden flüchteten abwechselnd voreinander; so hatte sie die Gefangenschaft verstört. Ich habe welche vierundzwanzig Stunden zusammengesperrt, ohne dass es zu Angriffen kam. Mehr mit ihrem Gefängnis als mit Angreifen beschäftigt, warteten sie ab, als sei ihnen alles egal. Das Experiment war jedes Mal erfolglos. Erfolg hatte ich bei Bienen und Wespen; aber der Mord geschah nachts und hat mir keine Erkenntnisse gebracht. Am Morgen fand ich die zwei Hautflügler, von den Kieferzangen der Wolfsspinne zu Brei gemacht. Eine schwache Beute ist nur ein Mundvoll, den sich die Spinne für die Ruhe der Nacht aufhebt. Eine widerstandsfähige Beute wird in Gefangenschaft nicht angegriffen. Die Ängste des Gefangenen dämpfen die Leidenschaft der Jägerin.

Die Arena in einer weiten Flasche erlaubt den Kämpfern, sich aus dem Weg zu gehen, was beide respektieren. Verkleinern wir also den Kampfplatz, beschränken wir den Umfang. Ich stecke Hummel und Tarantel in ein Reagenzglas, in dem nur eine von beiden Platz hat. Ein lebhaftes Handgemenge beginnt, ohne bedeutende Ergebnisse. Wenn die Hummel unten ist, legt sie sich auf den Rücken und wehrt die andere nach Kräften mit den Beinen ab. Ich sehe sie nicht den Stachel zücken. Derweil hievt sich die Spinne, mit ihren langen Beinen den ganzen Kreis umgreifend, auf die glatte Oberfläche und geht möglichst weit von ihrer Gegnerin weg. Hier harrt sie reglos der Ereignisse, die bald von der hektischen Hummel ausgelöst werden. Wenn die Hummel oben ist, zieht die Spinne die Beine zusammen, um die Feindin fernzuhalten. Kurz gesagt, außer einem lebhaften Handgemenge, wenn die Champions sich berühren, passiert nichts Bemerkenswertes. In der schmalen Arena des Reagenzglases findet genauso wenig ein tödliches Duell statt wie innerhalb der weiter auseinanderliegenden Schranken in der Flasche. Außerhalb ihrer Behausung von Angst erfüllt, verweigert die Spinne hartnäckig den Kampf; und auch die Hummel, so leichtsinnig sie sein mag, denkt nicht daran loszuschlagen. Ich mache in meinem Arbeitszimmer keine Experimente mehr.

Man muss an Ort und Stelle gehen und der Tarantel, die in ihrer Burg so kühn ist, das Duell anbieten. Nur muss man statt der Hummel, die in die Höhle eindringt und ihr Ende unseren Blicken entzieht, einen Gegner nehmen, der nicht dazu neigt, in die Erde zu gehen. An den Salbeiblüten im Garten finden wir jetzt massenhaft einen der größten und kräftigsten Hautflügler meiner Heimat, die Violette Holzschneidebiene mit dem schwarzen Samtgewand und den hauchzarten Purpurflügeln. Mit fast 1 Zoll ist sie größer als die Hummel. Ihr Dolchstoß ist entsetzlich und verursacht eine Schwellung, die lange schmerzt. In dieser Hinsicht habe ich deutliche Erinnerungen, die mich teuer zu stehen kamen. Das ist wahrlich ein Widersacher, welcher der Tarantel würdig ist, falls ich sie dazu bringe, ihn zu akzeptieren. Ich stecke etliche in kleine Flaschen, die aber einen weiten Hals haben und so die Höhlenöffnung umschließen, wie ich es im Zusammenhang mit der Hummel als Köder beschrieben habe.

Da die Beute, die ich anbieten wollte, recht beeindruckend war, wählte ich die kräftigsten Taranteln, die dreistesten, die vom Hunger am meisten aufgestachelt waren. Der Halm mit der Ähre wird

in die Höhle gesteckt. Wenn die Wolfsspinne sofort kommt, wenn sie schön groß ist, wenn sie kühn bis an die Öffnung klettert, wird sie zum Turnier zugelassen; andernfalls abgewiesen. Die mit einer Holzschneidebiene (Xylocopa) als Köder versehene Flasche wird über die Tür einer Auserwählten gestülpt. Der Hautflügler brummt düster in seiner Glasglocke; die Jägerin steigt aus der Höhle herauf; sie ist auf der Schwelle, aber drinnen; sie schaut, wartet. Auch ich warte. Es vergehen Viertelstunden, es vergehen halbe Stunden: Nichts. Die Spinne steigt wieder hinunter: sie hat die Gefahr wohl überschätzt. Ich gehe zu einer zweiten, einer dritten, einer vierten Höhle. Jedes Mal nichts; die Jägerin will nicht aus ihrem Schlupfwinkel herauskommen.

Endlich lacht das Glück meiner von so vielen vorsichtigen Rückzügen und vor allem von der derzeitigen Hundstagehitze arg strapazierten Geduld. Plötzlich springt eine aus ihrem Loch, die durch langes Hungern offenbar kampflustig ist. Das Drama, das sich unter dem Flaschenhals abspielt, dauert nur einen Wimpernschlag. Tatsache ist: Die robuste Holzschneidebiene ist tot. Wo hat die Mörderin sie getroffen? Das ist leicht festzustellen. Die Tarantel hat sie nicht losgelassen; ihre Haken stecken im Nacken. Die Meuchelmörderin hat das Wissen, das ich bei ihr vermutete. Sie hat das Lebenszentrum angegriffen, mit ihren Gifthaken hat sie die Gehirnganglien getroffen, die einzige Stelle, deren Verletzung den sofortigen Tod herbeiführen kann. Ich war entzückt über dieses Mörder-Wissen; und für meinen Sonnenbrand entschädigt.

Einmal ist nicht immer. Ist das, was ich gesehen habe, Zufall oder ein vorsätzlicher Angriff? Ich nehme mir andere Wolfsspinnen vor. Viele, zu viele für meine Geduld, weigern sich hartnäckig, aus ihrem Unterschlupf zu springen, um die Holzschneidebiene anzugreifen. Die gewaltige Beute verlangt Kühnheit. Warum treibt der Hunger, der den Wolf aus dem Wald treibt, nicht auch die Tarantel aus ihrem Loch? Tatsächlich stürzen sich zwei, die offenbar hungriger als die anderen sind, schließlich auf den Hautflügler und wiederholen die Mordszene vor meinen Augen. Wieder ins Genick gebissen, ausschließlich ins Genick, stirbt das Beutetier sofort. Drei Morde unter denselben Umständen, vor meinen Augen, das sind die Früchte meiner Experimente, die ich in zwei Sitzungen von acht bis mittags durchführte.

Ich hatte genug gesehen. Der schnelle Schlächter hatte mich sein Handwerk gelehrt, so wie zuvor der Lähmer: Er hatte mich gelehrt, dass er im Grunde ebenso geschickt ist wie der Rinderschlächter der Pampas. Die Tarantel ist ein perfekter desnucador. Nun brauchte ich den Feldversuch nur noch durch das Experiment im Arbeitszimmer zu bestätigen. Also besorgte ich mir eine Menagerie dieser Klapperschlangen, um die Virulenz ihres Giftes und dessen Wirkung auf die von den Haken verletzten Stellen zu ermitteln. Ein Dutzend Flaschen und Reagenzgläser erwartete meine Gefangenen, die ich mir mit der bekannten Methode beschaffte. Wer beim Anblick einer Spinne entsetzt aufschreit, hätte mein von grässlichen Wolfsspinnen bevölkertes Arbeitszimmer als nicht sehr beruhigenden Aufenthaltsort empfunden.

Obgleich die Tarantel einen in einer Flasche dargebotenen Gegner ablehnt oder vielmehr nicht anzugreifen wagt, beißt sie einen Gegner, den sie unter ihren Haken hat, sofort. Ich fasse die Spinne mit der Pinzette am Brustteil und halte ihr das Tier, das sie stechen soll, an den Mund. Falls die Experimente sie nicht ermüdet haben, öffnen sich die Haken augenblicklich und bohren sich ein. An der Holzschneidebiene habe ich die Wirkungen des Bisses zuerst ausprobiert. Im Nacken getroffen, stirbt der Hautflügler sofort. Das war das blitzartige Töten, das ich auf der Schwelle zur Erdhöhle sah. Am Hinterleib getroffen und in eine weite Flasche gebracht, in der es sich bewegen kann, scheint das Insekt nicht schwer verletzt. Es fliegt, surrt und summt. Aber nach knapp einer halben Stunde naht der Tod. Das Insekt liegt reglos auf dem Rücken oder auf der Seite. Kaum ein paar Beinbewegungen, ein Vibrieren des Leibes, das bis zum nächsten Tag anhält und zeigt, dass nicht alles Leben erloschen ist. Dann hört alles auf: Die Holzschneidebiene ist ein Kadaver.

Die Bedeutung dieses Experiments verdient unsere Aufmerksamkeit. In die Gehirnregion gestochen, stirbt der kräftige Hautflügler sofort; und die Spinne hat nicht die Risiken eines verzweifelten Kampfes zu fürchten. An anderer Stelle, in den Hinterleib, gestochen, kann das Insekt Stachel, Kieferzangen und Beine noch fast eine halbe Stunde bewegen; und wehe der Wolfsspinne, die der Dolch erreicht! Ich habe welche gesehen, die, dicht neben dem Stachel zubeißend, am Mund verletzt wurden und binnen vierundzwanzig Stunden an der Wunde starben. Solch gefährliche Jagdbeute muss sofort getötet werden, was durch die Verletzung der Gehirn-Nervenzentren geschieht; sonst wäre das Leben des Jägers sehr oft in Gefahr.

Eine zweite Serie von Opfern lieferte mir die Ordnung der Geradflügler: die fingerlange Grüne Heuschrecke (Tettigonia viridissima), den Warzenbeißer mit dem dicken Kopf (Decticus-Arten) und Sattelschrecken. Dasselbe Resultat, wenn sie in den Nacken gebissen werden: blitzartiger Tod. An einer anderen Stelle getroffen, vor allem am Bauch, hält das Versuchstier noch einige Zeit durch. Ich sah eine am Hinterleib gebissene Sattelschrecke; sie klammerte sich etwa fünfzehn Stunden an die glatte Wand ihrer Glasglocke. Schließlich fiel sie herunter und starb. Wo der Hautflügler, dieses zarte Wesen, nach knapp einer halben Stunde verendet, hält der plumpe Wiederkäuer noch einen Tag lang durch. Lassen wir diese durch eine ungleiche Sensibilität der Organe verursachten Unterschiede beiseite, und fassen wir zusammen: Von der Tarantel ins Genick gebissen, stirbt ein unter den größten seiner Art ausgewähltes Insekt sofort; wird es an anderer Stelle gebissen, stirbt es ebenfalls, aber erst nach einer bestimmten Zeit, die in den entomologischen Ordnungen stark variieren kann.

Damit erklärt sich das lange Zögern der Tarantel, das für den Beobachter so langweilig ist, der ihr am Höhleneingang eine reichhaltige, aber gefährliche Beute hinhält. Die meisten stürzen sich nicht auf die Xylocopa. Ein derartiges Wildbret darf tatsächlich nicht einfach ergriffen werden: Hier geht es um das Leben der Jägerin, die ihren tödlichen Schlag nicht landen würde, wenn sie aufs Geratewohl zubisse. Nur der Nacken hat die erwünschte Verletzlichkeit. Hier muss man den Gegner packen, und nicht woanders. Dies würde ihn reizen und gefährlicher machen, als wenn man ihn auf der Stelle niederstreckte. Das weiß die Spinne. Im Schutz ihrer Schwelle, von wo sie sich notfalls rasch zurückziehen kann, lauert sie auf den günstigen Moment; sie wartet, dass der dicke Hautflügler sich ihr zuwendet und sie den Nacken leicht packen kann. Wenn sich diese Bedingung für den Erfolg bietet, springt sie hervor und handelt; sonst zieht sie sich zurück, von den wilden Wendungen des Wildbrets ermüdet. Und das ist sicher der Grund, weshalb ich zwei vierstündige Sitzungen brauchte, um bei drei Morden dabei zu sein.

Ich hatte schon früher versucht, nach dem Vorbild der lähmenden Hautflügler selbst eine Lähmung hervorzurufen; ich injizierte einen Tropfen Ammoniak in den Brustteil von Insekten, Rüsselkäfern, Pracht- und Blatthornkäfern, deren zusammengezogenes Nervensystem sich für diese physiologische Operation anbietet. Der Schüler hatte auf den Unterricht seiner Lehrer die passende Antwort gegeben, und ich lähmte einen Pracht- und einen Rüsselkäfer fast ebenso gut, wie es eine Knotenwespe getan hätte. Warum sollte ich jetzt nicht den erfahrenen Schlächter, die Tarantel, nachahmen? Mit einer feinen Stahlnadel injiziere ich ein Tröpfchen Ammoniak in die Schädelbasis einer Holzschneidebiene oder einer Heuschrecke. Das Insekt verendet sofort und mit unkontrollierten Zuckungen als einzigen Bewegungen. Von der ätzenden Flüssigkeit angegriffen, funktionieren die Gehirnganglien nicht mehr, und der Tod tritt ein. Doch es ist kein plötzlicher Tod; die Zuckungen dauern an. Wenn das Experiment hinsichtlich der Plötzlichkeit einiges zu wünschen übrig lässt, woher kommt das? Es kommt daher, dass die Flüssigkeit, die ich verwende, Ammoniak, bezüglich der tödlichen Wirkung nicht mit dem Gift der Wolfsspinne zu vergleichen ist, das, wie wir noch sehen, ganz furchtbar ist.

Ich lasse eine Tarantel in das Bein eines gerade flügge gewordenen gut befiederten Sperlings beißen. Ein Tropfen Blut tritt aus; um die Stelle bildet sich ein Hof, der erst rötlich, dann violett ist. Kurz danach kann der Vogel sein Bein nicht mehr benutzen, das, mit gekrümmten Zehen, hinterherschleift; er hüpft auf dem anderen. Im Übrigen scheint ihn sein Leiden nicht zu stören; sein Appetit ist gut. Meine Töchter füttern ihn mit Fliegen, Brotkrumen und Aprikosenfruchtfleisch. Er wird sich erholen, Kraft schöpfen; das arme Opfer der wissenschaftlichen Neugier wird der Freiheit zurückgegeben werden. Da ist unser aller Wunsch, unsere Absicht. Zwölf Stunden später wächst die Hoffnung auf Genesung; der Kranke nimmt gern Futter; ja er schreit danach, wenn man zu lange zögert. Aber das Bein schleift weiter hinterher. Ich glaube an eine vorübergehende Lähmung, die bald zurückgeht. Zwei Tage später wird die Nahrungsaufnahme verweigert. Sich in Gelassenheit und seine gesträubten Federn hüllend, verklumpt der Vogel sich zu einer Kugel, bald ist er reglos, bald hüpft er plötzlich. Meine Töchter wärmen ihn in der hohlen Hand mit ihrem Atem. Die Krämpfe werden häufiger. Ein Schnabelaufsperren kündigt das Ende an. Der Vogel ist tot.

Beim Abendessen war es zwischen uns irgendwie kühl. In den Augen der anderen lese ich stumme Vorwürfe wegen meines Experiments, ich spüre eine unausgesprochene Anklage wegen Grausamkeit. Der Tod des bedauernswerten Sperlings hatte die ganze Familie betrübt. Auch ich hatte Gewissensbisse; das kleine Ergebnis, das ich erzielt hatte, schien mir teuer bezahlt. Wer ohne mit der Wimper zu zucken einem lebendigen Hund den Bauch öffnet, um nichts Besonderes zu erreichen, ist aus anderem Holz geschnitzt.

Ich hatte jedoch den Mut, von Neuem zu beginnen, diesmal mit einem Maulwurf, der beim Verwüsten eines Salatbeets gefangen worden war. Es stand zu befürchten, dass mein Gefangener mit seinem hungrigen Magen Anlass zu Zweifeln gäbe, wenn wir ihn nicht einige Tage behielten. Er konnte sterben, nicht an seiner Wunde, sondern an Entkräftung, wenn es mir nicht möglich wäre, ihn mit der passenden Nahrung sehr reichlich und sehr häufig zu versorgen. Ich lief Gefahr, dem Gift zuzuschreiben, was nur die Folge des Hungers war. Ich musste also zuerst feststellen, ob man einen Maulwurf in Gefangenschaft am Leben halten kann. Das Tier wurde in einen weiten Behälter gesetzt, aus dem es nicht entkommen konnte, und mit verschiedenen Insekten gefüttert, vorwiegend Blatthornkäfern, Heuschrecken, Zikaden, die es alle mit ausgezeichnetem Appetit verspeiste. Vierundzwanzig Stunden dieser Kost überzeugten mich, dass der Maulwurf sich mit dem Menü abfände und seine Gefangenschaft geduldig ertrüge.

Ich ließ meine Tarantel in seinen Rüssel beißen. Wieder im Käfig, kratzt der Maulwurf sich mit seinen breiten Pfoten ständig an der Schnauze. Die brennt offenbar und juckt.

Von da an wird der Vorrat an Zikaden immer weniger angegriffen, am nächsten Abend sogar zurückgewiesen. Ungefähr 36 Stunden nach dem Biss stirbt der Maulwurf während der Nacht, und sicher nicht aus Hunger; denn in dem Behältnis waren noch ein halbes Dutzend Zikaden und einige Käfer.

Der Biss der Schwarzbäuchigen Tarantel ist also nicht nur für Insekten tödlich; er ist tödlich für den Sperling, er ist tödlich für den Maulwurf. Wie weit ist das zu verallgemeinern? Ich weiß es nicht, da meine Untersuchungen nicht weiter reichten. Nach dem Wenigen, das ich gesehen habe, scheint mir, dass der Biss dieses Spinnentiers für den Menschen kein zu vernachlässigender Unfall wäre. Das ist alles, was ich der Medizin zu sagen habe.

Der philosophischen Entomologie habe ich anderes zu sagen; ich muss sie auf das profunde Wissen der Insektentöter hinweisen, das dem der Lähmer gleichkommt. Erstere setze ich in den Plural, denn die Tarantel muss ihre mörderische Kunst mit vielen anderen Spinnentieren teilen, vor allem mit jenen, die ohne Netz jagen. Sie, die sich von ihrer Jagdbeute ernähren, töten ihr Wildbret blitzartig, indem sie in dessen Gehirnnervenknoten stechen; die Lähmer hingegen, die für ihre Larven Frischkost haben wollen, machen ihr Wildbret bewegungsunfähig, indem sie es in andere Nervenknoten stechen. Beide attackieren die Nervenkette, aber wählen die Stelle entsprechend ihrem Ziel. Wenn es der Tod sein soll, der plötzliche Tod, der für die Jägerin ungefährlich ist, wird in den Nacken gestochen; wenn nur eine Lähmung gewollt ist, wird der Nacken verschont, und die unteren Segmente, bald eins, bald drei oder fast alle, je nach Körperbau des Opfers, erhalten den Dolchstoß.

Sogar die Lähmer, zumindest einige, wissen, wie lebenswichtig die Gehirnnervenknoten sind. Wir haben gesehen, wie die Borstige Sandwespe das Gehirn der Raupe und wie die Languedoc-Grabwespe das Gehirn der Sattelschrecke kaute, um eine zeitweilige Lähmung zu bewirken. Doch sie drücken das Hirn nur zusammen, und das mit wohlweislicher Vorsicht; sie hüten sich, den Dolch in diesen Ursprung des Lebens zu stoßen; das gedenkt niemand zu tun; denn das Ergebnis wäre ein Kadaver, den die Larve verschmähen würde. Die Spinne sticht hier und nur hier ihren doppelten Dolch hinein; an anderer Stelle schlüge sie eine Wunde, die durch die Reizung den Widerstand verstärken würde. Sie braucht ein Wildbret zum sofortigen Verzehr, und so schlägt sie ihre Haken brutal in eine Stelle, welche die übrigen so sorglich verschonen.

Wenn der Instinkt dieser gelehrten Mörder in beiden Fällen keine angeborene Veranlagung ist, die man vom Tier nicht trennen kann, sondern erworbenes Verhalten, dann zermartere ich mir vergebens das Gehirn, um zu begreifen, wie solches Verhalten erworben wurde. Verhüllt diese Tatsachen, soviel ihr wollt, durch Wolken von Theorien, ihr werdet doch nicht verschleiern, dass sie die glänzende Bestätigung einer präetablierten Ordnung der Dinge sind.

XII
Die Wegwespen

Die Raupe der Sandwespe, die Bremse der Kreiselwespe, die Prachtkäfer und Rüsselkäfer der Knotenwespe, die Heuschrecke, die Grille und die Sattelschrecke der Grabwespe, all dieses friedliche Wildbret ist das dumme Schaf unserer Schlachthöfe; es lässt sich vom Räuberischen Hautflügler lähmen, stumpfsinnig, ohne sich groß zu wehren. Die Kieferzangen öffnen sich, die Beine schla-

gen aus und protestieren, der Rücken krümmt sich; das ist alles. Sie haben keine Waffen, die es mit dem Dolch des Meuchelmörders aufnehmen können. Ich möchte den Räuber sehen, der auf einen so beeindruckenden Gegner losgeht, der genauso listig wie er, genauso erfahren im Auflauern und gleichfalls mit einem vergifteten Spieß ausgerüstet ist. Ich möchte sehen, wie der Bandit, der mit dem Dolch spielt, auf einen Banditen trifft, der sich aufs Zustechen versteht. Ist ein solcher Zweikampf möglich? Ja, durchaus, er ist sogar üblich. Auf der einen Seite haben wir Wegwespen, Kämpfer, die immer siegen, auf der anderen Seite Spinnen, die stets unterliegen.

Wer kennt nicht die Wegwespen, auch wenn er sich nur ein bisschen, zur Entspannung, mit Insekten beschäftigt hat? Wer hat sie nicht schon emsig gesehen, an alten Mauern, an den Böschungen wenig begangener Wege, auf Stoppelfeldern, im Gewirr eines trockenen Rasens, überall dort, wo Spinnen ihre Netze spannen, bald hierhin, bald dorthin laufend, die Flügel hochgestellt und zitternd, bald in langen oder kurzen Flügen den Ort wechselnd. Sie jagen ein Wildbret, das sehr leicht die Rollen vertauschen und den, der sie belauert, selbst zur Beute machen kann.

Die Wegwespen füttern ihre Larven ausschließlich mit Spinnen, und Spinnen fressen vor allem Insekten, die ihrer Größe entsprechen und die sie in ihren Netzen fangen. Während jene einen Spieß haben, besitzen diese einen giftigen Doppelhaken. Oft sind sie gleich stark; ja, nicht selten ist die Spinne im Vorteil. Der Hautflügler hat seine Kriegskniffe, seine klug überlegten Stöße; die Spinne ihre Listen und gefährlichen Fallen; erstere ist äußerst flink, letztere kann sich auf ihr tückisches Geflecht verlassen. Die eine hat den Stachel, der an der richtigen Stelle einzudringen weiß, um eine Lähmung zu erzeugen; die andere hat Haken, die in den Nacken beißen und blitzartig töten können: Auf der einen Seite haben wir den Lähmer, auf der anderen Seite den Töter. Wer von beiden wird das Wildbret des anderen?

Wenn man nur die Kräfte der Gegner ins Verhältnis setzt, die Stärke der Waffen, die Virulenz der Gifte und ihre Vorgehensweisen, neigt sich die Waage zugunsten der Spinne. Da die Wegwespe jeden der für sie offenbar sehr gefährlichen Kämpfe siegreich beendet, muss sie eine besondere Methode haben, deren Geheimnis ich gerne wüsste.

Der kräftigste und mutigste Spinnenjäger unserer Regionen ist die Geringelte Wegwespe (Calicurgus annulatus Fab.); gelb-schwarz gekleidet, hochbeinig, die Flügel gelb, mit schwarzen Spitzen, als sei sie wie ein Bückling geräuchert worden. Sie ist etwa so groß wie die Hornisse (Vespa Crabro). Sie ist selten. Ich sehe sie drei oder viermal im Jahr, und immer bleibe ich vor dem stolzen Tier stehen, das mit großen Schritten durch die staubigen Fluren schreitet, wenn die Hundstage kommen. Ihr verwegenes Auftreten, ihr unbeholfener Gang, ihr kriegerisches Aussehen ließen mich lange Zeit vermuten, dass sie, um ihre Beute zu erlangen, einen unmöglichen, grausamen, unerhörten Fang machen müsse. Und meine Vermutung war richtig. Durch Warten und Spähen habe ich die Beute gesehen; zwischen den Kieferzangen des Jägers. Es ist die Schwarzbäuchige Tarantel, die schreckliche Spinne, die eine Holzschneidebiene oder eine Hummel mit einem einzigen Hieb ihrer Waffe vernichtet; das Spinnentier, das einen Sperling oder einen Maulwurf tötet; das furchtbare Geschöpf, dessen Biss vielleicht sogar für uns nicht ungefährlich wäre. Ja, das ist die Kost, welche die stolze Wegwespe ihrer Larve beschafft.

Dieses Schauspiel, eines der beeindruckendsten, die mir die Räuberischen Hautflügler je geliefert haben, wurde meinen Augen erst ein Mal geboten, und zwar gleich neben meinem ländlichen Wohnsitz, im riesigen Harmas-Laboratorium. Ich sehe noch immer den furchtlosen Wilddieb am Fuß der Mauer, der die ungeheure Beute, die er gewiss gerade in der Nähe gemacht hatte, am Bein zieht. Unten in der Mauer war ein Loch, ein zufälliger Zwischenraum zwischen den Steinen. Der Hautflügler inspiziert die Vertiefung, doch nicht zum ersten Mal: Er hatte sie bereits erkundet und das Logis für gut befunden. Die bewegungsunfähig gemachte Beute wartet, ich weiß nicht wo, und der Jäger holt sie nun, um sie einzulagern. In diesem

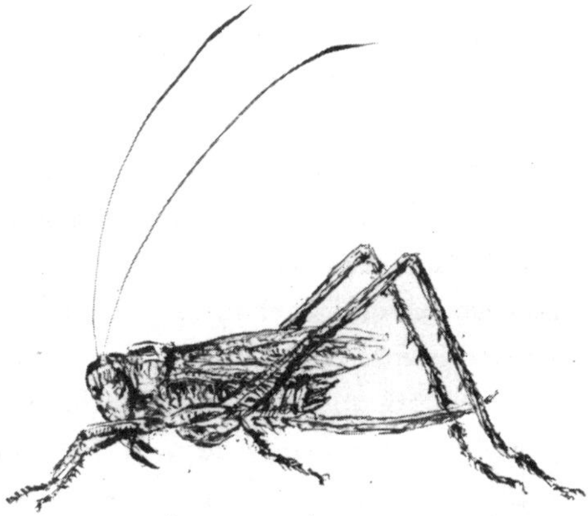

Moment begegne ich ihm. Die Wegwespe wirft einen letzten Blick auf die Höhle, entfernt ein paar herabgefallene Mörtelbröckchen; und das sind ihre Vorbereitungen. Die Wolfsspinne wird an einem Bein auf dem Rücken hereingezogen. Ich greife nicht ein. Bald darauf kommt der Hautflügler wieder, schiebt die gerade herausgezogenen Mörtelbröckchen vors Loch und fliegt fort. Alles ist fertig. Das Ei ist gelegt, das Insekt hat schlecht und recht zugemacht, und ich kann die Höhle und ihren Inhalt weiter untersuchen.

Die Wegwespe hat keinerlei Grabungsarbeit geleistet. Es ist ein zufälliges Loch mit weiträumigen Vertiefungen, schlampige Arbeit des Maurers, nicht des Hautflüglers. Der Verschluss ist genauso oberflächlich. Vor der Haustür angehäufte Mörtelkrümel bilden eher eine Barrikade als einen Verschluss. Ungestümer Jäger, jämmerlicher Architekt. Die Taranteltöterin ist unfähig, eine Zelle für ihre Larve zu graben; sie ist unfähig, den Eingang durch Hineinfegen von Staub aufzufüllen. Das erste beste Loch am Fuß einer Mauer genügt ihr, sofern es nur geräumig genug ist; ein Häufchen Schutt reicht als Tür. Nichts geht schneller.

Ich ziehe das Wildbret aus dem Loch; das Ei klebt auf der Spinne, dort, wo der Bauch anfängt. Durch eine ungeschickte Bewegung von mir fällt das Ei ab. Es ist aus: Daraus wird nichts mehr; ich werde die Entwicklung der Larve nicht mehr erleben. Die Tarantel liegt reglos, biegsam wie im Leben, ohne jede Wunde. Ja, es ist Leben ohne Bewegung. Ab und an zittern die Krallenenden, und das ist alles. An diese trügerischen Kadaver seit Langem gewöhnt, sehe ich vor meinem geistigen Auge, was passiert ist: Die Spinne wurde in die Brustgegend gestochen, aufgrund der Konzentration ihres Nervenapparats bestimmt bloß einmal. Ich lege das Opfer in eine Schachtel, wo es vom 2. August bis zum 20. September, also sieben Wochen lang, seine Frische und Biegsamkeit bewahrt. Diese Wunder sind uns vertraut; wir brauchen dabei nicht zu verweilen.

Das Wichtigste entgeht mir. Was ich sehen wollte und weiterhin sehen will, ist eine Wegwespe im Nahkampf mit der Wolfsspinne. Was für ein Duell, bei dem die List des einen die furchtbaren Waffen des anderen bemeistern muss! Steigt der Hautflügler in die Höhle, um die Tarantel in ihrem Schlupfwinkel zu überraschen? Diese Frechheit wäre verhängnisvoll. Während die dicke Hummel sofort stirbt, würde die dreiste Besucherin beim Eintreten sterben. Ist denn nicht jene, die ihr gegenüber steht, im Begriff, sie ins Genick zu beißen, dessen Verletzung sofort zum Tode führt? Nein, die Wegwespe geht nicht hinein, das ist klar. Überrumpelt sie die Spinne außerhalb ihrer Festung? Aber die Wolfsspinne ist eine Stubenhockerin; ich sehe sie im Sommer nie draußen herumirren. Später, in der Nachsaison, wenn die Wegwespen fort sind, zieht sie, zum Vagabunden geworden, herum: Sie führt ihre Kinderschar aus, die sie auf dem Rücken trägt. Abgesehen von diesen mütterlichen Spaziergängen scheint sie ihren Landsitz nicht zu verlassen, und die Wegwespe hat, glaube ich, kaum Gelegenheit, ihr zu begegnen. Man sieht: Das Problem wird kompliziert: Der Jäger darf nicht in die Höhle, wo er sich einem blitzartigen Tod aussetzen würde; und das häusliche Wesen der Spinne macht ein Zusammentreffen draußen unwahrscheinlich. Hier ist ein Rätsel, das zu lösen spannend wäre. Versuchen wir es, indem wir andere Spinnenjäger beobachten; die Ähnlichkeit wird uns Schlussfolgerungen erlauben.

Ich habe die verschiedensten Wegwespen bei ihren Jagdzügen beobachtet, aber nie gesehen, dass sie das Logis der Spinne betraten, wenn diese daheim war. Egal, ob das Logis ein Trichter ist, der seine Mündung in ein Mauerloch senkt, ein zwischen Stoppeln gespanntes Sonnensegel, eine Art Araberzelt, ein aus zusammengebundenen Blättern gebildetes Etui, ein Geflecht mit angebauter Wachstube, wann immer die Besitzerin darin weilt, hält sich die misstrauische Wegwespe fern. Wenn die Behausung leer ist, sieht das anders aus: Der Hautflügler läuft herrlich leicht über die Geflechte, Schlingen und Taue, in denen sich viele andere Insekten verheddern würden. Ihn können diese Seidenfäden offenbar nicht festhalten. Was macht er, wenn er diese nicht besetzten Netze erkundet? Er beobachtet, was auf den benachbarten Netzen geschieht, wo die Spinne lauert. Die Wegwespe hat also nicht die geringste Neigung, schnurstracks

auf die Spinne loszugehen, wenn diese in ihren Fallen sitzt. Und sie hat hundertmal Recht. Wenn die Tarantel die Methode des sofort tödlichen Dolchstoßes in den Nacken kennt, dann müssen ihn auch die anderen kennen. Wehe also dem Unvorsichtigen, der sich auf der Schwelle einer Spinne zeigt, die fast ebenso stark ist wie er!

Aus der Sammlung meiner Beispiele für die kluge Zurückhaltung der Spinnenjägerin will ich nur eines schildern, das mir als Beweis genügt. Die drei Teilblättchen, die das Blatt des Cytisus Virgilicus[24] bilden, durch Seidenfäden verbindend, hat eine Spinne sich eine grüne Laube gebaut, eine waagerechte Hülle, die an beiden Enden offen ist. Eine sich auf Erkundung befindende Wegwespe erscheint, findet das Wildbret nach ihrem Geschmack und steckt den Kopf in die Tür. Die Spinne weicht ans andere Ende zurück. Die Jägerin läuft ums Logis und erscheint an der anderen Tür. Die Spinne geht wieder zum ersten Eingang. Der Hautflügler ebenfalls, aber an der Außenseite. Kaum ist er da, läuft die Spinne zur gegenüberliegenden Öffnung; und so geht es weiter, eine Viertelstunde lang, beide kommen und gehen von einem Ende des Zylinders zum anderen, die Spinne innen, die Wegwespe außen.

Die Beute war offenbar wertvoll, denn der Hautflügler wiederholte hartnäckig seine Versuche, die stets vereitelt wurden; durch das weberschiffchenartige Hin und Her verwirrt, musste die Jägerin jedoch aufgeben. Die Wegwespe zieht ab, und die Spinne, wieder auf Wacht, wartet geduldig auf unachtsame Mückchen. Was hätte der Hautflügler tun sollen, um das begehrte Wildbret zu erlangen? Er hätte in diesen grünen Zylinder, ins Logis der Spinne, eindringen und sie in ihrem eigenem Haus verfolgen müssen, anstatt draußen zu bleiben und von einer Tür zur anderen zu laufen. Bei einer Behändigkeit und Geschicklichkeit wie der seinen erschien mir der Schlag unfehlbar: Die Beute bewegte sich unbeholfen, ein wenig seitwärts wie die Krabben. Ich hielt die Sache für leicht; die Wegwespe hielt sie für sehr gefährlich. Heute teile ich ihre Ansicht: Wäre sie in die Blätterröhre eingedrungen, hätte die Hausherrin sie am Nacken operiert, und die Jägerin wäre das Wildbret geworden.

Die Jahre vergingen, und der Operateur der Spinnen gibt sein Geheimnis nicht preis; die Umstände sind für mich nicht günstig, ich habe keine Zeit und werde von unerbittlichen Verpflichtungen beansprucht. Endlich, während meines letzten Jahres in Orange, wird es licht. Mein Garten war von einer schwarzen, verfallenen Mauer umgeben, in deren Ritzen eine Spinnenpopulation wohnte, meistens Vertreter von Segestria perfida, der »Schwarzen Spinne«, auch Kellerspinne genannt. Sie ist, bis auf die Kieferzangen, die von einem prächtigen metallischen Grün sind, ganz und gar tiefschwarz. Ihre beiden Giftdolche wirken wie kunstvolle bronzene Schmiedearbeit. In keinem verlassenen Gemäuer gibt es eine ruhige Ecke, ein fingergroßes Loch, wo sich nicht eine Segestria einnistet. Ihr Gewebe ist ein großer Trichter, höchstens eine Handspanne breit, der auf der Mauer liegt, wo er mit den nach allen Seiten auslaufenden Fäden befestigt ist. Auf diese konische Fläche folgt eine Röhre, die in ein Mauerloch hineinreicht. An ihrem Ende ist das Esszimmer, wohin die Spinne sich zurückzieht, um ihre Beute in Ruhe zu verspeisen.

Die zwei hinteren Beine in die Röhre gesteckt, um einen Ansatzpunkt zu haben, und die sechs anderen über der Öffnung, um das ein Wildbret anzeigende Beben besser wahrzunehmen, liegt die Segestria reglos vorm Trichter und wartet, dass ein Insekt sich in der Falle verfängt. Dicke Fliegen, Mistbienen, die mit ihren Flügeln unbedacht Netzfäden streifen, sind die üblichen Opfer. Beim ersten Zappeln eines gefangenen Zweiflüglers läuft, ja springt die Spinne hinzu, wird aber durch einen aus ihren Spinndrüsen herausfließenden Faden zurückgehalten, der an ihrer Seidenröhre befestigt ist. Das bewahrt sie beim Sprung an eine senkrechte Fläche vorm Absturz. In den Kopf gebissen, ist die Mistbiene sofort tot, und die Segestria trägt sie in ihre Höhle.

Dank dieser Methode und dieser Jagdgeräte, einem Hinterhalt auf dem Boden eines Schlunds aus Seide, nach allen Seiten auslaufenden Schlingen, einem Rettungsfaden, der den Jäger hält und ihm einen plötzlichen Sprung ohne die Gefahr eines Absturzes erlaubt, kann die Segestria auch weniger harmlose Tiere als Mistbienen fangen. Eine Wespe, sagt man, schreckt sie nicht. Das glaube ich gerne, ohne es überprüft zu haben, denn die Kühnheit des Spinnentiers habe ich kennengelernt.

Diese Kühnheit wird durch die Wirkung des Gifts verstärkt. Man braucht nur zu sehen, wie eine Segestria eine große Fliege fängt, um von der blitzartigen Wirkung ihrer in den Insektennacken beißenden Haken überzeugt zu sein. Der Tod der im Seidentrichter hängengebliebenen Mistbiene ist der plötzliche Tod der Hummel beim Eindringen in die Höhle der Tarantel. Die Wirkung des Gifts auf den Menschen kennen wir dank der Forschungen von A. Dugès. Hören wir den mutigen Experimentator:

»Die Segestria perfida oder Große Kellerspinne, die hierzulande als giftig gilt, wurde als wichtigstes Versuchsobjekt ausgewählt. Sie war 9 lignes[25] lang, gemessen von den Kieferzangen bis zu den Spinndrüsen. Sie mit zwei Fingern von hinten an den zusammengefalteten und zusammengezogenen Beinen fassend (so greift man lebende Spinnen, um nicht gestochen zu werden und sie zu bändigen, ohne sie zu verstümmeln), setzte ich sie auf verschiedene Gegenstände und auf meine Kleidung, ohne dass sie die geringste Lust zeigte, Schaden anzurichten; aber kaum hatte ich sie auf meinen nackten Unterarm gesetzt, packte sie mit ihren metallisch grünen kräftigen Kieferzangen eine Hautfalte und grub ihre Haken tief ein. Obwohl ich sie losgelassen hatte, blieb sie hängen; dann löste sie sich, fiel ab und flüchtete, zwei 4 mm voneinander entfernte winzige Wunden hinterlassend, die aber kaum bluteten, mit einem kleinen Bluterguss wie nach einem Stich mit einer dicken Nadel.

Im Augenblick des Bisses war die Empfindung lebhaft genug, um als Schmerz bezeichnet zu werden, und sie dauerte fünf bis sechs Minuten, war aber nicht mehr so stark. Ich könnte sie mit der Wirkung der Brennnessel vergleichen. Fast augenblicklich bildete sich um die zwei Stiche eine weißliche Erhebung, und im Umkreis von etwa einem Zoll rötete sich die Haut wie bei Rotlauf, begleitet von einer ganz leichten Schwellung. Nach anderthalb Stunden war alles verschwunden, bis auf die Einstichstellen, die sich, wie es bei jeder kleiner Wunde gewesen wäre, noch einige Tage hielten. Das war im September, bei recht kühlem Wetter. Vielleicht wären in einer wärmeren Jahreszeit intensivere Symptome aufgetreten.«

Die Wirkung des Giftes der Segestria ist deutlich, aber nicht bedrohlich. Ein Stich, der lebhaften Schmerz und eine Schwellung mit Rotlauf-Röte hervorruft, ist keine Lappalie. Auch wenn das Experiment von Dugès uns in Bezug auf uns selbst beruhigt, ist es eine Tatsache, dass das Gift der Kellerspinne bei Insekten schrecklich wirkt, sei es aufgrund der geringen Größe des Opfers, sei es wegen seiner besonderen Wirkung auf einen Organismus, der sich von unserem sehr unterscheidet. Trotzdem kämpft die Wegwespe, obwohl der Segestria an Kraft und Größe weit unterlegen, gegen die Schwarze Spinne, und es gelingt ihr, dieses schreckliche Wildbret zu überwältigen. Es handelt sich um Pompilus apicalis V. Lind., die kaum größer als die Honigbiene, aber viel schlanker ist. Sie ist völlig schwarz; ihre Flügel sind dunkelbraun mit durchsichtigen Spitzen. Folgen wir ihr bei ihren Ausflügen an das alte Gemäuer, in dem die Segestria wohnt; folgen wir ihr ganze Nachmittage lang in der Julihitze, und wappnen wir uns mit Geduld, denn für den gefährlichen Fang des Wildbrets muss der Hautflügler sehr lange brauchen.

Der Spinnenjäger untersucht die Mauer sorgfältig; er rennt hin und her, hüpft und fliegt; er kommt und geht, huscht hin und her. Die Fühler vibrieren, die erhobenen Flügel schlagen fortwährend gegeneinander. Ah, da ist er, am Trichter der Segestria. Sogleich erscheint die bis dahin unsichtbare Spinne am Eingang der Röhre; sie streckt ihre sechs vorderen Beine nach draußen, um den Jäger zu empfangen. Weit entfernt davon, vor der schrecklichen Erscheinung zu flüchten, belauert sie den, der sie belauert, ganz darauf eingestellt, ihren Feind zur Beute zu machen. Vor solch stolzer Haltung weicht die Wegwespe zurück. Sie prüft das begehrte Wildbret, umkreist es einen Augenblick und verschwindet, ohne etwas zu unternehmen. Als sie fort ist, geht die Segestria rückwärts in ihre Wohnung. Wieder kommt der Hautflügler an einem bewohn-

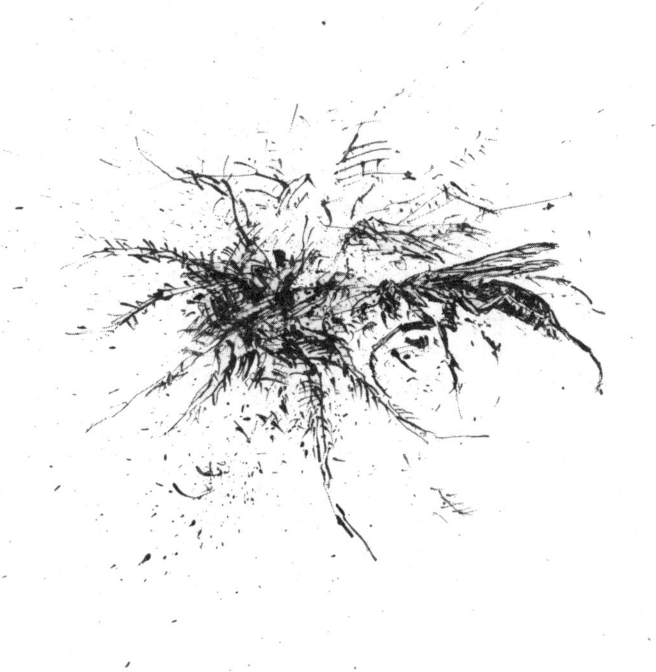

ten Trichter vorbei. Das wachsame Spinnentier erscheint sofort auf der Schwelle, halb außerhalb der Röhre, bereit zur Verteidigung und wohl auch zum Angriff. Die Wegwespe geht, und die Segestria kehrt in ihre Röhre zurück. Neuer Alarm, die Wegwespe kommt; erneutes Drohmanöver der Spinne. Ihre Nachbarin macht es besser: Als die Jägerin um den Trichter streift, springt sie plötzlich aus der Röhre, da sie ja an der Spinndrüse den Sicherungsfaden hat, der sie bei einem Fehltritt vorm Absturz bewahrt; sie stürzt nach vorne und wirft sich vor die Wegwespe, zwei Dezimeter vor ihrem Loch. Der Hautflügler macht sich, wie erschreckt, schnell davon; und die Segestria verzieht sich genauso schnell nach drinnen.

Das ist, geben wir es zu, ein seltsames Wildbret: Es versteckt sich nicht, sondern zeigt sich gern; es flüchtet nicht, sondern wirft sich dem Jäger vor die Füße. Wenn unsere Beobachtungen hier aufhörten, vermöchten wir dann zu sagen, wer hier der Jäger und wer der Gejagte ist? Müssten wir nicht Mitleid mit der unklugen Wegwespe haben? Es braucht sich nur ein Faden der Falle um ihr Bein zu schlingen, und aus ist es mit ihr! Die andere ist sofort da und sticht sie in den Hals. Was ist also ihre Methode gegen die Segestria, die ständig auf der Hut ist, bereit zur Verteidigung und kühn bis zum Angriff?! Wundert sich der Leser, wenn ich sage, dass dieses Problem mich wochenlang an die Betrachtung des tristen Gemäuers fesselte? Meine Geschichte wird trotzdem kurz sein.

Zum wiederholten Male sehe ich, wie die Wegwespe sich auf ein Bein der Spinne wirft, es mit den Kieferzangen packt und sie aus der Röhre zu reißen versucht. Es ist ein plötzlicher Vorstoß, ein Überraschungsschlag, zu schnell, als dass die Spinne ihn parieren könnte. Zum Glück hat sie die beiden hinteren Beine im Logis festgekrallt, und so entkommt sie durch einen Satz; denn nach der Erschütterung lässt die andere sofort los; wenn sie festhielte, ginge es übel aus. Nach diesem Fehlschlag beginnt der Hautflügler bei anderen Trichtern von vorn; ja, als die Aufregung sich gelegt hat, kehrt er zum ersten zurück. Hüpfend und flatternd streift er um die Mündung, wo die Segestria mit gespreizten Beinen sitzt und ihn beäugt. Er wartet auf den passenden Moment, springt, packt ein Bein, zieht daran und stürzt beiseite. Meistens hält die Spinne fest; manchmal wird sie einige Zoll aus der Röhre gezogen; aber sie geht gleich zurück, sicherlich dank ihres intakten Sicherheitsfadens.

Die Absicht der Wegwespe ist klar: Sie will die Spinne aus ihrer Festung vertreiben und weit hinausschleudern. So viel Ausdauer führt zum Erfolg. Jetzt klappt es: Mit einem wohlbemessenen Ruck hat der Hautflügler die Segestria herausgezogen und lässt sie fallen. Vom Sturz benommen und außerhalb ihres Hinterhalts noch mehr demoralisiert, ist die Spinne nicht mehr der kühne Gegner von eben. Sie zieht die Beine zusammen, hockt sich in eine Kuhle. Gleich ist die Jägerin zur Stelle, um die Vertriebene zu operieren. Ich komme gerade noch rechtzeitig, um das Drama mit anzusehen, als das Opfer durch einen Stich in die Brust gelähmt wird.

Hier haben wir sie nun endlich, die ausgeklügelte Methode der Wegwespe in ihrer ganzen machiavellistischen Raffinesse. Es wäre für sie lebensgefährlich, die Segestria in ihrem Domizil anzugreifen; der Hautflügler ist davon so überzeugt, dass er sich hütet, so unvorsichtig zu sein; aber er weiß auch: Aus ihrer Wohnung vertrieben, ist die Spinne genauso furchtsam und feige, wie sie in ihrem Trichter kühn war. Seine ganze Taktik besteht also darin, sie auszuquartieren. Danach ist alles bloß eine Kleinigkeit.

Die Taranteljägerin muss ähnlich vorgehen. Vor meinem geistigen Auge sehe ich, wie sie, instruiert von ihrer Verwandten, der Pompilus apicalis, um die Festung der Wolfsspinne schleicht. Diese kommt vom Grunde ihrer Höhle in der Meinung, ein Wildbret nähere sich; sie steigt ihre senkrechte Röhre hoch und steckt, bereit zum Sprung, ihre vorderen Beine heraus. Aber wer springt, das ist die Geringelte Wegwespe, sie packt ein Bein, ruckt daran und schleudert die Wolfsspinne aus ihrem Loch. Von da an ist sie eine feige Beute, die sich stechen lässt, ohne daran zu denken, ihren Gifthaken zu gebrauchen. Hier triumphiert List über Kraft; und diese List ist so gut wie meine, wenn ich die Tarantel in eine in ihre Höhle geschobene Grasähre beißen lasse und dann herausschleudere. Für den Entomologen wie für die Wegwespe geht es darum, die Spinne zum Verlassen ihrer Burg zu bringen. Danach ist es nicht schwer, sie zu fangen, da das vertriebene Tier völlig verstört ist.

Bei den soeben beschriebenen Fakten frappieren mich zwei Gegensätze: die Arglist der Wegwespe und die Einfalt der Spinne. Dass der Hautflügler seinen so klugen Instinkt, die Beute erst aus ihrem Heim zu ziehen, um sie dann gefahrlos zu lähmen, vielleicht nach und nach erworben hat, da er für seine Nachkommen höchst vorteilhaft war, gebe ich gerne zu, falls man mir erklärt, warum die Segestria, die genauso scharfsinnig wie die Wegwespe ist, sich nicht gegen einen Trick zu wehren weiß, dessen Opfer sie schon so lange ist. Was müsste die Schwarze Spinne tun, um ihrem Vertilger zu entkommen? Eigentlich nichts; sie müsste sich nur in die Röhre zurückziehen, anstatt jedes Mal, wenn der Feind aufkreuzt, nach oben zu gehen und sich am Eingang zu postieren. Das ist zwar mutig, aber auch gefährlich. Die Wegwespe stürzt sich auf eines der zur Verteidigung und zum Angriff hinausgeschobenen Beine, und die belagerte Spinne geht an ihrer Kühnheit zugrunde. Die Position ist ausgezeichnet – um auf Beute zu warten; aber der Hautflügler ist kein Wildbret; er ist ein Feind, und zwar ein sehr gefürchteter. Das weiß die Spinne. Warum zieht sie sich beim Anblick der Wespe nicht in ihre Festung zurück, wo die andere sie nicht angreifen würde, anstatt sich mutig, aber töricht auf ihre Schwelle zu pflanzen? Die Erfahrung von Generationen hätte sie diese für das Wohl ihrer Art so grundlegende und wertvolle Taktik lehren müssen. Wenn die Wegwespe ihre Angriffsmethode vervollkommnet hat, warum hat die Segestria ihre Verteidigungsmethode nicht ebenfalls vervollkommnet? Kann es sein, dass unzählige Jahrhunderte den einen zu seinem Vorteil veränderten, nicht aber den anderen? Hier verstehe ich nichts mehr, und ich sage mir völlig naiv: »Da es nun mal Wegwespen für Spinnen geben muss, sind diese seit jeher von geduldiger Arglist und jene von törichter Kühnheit.« Das ist kindisch, wenn man so will, und passt schlecht

zu den schönen Zielen unser modernen Theoretiker; hier gibt es weder objektiv noch subjektiv, weder Anpassung noch Differenzierung, weder Atavismus noch Transformismus; meinetwegen, – aber ich verstehe es jedenfalls.

Kommen wir wieder zum Verhalten des Pompilus apicalis. Ohne besonders interessante Ergebnisse zu erwarten – denn in Gefangenschaft scheinen die Talente von Räuber und Beute zu schlummern –, stecke ich Hautflügler und Segestria in eine weite Flasche. Die Spinne und ihr Feind flüchten beide gleich ängstlich voreinander. Durch vorsichtiges Schütteln bringe ich sie zusammen. Ab und an packt die Segestria die Wegwespe, die sich, so gut sie kann, zusammenkrümmt, ohne ihren Stachel zu gebrauchen; sie rollt sie zwischen den Beinen und sogar zwischen den Kieferzangen, aber anscheinend nur widerwillig. Einmal sehe ich, wie sie sich auf den Rücken legt und die Wegwespe, möglichst weit weg, über sich hält, sie zwischen ihren vorderen Beinen rollt und sie mit den Kieferzangen kaut. Der Hautflügler entkommt rasch den furchtbaren Haken, sei es durch Geschicklichkeit oder aus Angst, geht auf Abstand und macht sich offenbar nicht allzu viel aus den Püffen, die er bekommen hat. Die Wegwespe putzt seelenruhig ihre Flügel und frisiert ihre Fühler, indem sie ihre Vorderkrallen darauf stellt und sie lang zieht. Mein Schütteln bewirkt etwa zehn Angriffe, und immer entkommt die Wegwespe den Gifthaken der Segestria unversehrt, als ob sie unverwundbar wäre.

Ist sie das wirklich? Keineswegs, wie man uns bald beweisen wird; wenn sie sich heil und gesund zurückzieht, dann deshalb, weil die Spinne ihre Haken nicht benützt. Wir erleben hier eine Art Waffenstillstand, eine stillschweigende Übereinkunft, die tödlichen Stöße zu unterlassen, oder eine Demoralisierung infolge der Gefangenschaft; die zwei Gegner sind nicht mehr kriegerisch genug gestimmt, um das Stilett zu ziehen. Die Gelassenheit der Wegwespe, die vor den Augen der Segestria keck ihre Fühler frisiert, beruhigt mich im Hinblick auf das Schicksal meines Gefangenen; für alle Fälle werfe ich ihm aber zerknülltes Papier hin, in dem er nachts Unterkunft findet. Dort, vor der Spinne sicher, richtet er sich ein.

Am nächsten Tag ist er tot. In der Nacht hat die Segestria mit ihrer nächtlichen Lebensweise ihre Kühnheit wiedergewonnen und ihre Feindin erstochen. Ich hatte vermutet, dass die Rollen getauscht würden! Der Schlächter von gestern ist das Opfer von heute.

Ich ersetze die Wegwespe durch eine Honigbiene. Das Tête-à-tête währte nicht lange. Zwei Stunden später war die Biene tot, von der Spinne gebissen. Eine Mistbiene ereilt das gleiche Schicksal. Aber die Segestria rührt die Kadaver nicht an, auch den der Wegwespe nicht. Durch diese Morde wollte die Gefangene sich offenbar nur eines lauten Nachbarn entledigen. Werden die Opfer verwendet, wenn der Appetit kommt? Nein, und das ist meine Schuld. Ich steckte eine mittelgroße Hummel in die Flasche. Am nächsten Tag war die Spinne tot; der Täter war ihr rüder Mitgefangener.

Beenden wir diese regelwidrigen Zweikämpfe im Glasgefängnis, und beenden wir die Geschichte der Wegwespe, die wir am Fuß der Mauer mit der gelähmten Segestria zurückließen. Sie legt die Beute ab, um zur Mauer zurückzukehren. Sie visitiert die Spinnentrichter und läuft auf ihnen flink wie auf Stein. Sie inspiziert die seidenen Röhren, steckt ihre Fühler hinein, sondiert sie, betritt sie ohne Zögern. Woher nimmt sie die Tollkühnheit, in den Schlupfwinkel der Segestria hineinzugehen? Eben noch zeigte sie äußerste Zurückhaltung; jetzt scheint sie der Gefahr nicht zu achten. Der Grund ist: Hier gibt es keine Gefahr. Der Hautflügler visitiert unbewohnte Behausungen. Wenn er in eine seidene Röhre eindringt, weiß er, dort ist keiner; denn wenn die Segestria daheim wäre, hätte sie sich auf der Schwelle gezeigt. Dass die Hausbesitzerin sich nicht beim ersten Zittern der nächsten Fäden zeigt, ist ein sicherer Beweis, dass die Röhre leer ist; und die Wegwespe betritt sie ganz ohne Risiko. Künftigen Beobachtern rate ich, diese Durchsuchungen nicht für Jagdmanöver anzusehen. Ich sagte es schon und wiederhole: Solange sich die Spinne im seidenen Hinterhalt befindet, wird ihn die Wegwespe nicht betreten.

Unter den inspizierten Trichtern scheint ihr einer besonders zu gefallen; während ihrer fast einstündigen Erkundungen sucht sie

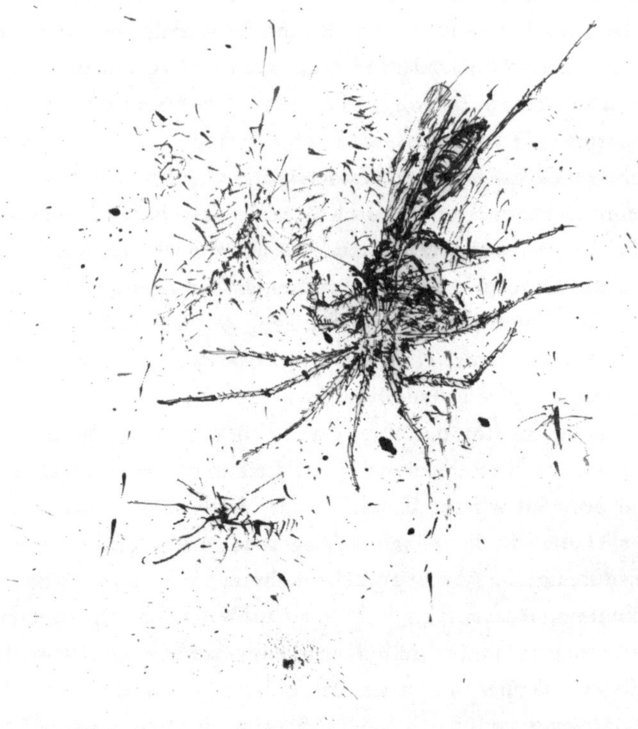

ihn mehrmals auf. Von Zeit zu Zeit läuft sie zu der auf dem Boden liegenden Spinne, betrachtet sie, zupft an ihr, zieht sie näher zur Mauer und macht sich wieder an die Erkundung ihrer bevorzugten Röhre. Dann geht sie wieder zur Segestria und packt sie am Hinterleib. Sie ist so schwer, dass die Wegwespe sie nur mit Mühe auf dem ebenen Boden bewegen kann. Zwei Zoll trennen sie von der Mauer. Sie schafft es mit einiger Anstrengung dorthin; trotzdem wird die Arbeit – sobald die Mauer erreicht ist – rasch erledigt. Wir wissen, dass Antaios, der Sohn der Erdgöttin Gaia beim Kampf mit Herakles Kraft gewann, wenn seine Füße die Erde berührten; die Wegwespe, die Tochter der Gemäuer, scheint ihre Kräfte zu verzehnfachen, sobald sie Mauerwerk betritt.

Die Wegwespe hievt ihre riesige pendelnde Beute tatsächlich rückwärts hoch. Sie erklimmt eine senkrechte Fläche, dann infolge der unebenen Oberfläche der Steine eine Schräge. Sie überwindet Lücken, bei denen sie mit dem Rücken nach unten läuft, während das Wildbret im Leeren schwankt. Nichts hält sie auf; sie klettert etliche Meter, ohne sich einen Pfad zu suchen, ja ohne ihr Ziel zu sehen, da sie ja rückwärts geht. Da zeigt sich ein Gesims, das sie sicher schon erkundet und erreicht hat, trotz des schwierigen Aufstiegs, bei dem sie es nicht sehen konnte. Hier legt sie ihr Wildbret ab. Die seidene Röhre, die sie so liebevoll inspizierte, ist nur ein paar Dezimeter entfernt. Sie geht hin, besichtigt sie rasch und kehrt zur Spinne zurück, die sie schließlich in die Röhre bringt.

Kurz darauf kommt sie wieder. Sie sucht auf der Mauer Mörtelstückchen, zwei, drei genügend große Stücke, und trägt sie zur Röhre, um sie zu verschließen. Das Werk ist vollendet. Sie fliegt davon.

Am nächsten Tag visitiere ich die seltsame Erdhöhle. Die Spinne sitzt auf dem Grund der seidenen Röhre, ringsum isoliert wie in einer Hängematte. Das Ei der Wegwespe klebt nicht auf der Bauchseite des Opfers, sondern eher auf dem Rücken, etwa in der Mitte, wo der Hinterleib beginnt. Es ist weiß, zylindrisch und 2 mm lang. Die Mörtelkrümel, die ich sie transportieren sah, dienten ihr dazu, die seidene Kammer notdürftig zu versperren. Daher deponiert Pompilus apicalis seine Beute samt Ei nicht in einer selbst gegrabenen Erdhöhle, sondern in der Wohnung der Spinne. Vielleicht gehört die seidene Röhre dem Opfer, das auch Kost und Logis liefert. Welch eine Unterkunft für die Larve dieser Wegwespe: Der warme Unterschlupf und die gemütliche Hängematte der Segestria!

Wir haben also schon zwei Spinnenjäger, Pompilus annulatus und Pompilus apicalis, die, des Bergmannsberufs unkundig, ihre Nachkommen ohne großen Aufwand in zufälligen Mauerlöchern unterbringen oder im Unterschlupf der Spinne, von der die Larve sich ernährt. Diese ohne Mühe erlangten Wohnungen versehen sie lediglich mit einem Scheinverschluss aus Mörtelkrümeln. Doch hüten wir uns, diese flotte Art der Unterbringung zu verallgemeinern. Andere Wegwespen sind wahre Wühler, die tapfer eine 2 Zoll tiefe Höhle graben. Zu diesen gehört Pompilus octopunctatus Panz. mit seiner schwarz-gelben Livree und den bernsteinfarbenen Flügeln mit den braunen Spitzen. Als Wildbret wählt er Radnetzspinnen (Epeira fasciata, Ep. sericea), dicke prachtvoll verzierte Spinnen, die in der Mitte ihrer großen senkrechten Geflechte auf der Lauer liegen. Ich kenne seine Sitten nicht gut genug, um sie beschreiben zu können; vor allem habe kenne ich nicht seine Jagdgewohnheiten. Aber seine Behausung ist mir vertraut: Es ist eine Erdhöhle, und ich habe den Hautflügler sie nach der üblichen Methode der Grabwespen beginnen, vollenden und verschließen sehen.

XIII
Die Bewohner der Brombeerranken

Wenn der Bauer seine Hecke schneidet, deren wildes Gewirr den Weg überwuchert, stutzt er die Brombeerranken ein paar Handbreit über der Erde und lässt nur den Wurzelstock stehen, der bald vertrocknet. Diese vom Dornengestrüpp bedeckten und geschützten Brombeerstümpfe sind bei vielen Hautflüglern, die Familien unterbringen müssen, sehr begehrt. Der verdorrte Strunk bietet dem, der ihn zu nutzen weiß, eine hygienische Unterkunft, in der man die Feuchtigkeit des Saftes nicht zu fürchten braucht; sein zartes, reichhaltiges Mark ist leicht zu bearbeiten; das abgeschnittene Ende bietet eine weiche Stelle, über die das Insekt die Ader des geringsten Widerstands erreicht, ohne sich einen Weg durch die harte holzige Wand bahnen zu müssen. Für viele Hautflügler, Honigsammler oder Räuber, ist solch vertrockneter Stängel ein wertvoller Fund, falls sein Durchmesser zum Umfang des Wohnungssuchenden passt, und er ist auch ein interessantes Forschungsobjekt für den Entomologen, der im Winter mit der Heckenschere in der Hand in den Büschen ein Reisigbündel sammeln kann, reich an kleinen Wundern der Geschicklichkeit. Der Besuch der Brombeersträucher ist seit Langem eine meiner Lieblingsbeschäftigungen während der Mußestunden in der schlechten Jahreszeit, und nicht selten entschädigt mich eine neue Erkenntnis, eine unerwartete Tatsache für die Kratzer in meiner Haut.

Meine längst nicht vollständige Liste enthält dreißig Arten, die in den Brombeerranken rings um mein Haus wohnen. Andere Beobachter, emsiger als ich, die in einer anderen Gegend und einem größeren Bereich forschen, haben etwa fünfzig Arten erfasst. Hier die vollständige Reihe der mir bekannten Arten in der Umgebung von Sérignan:

1) Honigsammelnde Hautflügler: *Osmia tridentata Duf. et Per,* – *Osmia detrita Pérez,* – *Anthidium scapulare Latr.,* – *Heriades rubicola Pérez,* – *Prosopis confusa Schenk,* – *Ceratina chalcites Germ.,* – *Ceratina albilabris Fab.,* – *Ceratina callosa Fab.,* – *Ceratina caerulea Villers.*

2) Räuberische Hautflügler: *Solenius vagus Fab.* (Zweiflügler als Nahrung), – *Solenius Lapidarius Lep.* (Spinnen als Nahrung?), – *Cemonus unicolor Panz.* (Blattläuse als Nahrung), – *Psen atratus* (schwarze Blattläuse als Nahrung), – *Tripoxylon figulus Linn.* (Spinnen als Nahrung), – unbekannte Wegwespe (Spinnen als Nahrung), – *Odynerus delphinalis Giraud.*

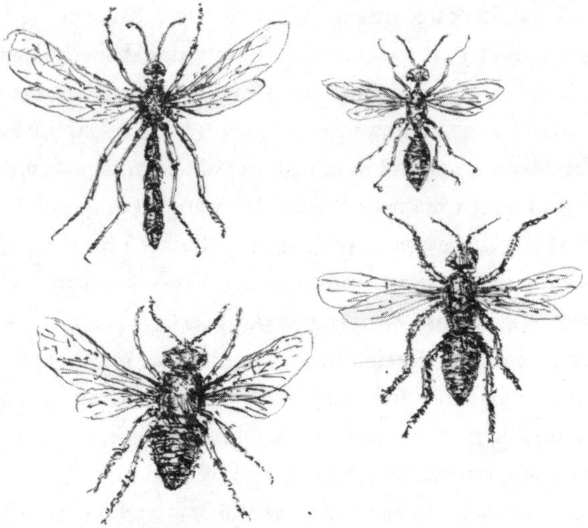

3) Parasitische Hautflügler: *Leucospis,* unbekannt, Parasit von *Anthidium scapulare,* – kleine Dolchwespe, unbekannt, Parasit von *Solenius vagus,* – *Omalus auratus,* Parasit der *rubicolae,* – *Cryptus bimaculatus Grav.,* Parasit der *Osmia detrita,* – *Cryptus syrator Duf.,* Parasit von *Tripoxylon figulus,* – *Ephialtes divinator Rossi,* Parasit von *Cemonus unicolor,* – *Ephialtes mediator Grav.,* Parasit von *Psen atratus,* – *Foenus pyrenaicus Guérin,* – *Euritoma rubicola I. Giraud,* Parasit von *Osmia detrita.*

4) Käfer: *Zonitis mutica Fab.,* Parasit der *Osmia tridentata.* Diese Insekten wurden fast alle dem gelehrten Experten Prof. J. Pérez von der Naturwissenschaftlichen Fakultät in Bordeaux vorgelegt. Ich danke ihm nochmals für die Freundlichkeit, sie für mich zu bestimmen.

Es gibt hier Vertreter sehr verschiedener Gewerbe. Die einen sind fleißiger und besser ausgerüstet; sie holen das Mark aus dem trockenen Stängel und erhalten so einen bis zu einer Elle langen zylindrischen, senkrechten Gang. Diese Hülle wird durch Zwischendecken in mehr oder minder viele Etagen unterteilt, die jeweils die Zelle einer Larve bilden. Andere, die nicht so gut mit Kraft und Werkzeugen ausgestattet sind, nutzen verlassene Gänge, die der Familie des Erbauers als Heimstatt dienten. Ihre einzige Arbeit besteht darin, das baufällige Haus ein bisschen zu reparieren, Gerümpel und Abfall wie Kokonreste und Teile eingestürzter Decken zu beseitigen und neue Wände aus Tonmörtel oder einer Art Beton aus durch Speicheltröpfchen verklebten Markspänen einzuziehen.

Diese Leihwohnungen erkennt man an der ungleichmäßigen Entwicklung der Stockwerke. Wenn der Arbeiter die Röhre selbst bohrt, geht er sparsam mit dem Platz um; er weiß, wie mühsam man ihn erlangt. Die Kammern sind alle gleich; passend für die Bewohner, nicht zu groß und nicht zu klein. In dieser Hülle, an der er wochenlang eifrig gearbeitet hat, müssen möglichst viele Larven unterkommen, wobei jede den nötigen Platz erhält. Daher sind ein ordentliches Schichten der Stockwerke und ökonomische Raumnutzung die absolute Regel.

Wenn aber der Hautflügler einen nicht von ihm selbst ausgehöhlten Stängel benützt, sieht man die Verschwendung. Zum Beispiel bei Tripoxylon figulus. Um Lagerraum für seine spärlichen Spinnenvorräte zu erhalten, teilt er seinen geliehenen Zylinder durch dünne Lehmdecken in verschieden große Zellen. Einige sind ca. 1 cm, genau richtig für das Insekt, andere sind bis zu 2 Zoll lang. In diesen geräumigen Gemächern, die viel zu groß für ihre Bewohner sind, sieht man die sorglose Verschwendungssucht eines zufälligen Besitzers, den sein Eigentum nichts gekostet hat.

Aber ob nun Erbauer oder Arbeiter, der das Werk eines anderen ausbessert, sie haben alle ihre Parasiten, die die dritte Kategorie der Brombeerrankenbewohner bilden. Sie brauchen weder Gänge auszuhöhlen noch für Vorräte zu sorgen: Sie legen ihr Ei in eine fremde Zelle, und ihre Larve ernährt sich vom Proviant oder von der Larve des rechtmäßigen Besitzers.

An der Spitze dieser Population steht aufgrund der Ausführung wie auch des Ausmaßes der Arbeit die dreizähnige Mauerbiene, Osmia tridentata Duf. et Pér., der ich mich in diesem Kapitel hauptsächlich widme. Ihre Röhre hat die Form eines Bleistifts und kann bis zu einer Elle tief sein. Sie ist anfangs fast zylindrisch, aber beim Einlagern der Vorräte erfolgen Ausbesserungen, die in geometrisch bestimmten Abständen zu Veränderungen führen. Das Bohren ist nicht weiter interessant. Im Juli sieht man das Insekt an einem Rankenende sitzen und das Mark aushöhlen. Wenn das Loch tief genug ist, geht es hinein, packt die Markkrümel und steigt hoch, um sie hinauszuschleudern. Diese eintönige Tätigkeit dauert so lange, bis der Hautflügler den Gang für lang genug hält oder bis er, was häufig ist, von einem unüberwindlichen Knoten aufgehalten wird.

Es folgen die Honigpaste, die Eiablage, das Einziehen der Wände, Letzteres ist eine schwierige Aktion, bei der das Insekt allmählich von unten nach oben gelangt. Auf dem Grunde der Galerie wird ein Häufchen Honig abgesetzt und darauf ein Ei gelegt; dann wird eine Wand errichtet, die die Zelle von der nächsten trennt, denn jede Larve muss ihre eigene Kammer haben, die etwa anderthalb Zentimeter lang und nicht mit den Nachbarkammern verbunden ist. Das Material dafür sind Rankenspäne, die mit einer von der Speicheldrüse gelieferten Feuchtigkeit zu einer Paste verklebt werden. Wie erhält man die? Holt die Osmie sie sich von draußen aus den beim Bohren weggeworfenen Abfällen? Keineswegs. Sie geht sparsam mit ihrer Zeit um und hat Besseres zu tun, als Späne aufzulesen. Die Röhre ist also anfangs gleichmäßig und fast zylindrisch; die Wandung hat noch eine dünne Markschicht, die Reserve, die sich die Osmie als vorausschauende Baumeisterin für die Zwischenwände aufgehoben hat. Mit den Kieferzangen schabt sie um sich herum, aber auf einer bestimmten Länge, die der nächsten Zelle entspricht; außerdem macht sie die Höhlung in der Mitte breiter als an den Enden, so dass auf den zylindrischen Gang nun eine ovale, an den Enden abgeflachte Höhlung folgt, ein Raum von der Form eines Tönnchens. Das ist die zweite Zelle.

Die Abfälle werden an Ort und Stelle verarbeitet: zu einem Verschluss, der die Decke für diese Zelle und der Fußboden für die nächste ist. Unsere Unternehmer könnten nicht besser planen, um die Zeit ihrer Arbeiter besser zu nutzen. Auf die so gewonnenen Fußböden wird eine Honigration gelegt und auf die Paste das Ei. Darauf wird am oberen Ende des Tönnchens eine Wand aus den beim Bau der dritten Zelle abgeschabten Spänen errichtet, die ebenfalls eiförmig ist. Und so geht es weiter, Kammer für Kammer, eine jede liefert das Material für die Wand zur nächsten. Wenn die Osmie ans Ende der Röhre gelangt, verstopft sie die Hülle mit einer dicken Schicht Zwischenwandpaste. Und dann ist sie mit diesem Brombeerrankenende fertig; sie kehrt nicht mehr zurück. Falls die Eierstöcke nicht erschöpft sind, werden weitere trockene Stängel ebenso genutzt.

Die Anzahl der Kammern richtet sich nach der Beschaffenheit des Stängels. Ist er lang, regelmäßig und eben, können wir mit bis zu fünfzehn rechnen; zumindest ist das die Zahl, die mir meine Beobachtungen am häufigsten lieferten. Um eine Vorstellung von der Aufteilung zu bekommen, muss man den Stängel spalten, im Winter, wenn die Vorräte längst verbraucht und die Larven in ihre Kokons gehüllt sind. Dann sieht man, dass die Hülle sich in regelmäßigen Abständen leicht verengt und in jedem der so entstandenen Hälse eine runde Scheibe, eine 1 bis 2 mm starke Zwischenwand, befestigt ist. Die dergestalt abgeteilten Räume sind Tönnchen, die bis obenhin mit einem rötlichen, durchsichtigen Kokon gefüllt sind, durch den man die wie ein Angelhaken gekrümmte Larve sieht. Das Ganze erinnert an einen groben Rosenkranz mit ovalen Bernsteinperlen, deren stumpfe Enden sich berühren.

Welcher Kokon an diesem Rosenkranz ist der älteste und welcher der jüngste? Der älteste ist offenbar der unterste, in der zuerst gebauten Zelle; der jüngste ist der oberste, dessen Zelle zuletzt entstand. Die älteste Larve beginnt den Stapel am Grunde der Röhre; die zuletzt gekommene beendet ihn ganz oben, und die übrigen folgen entsprechend ihrem Alter, von der Basis bis zum Gipfel.

Halten wir als nächstes fest, dass auf einer Ebene der Röhre nicht Platz für zwei Osmien zugleich ist; denn der Kokon füllt das Stockwerk, dieses zu ihm gehörige Tönnchen ohne Zwischenraum; halten wir weiter fest, dass die Osmien, wenn sie das Endstadium erreicht haben, die Hülle allesamt durch die einzige Öffnung des Stängels, durch die Öffnung oben, verlassen müssen. Hier gibt es nur ein geringfügiges Hindernis, einen Pfropfen aus verklebtem Mark, mit dem die Kieferzangen des Insekts schnell fertig werden. Unten bietet der Stängel keinen vorbereiteten Weg; zudem wird er durch die Wurzeln endlos ins Erdreich verlängert. An allen anderen Stellen befindet sich die holzige Wandung, die zum Durchbohren im Allgemeinen zu hart und zu dick ist. Es ist also unvermeidlich: Wenn es Zeit ist, die Behausung zu verlassen, müssen alle oben hinaus; und da die Enge der Röhre dem unteren Insekt den Durchgang versperrt, solange das Insekt über ihm an seinem Platz bleibt, muss der Auszug oben beginnen, sich von Zelle zu Zelle fortsetzen und unten enden. Die Reihenfolge des Auszugs ist also umgekehrt wie die der Geburt; die jüngeren Osmien verlassen das Nest zuerst, die ältesten zuletzt.

Die älteste, d.h. die ganz unten, hat als erste die Honigpaste verzehrt und ihren Kokon gesponnen. Sie geht ihren Schwestern in allem voran, sie hat als erste ihren Seidenschlauch durchbrochen und die Decke zerstört; zumindest müsste das nach der Logik der Dinge so sein. Was wird sie, in ihrer Ungeduld herauszukommen, tun? Der Weg ist durch die unversehrten Kokons über ihr versperrt. Sich gewaltsam einen Durchgang durch die Kette von Kokons zu öffnen hieße die übrige Brut auszurotten; die Rettung einer einzigen wäre das Verderben aller anderen. Insekten sind bekanntlich hartnäckig in ihrem Handeln und bedenkenlos in der Wahl ihrer Mittel. Wenn der unterste Hautflügler sein Logis verlassen will, verschont er dann jene, die ihm den Weg verbarrikadieren?

Die Schwierigkeit ist groß; sie erscheint unüberwindlich. Da kommt uns ein Verdacht: Wir fragen uns, ob der Auszug aus dem Kokon oder der Schlupf tatsächlich nach dem Erstgeburtsrecht erfolgt. Könnte es nicht sein – freilich durch eine sehr eigenartige Ausnahme, die aber unter solchen Umständen nötig ist –, dass die jüngste Osmie ihren Kokon als erste durchbricht und die älteste als letzte? Und könnte sich der Schlupf von Zelle zu Zelle nicht auch in umgekehrter Reihenfolge fortsetzen als in der von uns vermuteten altersmäßigen? In dem Falle wären alle Schwierigkeiten beseitigt: Die Osmie, die ihr seidenes Gefängnis zerreißt, hat freie Bahn, da die dem Ausgang näheren Osmien bereits ausgezogen sind. Aber geschieht das wirklich so? Unsere Theorien stimmen oft nicht mit dem Verhalten des Insekts überein; selbst wenn unsere Argumentation sehr logisch zu sein scheint, sollten wir erst hinschauen, ehe wir etwas behaupten. Dufour war nicht so vorsichtig, als er sich, als erster, mit diesem kleinen Problem befasste. Er beschreibt das Verhalten einer Odynerus-Art (*Odynerus rubicola Duf.*), die in der Röhre eines trockenen Brombeerstängels Tonzellen stapelt; und von seinem emsigen Hautflügler begeistert, schreibt er:

»Stellen Sie sich eine Reihe von acht aufeinander stehenden Zementkokons vor, die in eine holzige Hülle geschoben sind. Die un-

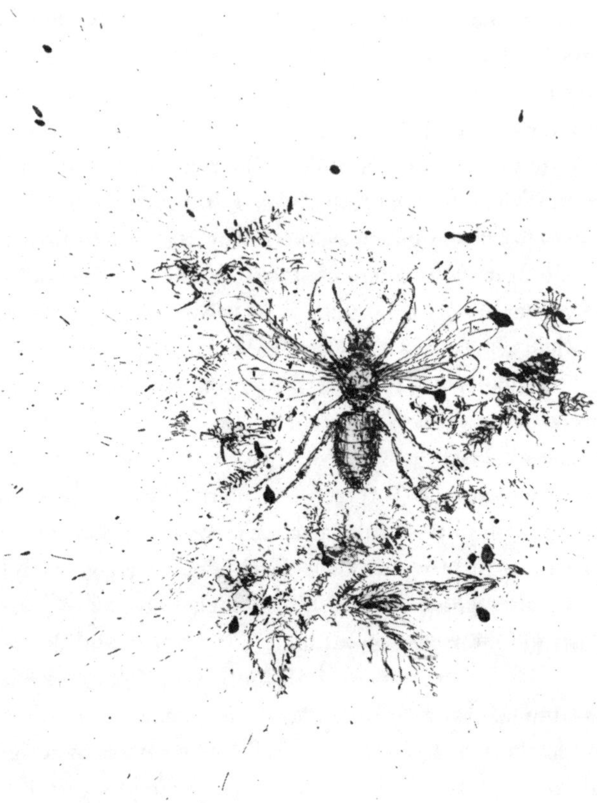

terste wurde unstrittig zuerst hergestellt und enthält folglich das zuerst entstandene Ei, das nach den Regeln das erste geflügelte Insekt zutage bringen müsste. Wie denken Sie sich das, frage ich, dass der Larve dieses ersten Kokons geheißen wurde, auf ihr Erstgeburtsrecht zu verzichten und ihre Metamorphose nach all den Jüngeren zu vollenden? Welche Bedingungen hat man hier aufgeboten, um ein Ergebnis zu erzielen, das den Naturgesetzen offensichtlich derart zuwiderläuft? Seien Sie angesichts der Wirklichkeit demütig, und gestehen Sie Ihre Unwissenheit ein, anstatt Ihre Verwirrung mit leeren Erklärungen zu bemänteln!

Wenn das erste von der fleißigen Mutter gelegte Ei dazu bestimmt war, der erstgeborene Odynerus zu sein, hätte dieser, um das Licht der Welt zu erblicken, gleich nachdem er Flügel bekam, die Fähigkeit haben müssen, entweder die Doppelwandung seines Gefängnisses zu durchbrechen oder sich durch die sieben vor ihm liegenden Kokons zu bohren, um am abgeschnittenen Ende des Stängels herauszukommen. Aber obwohl die Natur ihm ein seitliches Entweichen verwehrte, konnte sie ihm keinen gewaltsamen Durchbruch erlauben, der dazu geführt hätte, dass sieben Familienmitglieder getötet wurden, um ein einziges zu retten. Die Natur ist in ihren Plänen so einfallsreich, wie sie in ihren Mitteln schöpferisch ist, und sie muss all die Schwierigkeiten vorausgesehen und ihnen vorgebeugt haben; sie entschied, die zuletzt gebaute Wiege habe den Erstgeborenen zu erbringen, der dem zweiten Bruder den Weg bahnen müsse, dieser dem dritten und so fort. Und in dieser Reihenfolge wurden unsere Odynerus-Kinder in der Brombeerranke geboren.«

Ja, verehrter Meister, ich stimme Ihnen zu, dass die Bewohner der Brombeerranke ihre Hülle in der umgekehrten Reihenfolge ihrer Geburt verlassen, die jüngste zuerst, die älteste zuletzt, zwar nicht immer, aber oft. Doch vollzieht sich der Schlupf – worunter ich das Herauskommen aus dem Kokon verstehe – in derselben Reihenfolge? Wartet die Entwicklung der ältesten auf die der später geborenen, damit diejenigen, die ihr den Weg versperren würden, Zeit haben, sich zu retten und den Weg frei zu machen? Ich fürchte, dass die Logik Euch die Grenzen der Realität überschreiten ließ. Rational betrachtet ist nichts richtiger, nichts exakter als Eure Schlussfolgerungen, teurer Meister; trotzdem muss man die Theorie von der merkwürdigen Umkehrung aufgeben, auf die Ihr Euch beruft. Keiner der Hautflügler in den Brombeerranken, mit denen ich experimentierte, verhält sich so. Ich weiß nichts über den Odynerus rubicola, den es in meiner Gegend offenbar nicht gibt; aber da die Art und Weise des Schlupfs nahezu die gleiche sein muss, wenn die Behausung fast gleich ist, braucht man, glaube ich, nur mit einigen dieser Brombeerrankenbewohner zu experimentieren, um über die übrigen Bescheid zu wissen.

Meine Studien befassen sich vorwiegend mit Osmia tridentata, die sich aufgrund ihrer Lebenskraft und der Anzahl ihrer Kammern in einem Stängel besonders gut für Laborversuche eignet. Als erstes lässt sich die Reihenfolge des Schlupfs ermitteln. In einer an einem Ende offenen Glasröhre, die ungefähr so groß ist wie der Gang der Osmie, stapele ich, genau wie in ihrer natürlichen Ordnung, ca. zehn Kokons, die ich aus einer Brombeerranke holte. Das geschah im Winter. Die Larven sind längst in ihren seidenen Schlauch gehüllt. Die Kokons trenne ich durch künstliche Wände, die aus etwa anderthalb dicken Rundstückchen von Besenhirse bestehen. Das ist ein weißes, aus seiner faserigen Hülle herausgelöstes Mark, das die Kieferzangen der Osmien leicht angreifen können. Meine Scheiben sind viel dicker als die natürlichen Wände; das ist ein Vorteil, wie man sehen wird. Dünnere könnte man ohnehin nicht nehmen, denn die Rundstücke müssen den Stampfer aushalten, der sie in die Röhre drückt. Außerdem hat mir das Experiment bewiesen, dass die Osmie bei einem Durchbruch mit dem Material leicht fertig wird.

Um das Licht fernzuhalten, das meine Insekten stören würde, die ihr Larvenleben in völligem Dunkel verbringen müssen, stecke ich die Röhre in ein stabiles Papierfutteral, das sich leicht ab- und aufziehen lässt, wenn es Zeit zum Beobachten ist. Schließlich sind die Röhren vorbereitet, mit Osmien oder anderen Bewohnern der Brombeerranken, und ich hänge sie senkrecht, mit der Öffnung nach oben, in einer Ecke meines Arbeitszimmers auf. Alle Apparate erfüllen die natürlichen Bedingungen recht gut: Die Kokons in einem Rankenstück sind hier in derselben Ordnung wie in ihrer heimischen Galerie gestapelt, der älteste ganz unten, der jüngste an der Öffnung; sie sind durch Wände isoliert und stehen senkrecht, mit dem Kopf nach oben; zudem besitzt meine Vorrichtung den Vorteil, dass sie anstelle der undurchsichtigen Rankenwand eine durchsichtige hat, so dass ich den Schlupf jederzeit beobachten kann.

Das Männchen der Osmie zerreißt seinen Kokon Ende Juni, das Weibchen Anfang Juli. In dieser Zeit müssen wir doppelt aufmerksam sein und die Röhren mehrmals täglich inspizieren, wenn wir die Geburtsdaten exakt erfassen wollen. Während der sechs Jahre, die ich diese Frage untersuchte, habe ich das immer und immer wieder, bis zum Überdruss beobachtet, und ich versichere, dass es beim Schlupf keine Ordnung gibt, absolut keine. Der zuerst zerrissene Kokon kann der unterste sein, aber ebenso gut auch der oberste, der mittlere oder sonst einer. Der zweite, der zerreißt, kann der neben dem ersten oder einige Reihen darunter oder darüber sein. Manchmal zerreißen mehrere am selben Tag, zur selben Stunde, einige in den hinteren Zellen, anderen in den vorderen, ohne dass ein Grund für diese Gleichzeitigkeit erkennbar ist. Kurz, die Schlupfe folgen aufeinander, zwar nicht zufällig, denn jeder hat seine durch unerforschliche Gründe bestimmte Zeit, aber doch im Gegensatz zu unseren Berechnungen, die auf diesen oder jenen Erwägungen beruhen.

Wenn wir von unserer zu engen Logik nicht getäuscht worden wären, hätten wir dieses Ergebnis voraussehen können. Die Eier werden innerhalb weniger Tage oder Stunden in ihre jeweilige Zelle gelegt. Wie kann ein so geringer Altersunterschied die Entwicklung eines ganzen Jahres beeinflussen? Das hat mit mathematischer Genauigkeit nichts zu tun. Jeder Keim, jede Larve, hat eine eigene Vitalität, die, wir wissen nicht wie, festgelegt ist und sich von Keim zu Keim, von Larve zu Larve unterscheidet. Diesen Vitalitätsüberschuss hat das Ei schon im Eierstock. Ist er womöglich der Grund, dass diese oder jene Larve vor den älteren oder jüngeren schlüpft, da ja die Chronologie sekundär ist? Schlüpft denn von den Eiern, die eine Henne ausbrütet, immer zuerst das älteste? Folglich muss die älteste Larve im Parterre nicht unbedingt als erste das Endstadium erreichen.

Hätten wir gründlicher überlegt, wäre unser Vertrauen in eine streng mathematische Ordnung durch ein weiteres Argument erschüttert worden. Die Brut in dieser Kokonkette in einem Stück Brombeerranke enthält Männchen und Weibchen; und die Geschlechter verteilen sich über die ganze Reihe. Nun verlassen die Männchen der Hautflügler den Kokon in der Regel früher als die Weibchen. Bei der Osmia tridentata eine Woche früher. Daher befinden sich in dicht besiedelten Röhren immer etliche Männchen, die sieben oder acht Tage eher als die Weibchen schlüpfen und über die Reihe verteilt sind. Allein dies würde eine regelmäßige Schlupffolge in jeder Richtung ausschließen.

Diese Vermutungen entsprechen den Tatsachen: Die Entstehungsfolge der Zellen sagt uns nichts über die Reihenfolge beim Schlupf, der ohne jede Ordnung erfolgt. Es gibt also keinen Verzicht auf das Erstgeburtsrecht, wie Dufour meinte: Jede Osmie zerreißt ihren Kokon, ohne sich nach den anderen zu richten, zu einem bestimmten Zeitpunkt, der auf Gründen beruht, die sich unserer Kenntnis entziehen, und zweifellos auf den Möglichkeiten des Eis selbst. Ebenso verhalten sich die anderen Rankenbewohner, mit denen ich dieselben Versuche machte (Osmia detrita, Anthidium scapulare, Solenius vagus etc.); ebenso muss sich Odynerus rubicula verhalten; das sagen uns höchst auffällige Analogien. Die einzigartige Ausnahme, die Dufour so beeindruckt hat, ist also nichts als eine logische Täuschung.

Ein beseitigter Fehler ist eine gewonnene Wahrheit; und doch wäre das Resultat meines Experiments wenig wert, wenn es hier endete. Nach der Zerstörung wollen wir uns dem Aufbau zuwenden, und vielleicht finden wir etwas, das uns für eine verlorene Illusion entschädigt. Beginnen wir mit der Beobachtung des Schlupfs. Die Osmie, die ihren Kokon als erste verlässt, egal, welchen Platz sie in der Reihe einnahm, attackiert sofort die Decke, die sie vom nächsten Stockwerk trennt. Sie schneidet ein recht sauberes Loch hinein, das aussieht wie ein stumpfer Kegel; seine größere Grundfläche ist auf der Seite, wo die Biene sich befindet, die kleinere gegenüber.

Die Gestaltung der Ausgangstür ist typisch für diese Arbeit. Wenn das Insekt die Rundscheibe angreift, bohrt es zunächst mehr oder weniger zufällig; dann konzentriert es sich auf eine Fläche, die immer kleiner wird, bis sie gerade noch den Durchgang erlaubt. Das konische Loch ist keine Besonderheit der Osmie; ich habe andere Bewohner der Brombeerranken gesehen, die sich durch meine dicken Rundstücke aus Besenhirsemark bohrten. In der Natur werden die übrigens sehr dünnen Wände völlig zerstört; denn das enge Zellenende ist für das Insekt kaum groß genug. Die stumpfe, kegelförmige Bresche hat mir oft sehr genützt. An der großen Grundfläche konnte ich feststellen, welche der beiden benachbarten Osmien die Wand durchbrochen hatte; ich sah die Richtung des nächtlichen Auszugs, bei dem ich nicht dabei gewesen war.

Die zuerst geschlüpfte Osmie, wo immer sie sein mag, hat ihre Decke durchbohrt. Sie befindet sich am nächsten Kokon, mit dem Kopf am Bohrloch. Vor der Wiege ihrer Schwester hält sie gewöhnlich scheu inne; sie zieht sich in ihre Zelle zurück, wühlt sich durch Kokonfetzen und Deckenteile; sie wartet, einen Tag, zwei, drei, notfalls auch mehr. Wenn die Ungeduld die Oberhand gewinnt, versucht sie zwischen Röhrenwand und Kokon hindurch zu schlüpfen. Sie macht sich sogar an die mühselige Arbeit des Nagens, um den Zwischenraum zu vergrößern. Bei einer Brombeerranke sieht man das an den Stellen, wo das Mark restlos abgetragen und sogar die holzige Wand ziemlich benagt ist. Ich muss wohl nicht sagen, dass dieses Anfressen der Seitenwände, das später zu sehen ist, gar nicht bemerkt wird während es geschieht.

Um das zu beobachten, muss man den gläsernen Apparat verändern. Ich kleide die Röhre mit bräunlichem Packpapier aus, aber nur eine Hälfte, die andere bleibt frei, damit ich die Osmie beobachten kann. Nun gut, die Gefangene müht sich mit dieser Auskleidung, für sie die Markschicht ihres gewöhnlichen Logis; sie reißt sie stückweise ab und versucht zwischen Kokon und Glaswand eine Bahn auszuschneiden. Die etwas kleineren Männchen haben mehr Aussicht auf Erfolg als die Weibchen. Sie ducken sich, machen sich klein, wobei sie den Kokon eindrücken, der aber dank seiner Elastizität wieder ausbeult, sie zwängen sich durch den engen Durchgang und erreichen die nächste Zelle.

Wenn die Weibchen es eilig haben, machen sie es ebenso, falls die Röhre sich dafür eignet. Aber kaum ist die erste Wand überwunden, da zeigt sich die nächste. Auch die wird durchbrochen. Desgleichen die dritte und weitere, solange die Kraft reicht. Für wiederholtes Bohren zu schwach, schaffen die Männchen es in meinen dicken Pfropfen nicht weit. Den ersten zu durchbohren ist für sie schon das Äußerste, und auch das gelingt keineswegs immer. Bei den Bedingungen in ihrem heimischen Stängel müssen sie ja nur schwaches Zellgewebe durchbohren; und dann können sie, indem sie zwischen dem Kokon und der bei den Arbeiten oft beschädigten Wandung hindurchschlüpfen, die noch besetzten Zellen passieren und ungeachtet ihres Platzes in der Zellereihe als erste hinausgelangen. Es ist durchaus möglich, dass ihr früher Schlupf sie zu einem solchen Auszug nötigt, eine Methode, die zwar häufig angewandt wird, aber nicht immer gelingt. Die mit kräftigen Werkzeugen ausgerüsteten Weibchen kommen in meinen Röhren besser voran. Einige durchbohren drei oder vier Wände und verbessern sich um ebenso viele Plätze, bevor die von ihnen Überholten geschlüpft sind. Während sie sich mit dieser langen, mühseligen Operation befassen, haben andere, die näher an der Mündung sind, einen Weg gebahnt, von dem die hinteren profitieren. Auf diese Weise kann es passieren, sofern das Ausmaß der Röhre es erlaubt, dass eine der unteren Osmien als eine der ersten herauskommt.

Im Rankenstängel, der den gleichen Durchmesser wie der Kokon hat, ist dieses Herauskommen an der Säulenseite anscheinend kaum zu schaffen, außer von einigen Männchen; und auch die müssen eine Wand finden, auf der so viel Mark liegt, dass sie sich durch dessen Abschaben einen Durchgang schaffen können. Stellen wir uns also eine Röhre vor, die so eng ist, dass, außer bei der natürlichen Zellenfolge, kein Herauskommen möglich ist. Was geschieht dann? Etwas sehr einfaches. Die geschlüpfte Osmie steht nach dem Durchbohren der Wand vor einem unversehrten Kokon; sie versucht mehrmals an den Seiten durchzuschlüpfen, und als sie ihre Machtlosigkeit erkennt, kehrt sie in ihre Zelle zurück, wo sie tagelang wartet, bis ihre Nachbarin den Kokon zerreißt. Ihre Geduld ist unerschöpflich, aber sie wird auch nicht allzu sehr auf die Probe gestellt, denn binnen einer Woche sind alle Weibchen geschlüpft.

Wenn zwei benachbarte Osmien gleichzeitig frei kommen, besuchen sie sich durch das Loch zwischen den Zellen: Die obere steigt hinunter, die untere hinauf; mitunter sind zwei in einer Zelle. Könnte es nicht sein, dass dieser Verkehr sie aufheitert und zur Geduld ermutigt? Derweil öffnen sich hier und dort langsam einige Türen. Stück für Stück wird ein Weg gebahnt; und es kommt der Augenblick, wenn der Oberste der Reihe auszieht. Die anderen folgen, wenn sie fertig sind; aber stets gibt es Bummler, die jene in den hinteren Gliedern aufhalten.

Fassen wir zusammen: Erstens vollzieht sich der Schlupf der Larven ohne jede Ordnung; zweitens verläuft der Auszug regelmäßig von oben nach unten, aber nur, weil das Insekt nicht weiterkommt, solange die oberen Zellen nicht leer sind. Wir haben es hier nicht mit einer Ausnahmeentwicklung im umgekehrten Verhältnis zur Altersfolge zu tun, sondern mit der Tatsache, dass es anders nicht geht. Sollte sich eine Gelegenheit bieten, vorzeitig hinauszukommen, nutzt sie der Hautflügler unweigerlich, wie wir am seitlichen Durchschlüpfen sehen, vermittels dessen die Ungeduldigen einige Ränge voran und die besonders Begünstigten sogar frei kommen. Das einzig Bemerkenswerte ist der penible Respekt vor dem noch nicht durchbrochenen Nachbarkokon. So begierig die Osmie auch ist hinauszukommen, sie hütet sich, mit ihren Kieferzangen den Kokon zu berühren: Der ist unantastbar. Sie zerstört die Decke und benagt die Seitenwände, auch wenn nur noch Holz darauf ist, sie macht ringsum alles zu Staub; aber einen Kokon angreifen? Nie und nimmer! Sie darf sich keinen Weg bahnen, indem sie die Wiegen ihrer Schwestern aufbricht.

Mitunter ist die Geduld der Osmie umsonst, und die Barrikade verschwindet nicht. Manchmal entwickelt sich das Ei in der Zelle nicht zur Reife, und die Vorräte vertrocknen und werden zu einem festen klebrigen, verschimmelten Pfropfen, den die Bewohner der unteren Etagen nicht durchbohren können. Manchmal stirbt eine Larve im Kokon, und die Wiege der Verstorbenen wird zum Sarg und ein ewiges Hindernis. Wie soll das Insekt mit solch schwierigen Umständen fertig werden?

Von meinen vielen gesammelten Brombeerstümpfen haben einige eine ausgeprägte Besonderheit. Außer der oberen Öffnung haben sie eine an der Seite und mitunter zwei wie mit der Zange geknipste glatte Löcher. Beim Spalten der Stängel, der alten, verlassenen Nestern, erkannte ich die Ursache dieser außergewöhnlichen Fenster. Über jedem war eine Zelle mit verschimmeltem Honig. Das Ei war abgestorben, der Proviant nicht angerührt: Deshalb war auf normalem Weg nicht hinauszukommen. Von dem undurchdringlichen Hindernis eingemauert, hatte die Osmie sich einen Weg durch die Stängelwandung gebahnt, und die Bewohner der unteren Stockwerke hatten von dieser genialen Neuerung profitiert. Da die übliche Haustür unzugänglich war, hatten die kräftigen Insektenkiefer ein Fenster an der Seite aufgetan. Die zerrissenen, aber noch vorhandenen Kokons ließen keinen Zweifel an dieser originellen Art des Ausziehens. Dasselbe geschah übrigens in verschiedenen Rankenstücken mit Osmia tridentata und Anthidium scapulare. Die Beobachtung sollte durch Experimente bestätigt werden.

Ich wähle ein Rankenstück mit möglichst dünner Wandung, um den Osmien die Arbeit zu erleichtern. Ich spalte es, nehme die Ko-

kons heraus, schabe die Hälften sorgfältig aus und erhalte dadurch einen glatten Trog, bei dem ich die Auszüge besser beurteilen kann. Sodann werden die Kokons in einem Trog aufgereiht. Ich trenne sie durch meine Rundstücke aus Besenhirsemark, die auf beiden Seiten dick mit Siegellack bestrichen werden, dem die Kieferzangen des Hautflüglers nichts anhaben können. Die beiden Tröge werden zusammengebunden. Etwas Kitt verdeckt die Fugen und hält jeden Lichtschein ab. Die Apparate werden senkrecht aufgehängt. Jetzt brauchen wir nur zu warten. Keine Osmie kann auf gewohnte Weise herauskommen, da sie zwischen zwei mit Siegellack überzogenen Wänden eingeschlossen ist. Sie haben nur ein Mittel, ans Tageslicht zu gelangen, d.h. jede Osmie muss sich ein Fenster schaffen, sofern sie dazu den Instinkt und die Kraft hat.

Im Juli gibt es folgendes Resultat: Von zwanzig Osmien bohren sechs ein rundes Loch in die Wand, durch das sie herauskommen; die übrigen gehen in ihrer Zelle zugrunde. Aber als ich den Zylinder öffne, als ich die Holztröge trenne, sehe ich: Alle haben versucht, durch die Seite zu entrinnen; denn jede Zellwand zeigt Nagespuren, die auf eine Stelle konzentriert sind. Also haben es alle wie ihre glücklicheren Schwestern gemacht; sie hatten keinen Erfolg, weil die Kraft nicht reichte. Schließlich sehe ich in meinen halb mit Packpapier ausgelegten Glasapparaten oft Anfänge eines Seitenfensters: Im Papier ist ein rundes Loch.

Hier noch ein Resultat, das ich gern in der Geschichte der Brombeerrankenbewohner verzeichne. Falls die Osmie, das Anthidium und vielleicht auch andere nicht durch den üblichen Ausgang herauskommen, fassen sie einen heroischen Entschluss und durchbohren den Stängel an der Seite. Es ist das letzte Mittel, das erst versucht wird, wenn alle anderen nicht halfen. Die Mutigen, die Starken haben Erfolg; die Schwachen scheitern und gehen zugrunde. Angenommen, alle Osmien besäßen genügend Kieferkraft und auch den Instinkt, die Seite zu durchbohren, dann wäre es offensichtlich vorteilhafter, die Zelle durch ein besonderes Fenster zu verlassen. Das Insekt könnte sich nach dem Schlupf sofort seiner Befreiung widmen, anstatt damit bis zur Befreiung derjenigen vor ihm zu warten, was sich oft als verhängnisvoll erwies. Nicht selten findet man Rankenstücke, in denen mehrere Osmien starben, weil die oberen Stockwerke nicht rechtzeitig geräumt wurden. Ja, diese Seitenöffnung wäre von immensem Vorteil, da sie nun nicht mehr von ihren Nachbarn abhängig wären: Viele, die jetzt sterben, stürben nicht mehr. Alle Osmien bedienen sich dieser Methode, wenn die Umstände sie dazu zwingen; alle besitzen den Instinkt, seitlich zu bohren, aber wenige kommen zum Ziel. Erfolg haben nur die Günstlinge des Schicksals, die mehr Geduld und Kraft haben.

Wenn das berühmte Gesetz von der Auslese, das die Welt angeblich regiert und verändert, ein verlässliches Fundament hätte, wenn wirklich der Tüchtige den Untüchtigeren verdrängt, wenn die Zukunft dem Stärksten und Fleißigsten gehört, dann hätte die Familie der Osmien, die seit Urzeiten Brombeerstängel durchbohrt, ihre schwachen Mitglieder, die hartnäckig den üblichen Ausgang benutzen, längst aussterben lassen und sie bis hin zum letzten durch kräftige Seitenlochbohrer ersetzt. Hier ist Gelegenheit zu enormem Fortschritt; das Insekt steht vor der dünnen Linie und kann sie nicht überschreiten. Die Selektion hatte reichlich Zeit zu wirken, und doch überwiegen die Misserfolge, und zwar bei Weitem. Das Geschlecht der Starken hat das Geschlecht der Schwachen nicht ausgerottet; es bleibt zahlenmäßig unterlegen wie zweifellos seit eh und je. Das Gesetz der natürlichen Auslese beeindruckt mich durch seinen ungeheuren Geltungsbereich; aber immer, wenn ich es anwenden will, drehe ich mich im leeren Raum um mich selbst und habe keinen Anhaltspunkt für die Interpretation der Fakten: In der Theorie ist es großartig, aber in der Praxis eine bloße Luftblase. Es ist erhaben, aber steril. Wo also ist die Antwort auf das Rätsel der Welt? Wer weiß sie? Wer wird sie jemals wissen?

Vergeuden wir unsere Zeit nicht in dieser Finsternis, die nutzloses Theoretisieren nicht vertreiben wird; kehren wir zurück zu den Tatsachen, zu den bescheidenen Tatsachen, dem einzigen Boden, der unter uns nicht einbricht. Die Osmie respektiert den Kokon ihrer Nachbarin; ihre Skrupel sind so stark, dass sie, nachdem es ihr nicht gelang, zwischen Kokon und Wand durchzuschlüpfen oder sich einen Seitenausgang zu schaffen, lieber in ihrer Zelle zugrundeging, als sich durch die besetzten Zellen zu bohren. Wie ist das, wenn der Kokon eine tote Larve enthält?

In meinen Glasröhren stelle ich Osmien-Kokons mit einer lebenden Larve immer neben einen Kokon, dessen Larve durch Dämpfe von Schwefelkohlenstoffsäure erstickt wurde. Die Stockwerke sind wie üblich durch Besenhirsemark voneinander getrennt. Beim Schlupf zögern die Eingeschlossenen nicht lange. Sobald die Zwischenwand durchbohrt ist, greifen sie die toten Kokons an, passieren sie, zerstäuben die vertrocknete, verschrumpelte Larve und gelangen schließlich hinaus, wobei sie alles auf ihrem Weg zerstören. Die toten Kokons werden also nicht verschont; sie werden wie jedes andere Hindernis behandelt. Die Osmie sieht darin lediglich eine Barrikade, die man bedenkenlos umwerfen kann. Woher weiß sie, dass der Kokon, der sich äußerlich nicht verändert hat, eine tote Larve enthält? Sicher nicht, weil sie es sieht. Vielleicht, weil sie es riecht? Ich bin misstrauisch gegen den Geruchssinn, von dem man nicht weiß, wo er sitzt und mit dem man andauernd mühelos erklärt, was nicht zu erklären ist.

Mein nächstes Experiment betrifft eine Reihe lebender Kokons. Natürlich dürfen nicht alle von einer Art sein, weil der Versuch sich dann nicht von dem bereits Gesehenen unterscheiden würde. Ich nehme sie von zwei Arten, die ihre Ranke zu verschiedenen Zeiten verlassen. Außerdem müssen die Kokons etwa den gleichen Durchmesser haben, damit zwischen ihnen und der Röhrenwand kein Zwischenraum ist. Ich nehme Solenius vagus, der die Ranke Ende Juni verlässt, und Osmia detrita, die in der ersten Junihälfte erscheint. In Glasröhren oder in zwei zusammengefügten Trögen stapele ich abwechselnd einen Osmie- und einen Solenius-Kokon, wobei letzterer die Reihe oben abschließt.

Das Resultat ist erstaunlich. Die Osmien, die früher reif sind, kommen heraus; und die Solenius-Kokons und ihre voll ausgebildeten Bewohner werden zerfetzt oder zu Staub gemacht, in dem ich nichts mehr erkenne, außer vielleicht hier und da einen Kopf der Unglücklichen. Die Osmie hat die lebenden Kokons einer anderen Art nicht verschont; sie gelangte hinaus, indem sie über die Körper der dazwischen geschobenen Solenius ging. Was sage ich: *über* die Körper? Sie ist *durch* die Körper gegangen, sie hat die Nachzügler mit den Kiefern zermalmt und sie genauso rücksichtslos behandelt wie meine Scheiben aus Besenhirsemark. Und es waren doch lebende Barrikaden! Macht nichts; als ihre Stunde kam, marschierte die Osmie los und vernichtete alles auf ihrem Weg. Das ist jedenfalls ein Gesetz, auf das man sich verlassen kann: Die absolute Gleichgültigkeit des Tieres gegen alles, was nicht zu ihm und seiner Art gehört.

Und der Geruchssinn, der Totes von Lebendigem unterscheidet? Hier ist alles lebendig, und der Hautflügler bohrt sein Loch, als sei es eine Reihe von Toten. Wenn man mir sagt, Solenien und Osmien besäßen einen unterschiedlichen Geruchssinn, werde ich erwidern, dass die Annahme eines so feinen Geruchsapparates mir doch ziemlich weit hergeholt erscheint. Wie also erkläre ich die beiden Fakten? Erklären? Ich kann nichts erklären! Ich bin ganz zufrieden, dass ich weiß, dass ich nichts weiß, was mir zumindest vieles nutzloses Studieren erspart. Ich weiß also nicht, wie die Osmie in ihrer dunklen Röhre einen lebenden von einem toten Kokon derselben Art unterscheidet; und genauso wenig weiß ich, wie sie einen andersartigen Kokon erkennt. Oh, wie gut beweist doch dieses Eingeständnis meiner Unwissenheit, dass ich zurückgeblieben bin! Ich entziehe mich bewusst einer grandiosen Gelegenheit, große Wörter aneinanderzureihen und zu nichts zu gelangen.

Der Rankenstängel ist senkrecht oder fast senkrecht; seine Öffnung ist oben. So ist es in der Natur. Meine Geräte können das ändern: ich kann die Röhre senkrecht oder waagrecht halten, ihre Öffnung nach oben oder unten drehen und sie an beiden Enden offen lassen, wodurch es zwei Ausgänge gäbe. Was passiert unter den jeweiligen Bedingungen? Das wollen wir an Osmia tridentata erforschen.

Die Röhre hängt senkrecht, ist jedoch oben zu und unten offen, kurz, sie ist eine umgedrehte Brombeerranke. Um das Experiment zu variieren und schwieriger zu machen, habe ich die Kokonreihen in den Röhren verschieden angeordnet. In einigen liegen die Kokons mit dem Kopf nach unten, zur Öffnung; in anderen mit dem Kopf nach oben, zum geschlossenen Ende; noch andere liegen Kopf gegen Kopf, Hinterleib gegen Hinterleib, immer abwechselnd. Die Trennwände sind natürlich aus Hirsemark.

Das Resultat ist bei allen Röhren gleich. Wenn die Osmien mit dem Kopf nach oben liegen, greifen sie die Decke an, wie in der Natur; wenn sie mit dem Kopf nach unten liegen, drehen sie sich um und arbeiten wie üblich. Der allgemeine Ausbruchsdrang ist nach oben gerichtet, egal, wie der Kokon steht.

Hier zeigt sich sehr anschaulich die Wirkung der Schwerkraft, die dem Insekt seine verkehrte Position anzeigt und es veranlasst, sich umzudrehen, so wie sie uns warnen würde, wenn wir mit dem Kopf nach unten hingen. In der Natur braucht das Insekt nur dem Hinweis der Schwerkraft zu folgen, und es gelangt unfehlbar zum Ausgang am oberen Ende. Aber bei meinen Apparaten ist dieser Hinweis falsch; es geht nach oben, wo kein Ausgang ist. Durch meine Listen irregeführt, verenden die Osmien in den oberen Stockwerken aufgehäuft und in den Trümmern begraben.

Es gibt jedoch Versuche, sich einen Weg nach unten zu bahnen. Aber das ist selten erfolgreich, vor allem für die mittleren und oberen Zellen. Das Insekt neigt nicht zu diesem Vorgehen, das dem üblichen entgegengesetzt ist; zudem ergibt sich bei dieser umgekehrten Richtung eine große Schwierigkeit. Wenn die Biene die Abschabsel hinter sich wirft, fallen ihr diese infolge ihres Eigengewichts aus den Kieferzangen; und das Abtragen beginnt von vorne. Erschöpft von dieser Sisyphusarbeit und misstrauisch gegen diese neue Methode, gibt die Osmie auf und verendet in ihrer Zelle. Ich muss hinzufügen, dass es den Osmien der untersten Stockwerke, die dem Ausgang am nächsten sind, mitunter gelingt, sich zu befreien, mal einer, mal zweien oder dreien. Dann greifen sie sofort die Wände darunter an, während ihre Genossinnen, die meisten, ausharren und in den oberen Zellen zugrunde gehen.

Der Versuch war leicht zu wiederholen, ohne dass an den natürlichen Umständen, bis auf die Ausrichtung der Kokons, etwas geändert werden musste: Ich brauchte nur Brombeerranken, so wie ich sie fand, senkrecht und mit der Öffnung nach unten aufzuhängen: Aus zwei solchen von Osmien bewohnten Stängeln gelangte keine einzige hinaus. Alle starben in der Röhre, die einen nach oben, die anderen nach unten gedreht. Dagegen entließen drei von Anthidien bewohnte Stängel ihre Bewohner heil und gesund. Der Schlupf verlief reibungslos, vom ersten bis zum letzten. Sind die zwei Hautflüglerarten also unterschiedlich empfindlich gegen den Einfluss der Schwerkraft? Oder besitzt die Anthidie, die so gebaut ist, dass sie durch das schwierige Hindernis ihres Baumwollsäckchens hindurchkommt, bessere Voraussetzungen als die Osmie, sich einen Weg durch die ständig herunterfallenden Krümel zu bahnen, oder ist es eher so, dass dieser Baumwollabfall den Müllstrom verhindert, der das Insekt naturgemäß entmutigt? Das ist durchaus möglich, aber ich weiß es nicht.

Experimentieren wir jetzt mit senkrechten Röhren, die an beiden Enden offen sind. Die Anordnungen sind bis auf die Öffnung wie zuvor. In einigen Apparaten stehen die Kokons mit dem Kopf nach oben, in anderen mit dem Kopf nach unten; bei noch anderen wechselt die Stellung. Das Resultat ähnelt dem vorherigen. Einige Osmien, die der unteren Öffnung am nächsten sind, gehen nach unten, ungeachtet der ursprünglichen Ausrichtung des Kokons; die übrigen, die meisten, gehen nach oben, selbst wenn der Kokon umgedreht wurde. Da zwei Türen offen sind, gelingt der Auszug nach beiden Seiten.

Was ist aus diesen Experimenten zu schließen? Erstens, dass die Schwerkraft das Insekt nach oben lenkt, wo die natürliche Tür ist, und dass sie auch seine Drehung in der Zelle veranlasst, wenn der Kokon umgekehrt wird. Zweitens vermute ich einen Einfluss der Atmosphäre und auf jeden Fall eine zweite Ursache, die das Insekt zum Ausgang treibt. Es könnte indes auch die Nähe der frischen Luft sein, die durch die Wandung auf den Eingeschlossenen wirkt.

Das Tier ist also den Einwirkungen der Schwerkraft unterworfen, und zwar alle gleichermaßen, egal, in welchem Stockwerk sie wohnen. Die Schwerkraft ist der Führer der gesamten Reihe, von der Basis bis zum Gipfel. Aber die in den unteren Hüllen haben einen zweiten Führer, wenn das untere Ende offen ist. Dies ist der Reiz der nahen Luft, die stärker als die Schwerkraft wirkt. Durch die Wandung dringt kaum Luft; während ihr Einfluss in den untersten Kammern deutlich spürbar ist, nimmt er mit jedem Stockwerk notwendigerweise ab. So gehorchen die wenigen Insekten ganz unten dem entscheidenden Einfluss, der Atmosphäre: Sie streben zum unteren Ausgang und ändern, wenn nötig, ihren ursprünglichen Kurs. Die oben aber, die meisten, die nur die Schwerkraft lenkt, wenn das obere Ende geschlossen ist, streben nach unten. Sind beide Enden offen, haben die Bewohner der oberen Stockwerke einen doppelten Anreiz, den ansteigenden Pfad zu nehmen; dies wird die Bewohner der unteren Stockwerke nicht abhalten, dem Ruf der nahen Luft zu folgen und den absteigenden Pfad zu nehmen.

Es bleibt mir noch ein Mittel, meine Erklärung auszuwerten, nämlich mit beidseitig offenen, waagerechten Röhren zu experimentieren. Die waagerechte Position hat einen doppelten Vorteil. Erstens entzieht sie das Insekt dem Einfluss der Schwerkraft, da es ja gleichgültig gegen die eingeschlagene Richtung, rechts oder links, wird. Zweitens verhindert sie beim Bohren von oben das Herunterfallen des Abraums, das das Insekt früher oder später entmutigt.

Damit die Experimente Erfolg haben, sind einige Vorsichtsmaßnahmen zu beachten; ich empfehle sie jedem, der diese Versuche machen will. Sie sind auch bei den beschriebenen Versuchen ratsam. Die Männchen, diese schwächlichen Wesen, die für die Arbeit nicht geschaffen sind, machen vor meinen dicken Scheiben einen kläglichen Eindruck. Die meisten gehen in ihren Glaskammern jämmerlich zugrunde; sie schaffen es nicht, die Wand ganz zu durchbohren. Außerdem hat es der Instinkt mit ihnen nicht so gut gemeint wie mit den Weibchen. Ihre Kadaver, die da und dort in der Kokonreihe liegen, sind störende Gegenstände, die man besser beseitigt. Ich wähle deshalb größere, robuste Kokons. Diese gehören, nach Maßgabe des unvermeidlichen gelegentlichen Irrtums, alle Weibchen. Ich stecke sie in Röhren, wobei ich ihre Position entweder möglichst variiere oder alle gleich hinstelle. Es ist unwichtig, ob die gesamte Reihe von einer Ranke oder von mehreren stammt; das Ergebnis ändert sich dadurch nicht.

Als ich das erste Mal eine waagerechte, beidseitig offene Röhre derart präparierte, war ich von dem Resultat sehr überrascht. Die Reihe enthielt zehn Kokons. Sie war in zwei gleich starke Schübe geteilt: Die linken fünf gingen links hinaus, die rechten fünf rechts, wobei sie, falls nötig, ihre Richtung umkehrten. Das war symmetrisch höchst bemerkenswert und eine sehr unwahrscheinliche Anordnung, gemessen an all den möglichen, wie die Mathematik uns zeigen wird:

Nehmen wir n Osmien[26] an. In dem Moment, wo die Schwerkraft nicht wirkt und die Osmie gegen beide Röhrenenden indifferent ist, kann sie zwei Stellungen einnehmen, je nachdem, ob sie den rechten oder den linken Ausgang wählt. Mit jeder Stellung der ersten Osmie kann man jede Stellung der zweiten kombinieren: Das ergibt zusammen $2x2=2^2$ Anordnungen. Jede dieser 2^2 Anordnungen kann man mit jeder der zwei Positionen der dritten Osmie kombinieren. So erhält man $2x2x2=2^3$ Anordnungen mit drei Osmien. Und so fort: Jede Osmie fügt dem Resultat den Faktor 2 hinzu. Bei n Osmien beträgt also die Gesamtsumme der Anordnungen 2^n.

Doch beachten wir, dass diese Anordnungen symmetrisch sind, 2 mal 2: eine gegebene Anordnung nach rechts entspricht einer ähnlichen nach links; und diese Symmetrie impliziert eine Gleichheit, denn bei dem vorliegenden Problem ist es gleichgültig, ob eine bestimmte Anordnung der rechten oder der linken Seite der Röhre entspricht. Die vorherige Anzahl ist also durch zwei zu dividieren. So können n Osmien – je nachdem, ob jede in meiner waagerechten Röhre den Kopf nach rechts oder nach links wendet – 2^{n-1} Anordnungen bewirken. Falls, wie in meinem ersten Versuch, $n=10$ ist, beträgt die Anzahl der Arrangements $2^9=512$.

Folglich war unter den 512 Positionen, die meine zehn Insekten bei ihrer Drehung zum Ausgang einnehmen können, auch eine mit einer höchst auffälligen Symmetrie. Und wir wollen festhalten: Dies war kein Effekt, der durch vielfaches Probieren oder wahllose Versuche erzielt wurde. Jede Osmie in der rechten Hälfte hatte nach rechts gebohrt, ohne die linke Wand zu berühren; jede Osmie in der linken Hälfte hatte nach links gebohrt, ohne die rechte Wand zu berühren. Das bewiesen die Form der Öffnungen und die Oberfläche der Wandung, wenn ein Beweis denn nötig war. Es hatte einen spontanen Entschluss gegeben, eine Hälfte nach links, eine Hälfte nach rechts.

Die Anordnung hat ein weiteres Verdienst, das den der Symmetrie noch übertrifft: sie entspricht dem geringstmöglichen Kraftaufwand. Wenn die Reihe aus n Zellen besteht, sind für das Hinauskommen der ganzen Reihe eigentlich n Wände zu durchbohren. Es könnte sogar eine mehr sein, aufgrund einer Komplikation, die ich vernachlässige. Es sind also mindestens n Zwischenwände zu durchbohren. Ob jede Osmie ihre durchbohrt oder ob eine Osmie mehrere durchbohrt und so ihre Nachbarinnen unterstützt, ist unwichtig: Die gesamte von der Reihe der Hautflügler aufgewandte Kraft entspricht der Anzahl der Wände, egal, wie der Auszug abläuft.

Aber noch eine Arbeit muss berücksichtig werden, weil sie oft beschwerlicher als das Durchbohren der Wände ist: Sie besteht darin, sich einen Weg durch den Bauschutt zu bahnen. Nehmen wir an, die Wände sind durchbohrt und die jeweilige Kammer durch den Abraum daraus verstopft, und zwar ausschließlich durch diesen, da die waagerechte Lage eine Vermengung mit dem aus anderen Kammern verhindert. Durch diesen Müll zu gelangen ist für das Insekt nicht allzu schwer, wenn es möglichst wenige Zellen durchquert, kurz, wenn es sich zur nächsten Öffnung aufmacht. Diese geringstmöglichen individuellen Anstrengungen ergeben die geringstmögliche Gesamtanstrengung. Wenn also die Osmien sich wie in meinem Versuch orientieren, bewerkstelligen sie ihren Auszug mit dem geringstmöglichen Kraftaufwand. Es ist erstaunlich anzusehen, wie ein Insekt nach dem in der Mechanik so häufig geforderten Gesetz des kleinsten Kraftaufwands agiert.

Eine Anordnung, die diesem Gesetz, das den Gesetzen der Symmetrie entspricht und dessen Chancen 1:512 stehen, ist kein Zufall. Es gibt dafür eine Ursache; und da diese immer wirkt, muss die gleiche Anordnung auftauchen, wenn ich von vorne beginne. Also begann ich in den folgenden Jahren von vorne, mit so vielen Apparaten, wie ich Brombeerranken fand, und bei jedem Versuch beobachtete ich, was ich beim ersten Mal mit so viel Interesse beobachtet hatte. Bei einer geraden Zahl, und meine Reihe bestand gewöhnlich aus zehn, ging eine Hälfte rechts, die andere links heraus. Bei einer ungerader Zahl, 11 zum Beispiel, kam die mittlere stets aus dem rechten oder linken Ausgang. Da die Anzahl der zu durchquerenden Zellen auf beiden Seiten gleich ist, ändert sich der Kraftaufwand nicht mit der Richtung des Ausgangs; und das Gesetz des kleinsten Kraftaufwands wird beachtet.

Es war wichtig herauszufinden, ob die Osmia tridentata diese Fähigkeit mit anderen Bewohnern der Brombeerranken, aber auch mit anders untergebrachten Hautflüglern gemeinsam hat, die sich zudem mühsam einen Weg bahnen müssen, wenn es soweit ist, das Nest zu verlassen. Nun gut, abgesehen von einigen Abweichungen aufgrund der Kokons, deren Larve in meiner Röhre starb, ohne sich zu entwickeln, oder aufgrund der in der Arbeit unerfahrenen Männchen war das Resultat dasselbe wie bei Anthidium scapulare. Die Insekten teilten sich in zwei Schübe, einer nach rechts, einer nach links. – Tripoxylon figulus erlaubte mir keine Entscheidung. Das schwächliche Insekt kann meine Wände nicht durchbohren; es knabbert nur daran, und ich musste die Richtung anhand der nicht sehr deutlichen Kieferzangenspuren ermitteln. Solenius vagus, ein tüchtiger Bohrer, verhält sich anders als die Osmie. Bei einer Zehnerkolonne geht der Auszug in dieselbe Richtung.

Ich habe allerdings Versuche mit der Schuppen-Mörtelbiene gemacht, die beim Schlupf in der Natur nur ihre Zementdecke zu durchbohren braucht und keine Zellenreihe vor sich hat. Obwohl sie die Verhältnisse, die ich für sie schuf, nicht kannte, gab sie mir eine positive Antwort. Aus einer beidseitig offenen, waagerechten Röhre kamen von einer Zehnerkolonne fünf rechts und fünf links heraus. Dioxys cincta, ein Parasit in den Bauwerken der Schuppen-Mörtelbiene und der Chalicodoma muraria, lieferte keine exakten Daten. Megachile apicalis Spin., die ihre Näpfchen aus runden Blattstücken in den alten Zellen der Chalicodoma muraria baut, macht es wie Solenius und lenkt ihre Kolonne zum selben Ausgang.

Wenngleich unvollständig, zeigt diese Symmetrie doch, wie unvorsichtig es wäre, diese Schlüsse, zu denen uns Osmia tridentata führt, zu verallgemeinern. Während einige Hautflügler, die Anthidie, die Chalicodoma, die Gabe für den beidseitigen Auszug mit der Osmie teilen, verhalten sich andere, Solenius, Megachile, wie die Schafe des Panurgus und folgen dem ersten, der hinausgeht. Die entomologische Welt ist nicht gleichförmig; die Gaben sind sehr verschieden; die eine kann dies, und die andere kann das; und der Blick, der die Ursachen dieser Unterschiede sähe, wäre wahrlich durchbohrend. Sei es, wie es sei, intensivere Forschung wird uns weitere Arten zeigen, die zu einem beidseitigen Auszug imstande sind. Im Augenblick kennen wir drei, und das genügt für unsere Zwecke.

Ich muss hinzufügen: Wenn die waagerechte Röhre an einem Ende zu ist, marschiert die ganze Reihe der Osmien zum offenen Ende und dreht sich dabei notfalls auch um.

Nachdem die Fakten nun dargestellt sind, wollen wir möglichst die Ursache ergründen. In einer waagerechten Röhre beeinflusst die Schwerkraft nicht mehr die Richtung des Insekts. Soll es die rechte Wand oder die linke Wand angreifen? Je mehr ich darüber nachdenke, desto mehr vermute ich den Einfluss der Atmosphäre, der an den zwei offenen Enden spürbar ist. Worin besteht er? Ist er eine Auswirkung des Luftdrucks, der Feuchtigkeitsmessung, der elektrischen Bedingungen, von Eigenschaften, die unserer groben Leibesbeschaffenheit entgehen? Wer eine Antwort wagt, ist mutig. Überkommen nicht auch uns bei Wetterwechsel intime Eindrücke und unerklärliche Gefühle? Und doch hülfe uns diese unbestimmte

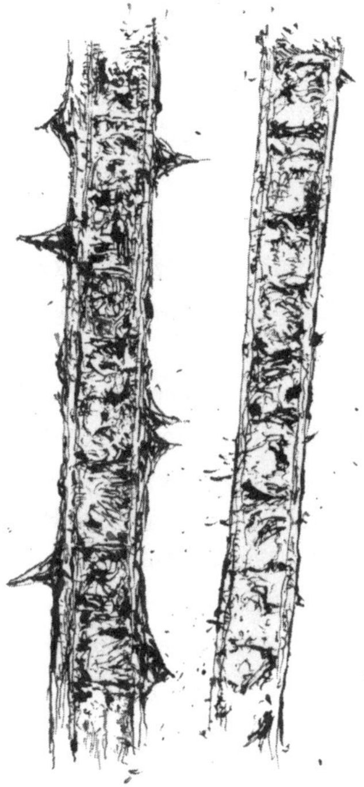

Empfänglichkeit für atmosphärische Veränderungen nicht bei den Bedingungen, die unsere Eingeschlossenen haben. Nehmen wir an, wir säßen in der Dunkelheit und Stille eines Verlieses, das zwischen anderen Verliesen läge! Wir haben Werkzeuge, um die Mauern zu durchbrechen; aber wo sollen wir ansetzen, um zum Ausgang zu gelangen, und zwar möglichst schnell? Der atmosphärische Einfluss würde uns hierbei gewiss nicht leiten.

Doch er leitet das Insekt. So schwach er wegen der vielen Wände auch sein mag, er wirkt auf einer Seite stärker, weil dort weniger Hindernisse sind; und das Insekt, feinfühlig für den Unterschied zwischen beiden Ungewissheiten, attackiert sofort die Wand, welche der frischen Luft näher ist. So ergibt sich die Unterteilung der Reihe in zwei konvexe Kolonnen, welche die Gesamtbefreiung mit dem geringstmöglichen Gesamtaufwand erreichen. Kurz, die Osmie und ihre Nebenbuhler fühlen den freien Raum. Noch eine sensorische Fähigkeit, die der Transformismus uns zu unserem Vorteil hätte lassen sollen. Sind wir, da er das nicht getan hat, dann wirklich, wie viele behaupten, der höchste Ausdruck des Fortschritts, der durch das erste zu einer Zelle aufgeblähte Eiweißatom in Jahrtausenden erreicht wurde?

XIV
Die Pelzbienenölkäfer

Die hohen Böschungen aus sandigem Ton in der Umgebung von Carpentras sind die Lieblingsplätze vieler Hautflügler, dieser Freunde von Sonnenlagen und leicht auszuhöhlenden Böden. Dort gibt es im Mai vor allem zwei Pelzbienenarten, Honigsammler und Erdzellenbauer. Die eine, Anthophora parietina, errichtet am Eingang ihrer Behausung ein vorgeschobenes Festungswerk, einen Zylinder aus Erde; hergestellt in Durchbrucharbeit wie der Schornstein des Odynerus und ebenso gebogen, aber dick und lang wie ein Finger. Wenn die Siedlung sehr volkreich ist, wundern wir uns über die rustikale Ausschmückung durch an der Fassade hängende Ton-Stalaktiten.

Die andere Pelzbiene, Anthophora pilipes, die viel häufiger ist, lässt ihre Gangöffnung frei. Die Ritzen zwischen den Steinen alter Mauern und verlassener Schuppen, die Wände von Ausschachtungen in weichem Sandstein oder Mergel werden von ihnen für geeignet befunden. Doch ihre Lieblingsstellen, zu denen sich die meisten Schwärme begeben, sind senkrechte Südhänge, wie sie die Böschungen tief eingesunkener Wege bieten. Hier ist die Steilwand meterlang durchlöchert, wodurch die Erdmasse wie ein riesiger Schwamm aussieht. Diese runden Löcher könnten das Werk eines Bohrers sein, so gleichmäßig sind sie. Jedes Loch ist der Eingang zu einem gewundenen Gang, der zwei, drei Dezimeter tief geht. Ganz hinten sind die Zellen verteilt. Wenn wir den Arbeiten der fleißigen Biene beiwohnen wollen, müssen wir Mitte Mai zu ihrem Bauplatz gehen. Dann können wir den lärmenden, summenden Schwarm, der gerade Zellen baut und verproviantiert, in all seiner verwirrenden Aktivität beobachten, aber aus respektvollem Abstand, wenn wir Neulinge sind und Angst vor Stichen haben.

Meistens besuchte ich die von der Pelzbiene bewohnten Böschungen in den glücklichen Ferienmonaten August und September. Dann herrscht an den Nestern Ruhe; die Arbeiten sind längst beendet, und Spinnennetze bedecken die Spalten oder tauchen ihre seidenen Trichter in die Bienengänge. Verweilen wir ein wenig bei dieser eben noch so bevölkerten Siedlung, die voller Leben und Geschäftigkeit war und jetzt verlassen daliegt. Einige Zoll tief im Boden sind bis zum Frühling Tausende von Larven und Nymphen in ihren Zellen aus Ton eingekerkert. Könnte nicht eine solch saftige Beute wie diese Larven, die gelähmt und außerstande sind, sich zu verteidigen, einige Parasiten anlocken, die fleißig genug sind, sie zu erreichen?

Tatsächlich gibt es einige Zweiflügler in düsterer Livree, halb schwarz, halb weiß, Anthrax sinuata (Trauerschweber), der träge von Gang zu Gang fliegt, zweifellos mit dem Ziel, dort Eier abzulegen. Und hier gibt es andere, in größerer Zahl, deren Mission er-

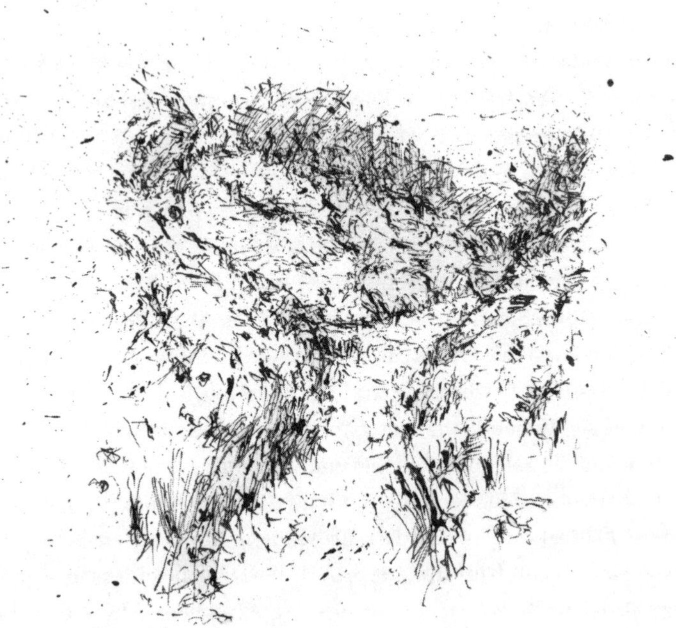

füllt ist und die, bei der Arbeit gestorben, trocken und zusammengeschrumpft in den Spinnennetzen hängen. Woanders gibt es eine ganze Steilwand voller vertrockneter Kadaver eines Käfers (Sitaris humeralis[27]), die wie die Trauerschweber in den seidenen Schlingen der Spinnen hängen. Zwischen diesen Kadavern kreisen geschäftig, verliebt und sorglos, Sitaris-Männchen, die sich mit dem ersten Weibchen paaren, das ihnen begegnet, während die befruchteten Weibchen ihren massigen Hinterleib in einen Gang stecken und rückwärts hineingehen. Die Situation ist unverkennbar; ernsthaftes Interesse führt diese beiden Insekten hierher, die innerhalb weniger Tage auftauchen, sich paaren, Eier legen und direkt vor den Türen der Pelzbiene sterben.

Hacken wir jetzt einige Male in die Erde, wo sich einzigartige Entwicklungen abspielen müssen und wo im vorigen Jahr Ähnliches geschah; vielleicht finden wir Beweise für das von uns vermutete Schmarotzertum. Wenn man Anfang August die Behausung der Pelzbienen untersucht, beobachtet man Folgendes: Die Zellen, welche die Oberfläche bilden, unterscheiden sich von denen darunter. Das kommt daher, dass ein und dieselbe Unterkunft sowohl von der Pelzbiene als auch von einer Mauerbiene (Osmia tricornis) genutzt wird, wie eine in der Arbeitssaison Mai gemachte Beobachtung bestätigt. Die Pelzbienen sind wahre Pioniere, das Bohren der Gänge ist ihre Arbeit; und ihre Zellen liegen ganz unten. Die Osmie nutzt Gänge, die aufgegeben wurden, weil diese zu alt waren, weil Zellen im hintersten Teil des Gangs vollendet werden mussten; sie baut ihre Zellen, indem sie diese Gänge durch grobe Sandwände in ungleiche, kunstlose Kammern aufteilt. Die Maurerarbeit der Osmie beschränkt sich auf diese Zwischenwände. Dies ist übrigens die übliche Bauweise verschiedener Osmien, die sich mit einer Steinritze, einem leeren Schneckenhaus oder einem trockenen Stängel begnügen und darin mit wenig Aufwand, vermittels dünner Zwischenwände aus Mörtel ihre Stapelzellen bauen.

Mit ihrer tadellosen geometrischen Regelmäßigkeit und ihrer perfekten Ausführung sind die Zellen der Pelzbiene Kunstwerke, die in passender Tiefe in die Lehmböschung gegraben sind, ohne ein herbeigeschafftes Stück, abgesehen von dem dicken Deckel, der die Öffnung verschließt. Auf diese Weise durch den klugen Fleiß ihrer Mutter geschützt und in ihren fernen, stabilen Unterkünften unerreichbar, besitzen die Larven der Pelzbiene keinen Drüsenapparat zum Absondern von Seide. Sie weben keine Kokons, sondern liegen nackt in ihren Zellen, die innen glatt wie Marmor sind. Verteidigungsmittel aber sind nötig in den Zellen der Osmien in der oberen Schicht der Böschung, die eine unregelmäßige Form haben, innen uneben und aufgrund ihrer dünnen Sandwände kaum ein Schutz gegen äußere Feinde sind. Die Osmienlarven schaffen es tatsächlich, sich in einen ovalen Kokon einzuschließen, der dunkelbraun und sehr fest ist und sie vor dem rauen Kontakt mit ihrer unförmigen Zelle ebenso schützt wie vor den Kieferzangen gefräßiger Parasiten, Milben, Buntkäfer und Wollkrautblütenkäfer, dieser verschiedenartiger Feinde, die wir durch die Gänge streifen sehen, *quaerens quem devoret*[28]. Durch dieses Gleichgewicht zwischen den Talenten der Mutter und denen der Larve entgehen Osmie und Pelzbiene in ihrem ersten Lebensabschnitt etlichen Gefahren. In der von den Hautflügeln aufgegrabenen Böschung ist daher leicht zu erkennen, was wem gehört: an Lage und Form der Zellen sowie an ihrem Inhalt: bei der Pelzbiene eine nackte Larve, bei der Osmie eine in einen Kokon eingeschlossene.

Wenn man einige Kokons öffnet, findet man welche, die statt der Osmienlarve eine merkwürdig geformte Nymphe enthalten. Bei der leichtesten Erschütterung ihrer Behausung verfallen diese Nymphen in phantastische Bewegungen, mit dem Hinterleib peitschen sie die Wände, bis das ganze Haus bebt. Selbst wenn wir den Kokon unversehrt lassen, erfahren wir durch ein Rascheln aus der seidenen Kammer von ihrer Existenz.

Das vordere Ende der Nymphe ist wie ein Wildschweinrüssel geformt und mit sechs kräftigen Dornen bewaffnet, eine Vielzahl von Pflugscharen, die sich hervorragend zum Graben eignen. Eine doppelte Reihe von Haken steht auf dem Rücken der vier vorderen Hinterleibssegmente. Das sind alles Gehborsten, durch die das Tier in dem mit dem Rüssel gegrabenen engen Gang vorankommt. Schließlich bildet ein Bündel von scharfen Spitzen die Ausrüstung der hinteren Extremitäten. Wenn wir die Oberfläche der Wand, in der sich diese Nester befinden, genau betrachten, entdecken wir ähnliche Nymphen wie die oben beschriebenen, die mit dem Hinterteil in einem Gang so breit wie dieses stecken und deren Vorderteil heraustragt. Diese bestehen jedoch nur noch aus ihren abgestreiften Häuten, über deren Rücken und Kopf sich ein langer Riss erstreckt, durch den das fertige Insekt geschlüpft ist. Der Zweck ihrer starken Waffen wird damit klar: Die Nymphe muss den zähen Kokon, der sie gefangen hält, zerreißen, sie muss den festen Boden, in dem sie vergraben ist, aufwühlen, mit ihrem sechsdornigen Schweinerüssel einen Gang graben und schließlich das fertige Insekt zutage fördern, das offenbar zu solch groben Arbeiten nicht fähig ist.

Und tatsächlich, diese samt ihrer Kokons entnommenen Nymphen haben mir nach einigen Tagen einen schwächlichen Zweiflügler, Anthrax sinuata, gebracht, der nicht imstande ist, den Kokon zu durchbohren, geschweige denn sich einen Ausgang durch einen Boden zu bahnen, den ich selbst mit der Hacke nicht ohne Mühe aufwühle. Obwohl solche Fakten in der Geschichte der Insekten häufig sind, stellt man sie jedes Mal mit lebhaftem Interesse fest. Sie erzählen uns von einer unbegreiflichen Macht, die plötzlich, in einem ganz bestimmten Moment, einem obskuren Wurm unwiderstehlich befiehlt, seinen sicheren Schlupfwinkel zu verlassen, tausend Schwierigkeiten zu überwinden und das Licht zu erreichen, das zu jedem anderen Zeitpunkt für ihn verhängnisvoll wäre, aber für das fertige Insekt, das von allein nicht dorthin käme, notwendig ist.

Aber die Schicht mit den Osmienzellen ist nun entfernt; die Hacke erreicht die Zellen der Pelzbiene. Einige davon enthalten Larven und stammen von den Arbeiten im Mai; andere, obgleich desselben Datums, sind von fertigen Insekten besetzt. Die verfrühte Metamorphose variiert von Larve zu Larve; bereits ein Altersunterschied von einigen Tagen erklärt zuweilen diese ungleiche Entwicklung. Weitere Zellen, ebenso viele wie die vorigen, enthalten einen parasitären Hautflügler, Melecta armata, der auch voll ausgebildet ist. Schließlich finden wir welche, und zwar reichlich, die eine eigenartige eiförmige Schale enthalten, die in Segmente mit Atmungsknospen gegliedert ist. Diese Schale ist dünn und zerbrechlich; sie ist bernsteinfarben und so durchsichtig, dass man dahinter einen ausgewachsenen Pelzbienenölkäfer deutlich erkennt (Sitaris humeralis), der das Innere ausfüllt und sich aufführt, als ob er sich befreien wolle. Das erklärt die Anwesenheit, Paarung und Eiablage der Pelzbienenölkäfer, die wir bis eben mit den Trauerschwebern um die Öffnung der Pelzbienengänge streifen sahen. Die Osmie und die Pelzbiene, die hier wohnen, haben beide ihren Parasiten; der Trauerschweber attackiert die Osmie und der Pelzbienenölkäfer die Pelzbiene.

Doch was ist das für eine wunderliche Schale, in die der Pelzbienenölkäfer stets eingeschlossen ist, eine Schale, die in der Ordnung der Käfer nicht ihresgleichen hat? Sollte es hier ein Schmarotzertum zweiten Grades geben, das heißt: Sollte der Sitaris in der Puppe eines ersten Parasiten leben, der seinerseits auf Kosten der Pelzbienenlarve oder ihrer Vorräte lebt? Und wie gelangt dieser oder diese Parasiten in eine Zelle, die aufgrund ihrer Tiefe unverletzlich zu sein scheint und an der man selbst mit der Lupe keinen Einbruch des Feindes erkennt? Solcherart sind die Fragen, die sich mir stellten, als ich 1855 die soeben berichteten Fakten beobachtete. Drei Jahre eifriger Beobachtungen haben es mir ermöglicht, der Geschichte der Insektenumwandlungen eines ihrer erstaunlichsten Kapitel hinzuzufügen.

Nachdem ich über genügend dieser rätselhaften Schalen mit fertigen Sitaris verfügte, hatte ich die Genugtuung, in aller Ruhe den Schlupf des fertigen Insekts aus der Schale, die Paarung und die Eiablage beobachten zu können. Das Aufbrechen der Schale ist leicht: Ein paar Stöße mit den Kieferzangen irgendwohin und ein paar Tritte reichen, um das fertige Insekt aus seinem zerbrechlichen Gefängnis zu bringen.

In den Flaschen, in denen ich meine Sitaris hielt, erfolgte die Paarung in den ersten Augenblicken der Freiheit. Ich beobachtete sogar eine Tatsache, die nachdrücklich bezeugt, dass das fertige Insekt den Akt sofort vollziehen muss, um die Erhaltung seiner Art zu sichern. Ein Weibchen, den Kopf schon aus der Schale, versucht sich vollends zu befreien; ein schon seit ein paar Stunden freies Männchen klettert auf diese Schale und zupft mit den Kieferzangen hier und dort an der fragilen Hülle, es bemüht sich, das Weibchen von seinen Fesseln zu befreien. Seine Anstrengungen sind bald von Erfolg gekrönt; hinten an der Schale zeigt sich ein Riss, und obwohl das Weibchen noch zu drei Vierteln in Windeln steckt, beginnt die Paarung, die etwa eine Minute dauert. Während des Aktes bleibt das Männchen reglos auf der Schale oder auch auf dem Weibchen, wenn dieses ganz frei ist. Ich weiß nicht, ob das Männchen dem Weibchen auch unter normalen Umständen auf diese Weise hilft; dazu müsste es in eine Zelle mit einem Weibchen darin eindringen, was seine Kräfte nicht übersteigt, da es ja auch aus seiner herausgelangt ist. Jedenfalls vollzieht sich die Paarung im Allgemeinen am Eingang der Pelzbienengänge; und danach schleppt keines der beiden Geschlechter auch nur eine Spur seiner Schalen mit sich herum.

Nach der Paarung putzen die beiden Pelzbienenölkäfer ihre Beine und Fühler, indem sie diese durch ihre Kieferzangen ziehen; dann geht jeder seiner Wege. Das Männchen hockt sich in eine Spalte der Böschung, lebt noch zwei oder drei Tage und stirbt. Nach der Eiablage, die sofort erfolgt, stirbt auch das Weibchen am Eingang des Gangs, in dem es seine Eier abgelegt hat. Daher die vielen Kadaver, die in den Spinnennetzen baumeln, mit denen die Umgebung der Pelzbienenbehausungen tapeziert ist.

Die Sitaris leben also nur solange, wie es für die Paarung und Eiablage nötig ist. Ich sah immer nur welche auf dem Schauplatz ihrer Liebe und somit auch ihres Todes; nie sah ich einen auf den Pflanzen in der Nähe grasen, so dass ich ernstlich daran zweifeln muss, ob sie überhaupt Nahrung zu sich nehmen, obwohl sie einen normalen Verdauungsapparat haben. Was für ein Leben! Fünfzehn Tage Völlerei in einer Schatzkammer voll Honig, ein Jahr Schlummern in der Erde, eine Minute Liebe im Sonnenlicht; dann der Tod!

Sobald das Weibchen befruchtet ist, sucht es einen geeigneten Ort, um seine Eier abzulegen. Es war wichtig festzustellen, wo dieser Ort ist. Geht das Weibchen von Zelle zu Zelle und vertraut sein Ei der saftigen Flanke jeder Larve an, ob sie nun zu den Pelzbienen oder einem Parasiten von diesen gehört, wie es die rätselhafte Schale vermuten lässt? Diese Art der Eiablage, eins in jede Zelle, ist offenbar nötig, um die bekannten Fakten zu erklären. Aber warum zeigen die von den Sitaris usurpierten Zellen nicht die geringste Spur des dazu unerlässlichen gewaltsamen Einbruchs? Und wie kommt es, trotz des langen Suchens, bei dem meine Ausdauer durch den lebhaftesten Wunsch, Licht in all diese Geheimnisse zu bringen, aufrecht erhalten wurde; wie kommt es, frage ich, dass ich nicht einem einzigen der vermuteten Parasiten begegnet bin, denen die Schale zuzuschreiben wäre, da diese ja offensichtlich nicht die eines Käfers ist? Der Leser würde wohl kaum vermuten, wie meine dürftigen entomologischen Kenntnisse durch dieses unentwirrbare Labyrinth widersprüchlicher Fakten durcheinander gerieten. Aber Geduld. Es kommt noch an den Tag.

Beobachten wir zunächst, an welcher Stelle die Eier abgelegt werden. Ein Weibchen wurde soeben vor meinen Augen befruchtet; sie wird in eine weite Flasche gesetzt, in die ich auch einige Erdbrocken lege, die Zellen von Pelzbienen enthalten. Diese sind zum Teil von Larven besetzt, zum Teil von noch ganz weißen Nymphen; einige sind leicht geöffnet und geben ihren Inhalt zu erkennen. Zuletzt bohre ich in die Innenseite des Korkens, der die Flasche verschließt, einen zylindrischen Schacht, eine Sackgasse, vom gleichen Durchmesser wie die Pelzbienen-Gänge. Damit das Insekt, wenn es will, in den künstlichen Gang hinein kann, lege ich die Flasche hin.

Das Weibchen, das mühsam seinen prallen Hinterleib schleppt, besichtigt alle Ecken und Winkel seiner improvisierten Unterkunft und erkundet sie mit seinen Tastern, die es überall hin-

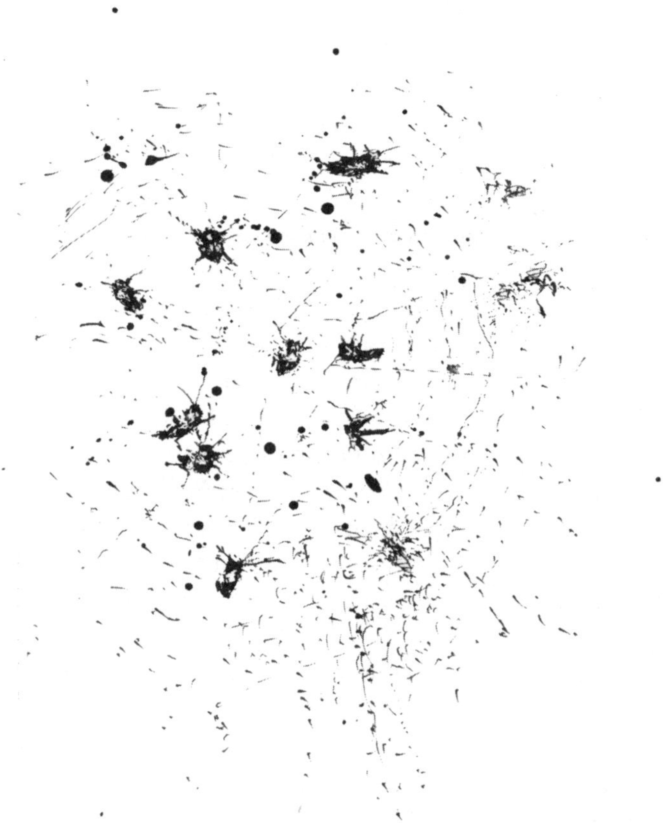

streckt. Nach einer halben Stunde des Tastens und Suchens wählt es den waagerechten Gang im Pfropfen. Es steckt den Hinterleib hinein und beginnt, mit heraushängendem Kopf, seine Eier abzulegen. Der Vorgang war erst nach sechsunddreißig Stunden beendet, und während dieser unglaublich langen Zeit blieb das geduldige Tier völlig reglos.

Die Eier sind weiß, oval und sehr klein, kaum zwei Drittel Millimeter lang. Sie kleben leicht aneinander und bilden einen unförmigen Haufen, den man mit einer tüchtigen Prise unreifer Orchideensamen vergleichen könnte. Was ihre Zahl betrifft, gestehe ich, dass meine Geduld umsonst auf die Probe gestellt wurde. Aber ich übertreibe wohl nicht, wenn ich sie auf mindestens zweitausend schätze. Hier die Daten, auf denen meine Zahl beruht. Die Eiablage dauert wie gesagt sechsunddreißig Stunden, und meine häufigen Besuche beim Weibchen, das in der Höhlung des Korkens arbeitete, überzeugten mich, dass es bei diesem Ablegen keine nennenswerte Pause gab. Nun liegt zwischen dem Kommen eines Eis und des nächsten nicht mal eine Minute; es können mithin nicht weniger Eier als Minuten sein, also 2160, sechsunddreißig Stunden. Die genaue Zahl ist unwichtig; wir müssen nur festhalten, dass sie sehr groß ist, woraus folgt, dass die daraus hervorgehenden jungen Larven zahlreiche Gelegenheiten von Vernichtungen gewärtigen müssen, da eine so üppige Bereitstellung von Keimen nötig ist, um die Art im erforderlichen Maße zu erhalten.

Durch diese Beobachtungen aufgeklärt und über Form, Zahl und Anordnung der Eier informiert, suchte ich in den Pelzbienengängen, wo die Sitaris Eier abgelegt hatten, und fand sie dort aufgehäuft, ein, zwei Zoll hinter der nach außen stets offenen Mündung. So werden die Eier, anders als man mit einigem Recht vermuten könnte, nicht in den Zellen der Bienen-Pionierin verteilt; sie werden einfach im Vorraum ihrer Wohnung abgelegt. Ja, die Mutter errichtet für sie keinerlei Schutz; sie unternimmt nichts, um sie gegen die Härte der schlechten Jahreszeit zu schützen; sie versucht nicht einmal durch notdürftiges Verstopfen des Vorraums, wo sie

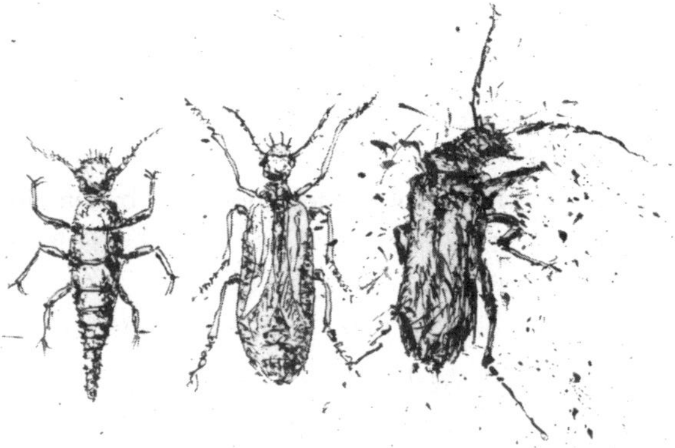

in geringer Tiefe die Eier verteilt hat, diese vor den tausend Feinden zu bewahren; denn solange die Winterfröste noch nicht gekommen sind, laufen in diesen offenen Gängen Spinnen herum, Milben, Larven von Wollkrautblütenkäfern und andere Räuber, für welche diese Eier oder die daraus schlüpfenden jungen Larven ein Leckerbissen sein müssen. Infolge der Nachlässigkeit der Mutter muss die Zahl derjenigen, die diesen gefräßigen Pirschjägern und Witterungsunbilden entgehen, erstaunlich gering sein. Das erklärt vielleicht, warum die Mutter ihren mangelhaften Fleiß durch Fruchtbarkeit wettmachen muss.

Der Schlupf erfolgt nach einem Monat, Ende September oder Anfang Oktober. Da die Jahreszeit noch günstig war, meinte ich, die jungen Larven müssten sofort losmarschieren und sich zerstreuen, damit eine jede versuchen könnte, durch einen nicht wahrnehmbaren Riss in eine Pelzbienenzelle zu gelangen. Diese Vermutung war völlig falsch. In den Schachteln, in denen ich die von meinen Gefangenen gelegten Eier aufbewahrte, rührten sich die jungen Larven, schwarze Tierchen von höchstens 1 mm Länge, nicht vom Fleck, obwohl sie kräftige Beine hatten; sie verharrten in dem Durcheinander mit den weißen Häuten der Eier, aus denen sie geschlüpft waren.

Vergeblich legte ich ihnen Erdklumpen mit Pelzbienennestern hin, mit offenen Zellen, Larven und Nymphen der Biene; nichts konnte sie locken, sie bildeten mit den Eihäuten weiter einen staubigen Haufen mit weißen und schwarzen Punkten. Nur wenn ich mit der Nadel in diese Prise belebten Staubs stach, erzeugte ich ein Gewühle. Sonst herrschte Ruhe. Wenn ich einige Larven aus dem Haufen entfernte, rannten sie sofort wieder zurück, um sich zwischen den anderen zu verstecken. Vielleicht brauchten sie, dergestalt gruppiert und durch die Eihäute geschützt, den Frost nicht so zu fürchten. Was immer auch sie zu dieser Aufhäufung veranlasst, ich habe erkannt, dass keines der Mittel, die mir meine Vorstellungskraft eingab, sie dazu brächte, die schwammige Masse aus aneinanderklebenden Eihüllen zu verlassen. Um ganz sicher zu sein, dass die Larven sich nach dem Schlupf in Freiheit nicht zerstreuen, fuhr ich im Winter nach Carpentras und inspizierte die von Pelzbienen bewohnten Böschungen. Wie in meinen Schachteln fand ich hier Haufen von Larven mit Eihäuten vermischt.

XV
Die Primärlarve der Pelzbienenölkäfer

Bis zum Ende des nächsten Aprils passiert nichts Neues. Diese lange Ruhezeit will ich nutzen, um die junge Larve besser bekannt zu machen, die ich folgendermaßen beschreibe: Länge: 1 mm oder weniger, lederartig, von glänzendem grünlichem Schwarz, oben gewölbt, auf der Unterseite flach, lang und schmal, mit einem Durchmesser, der vom Kopf bis zum Ende des dritten Brustabschnitts allmählich zu- und dann rasch abnimmt. Kopf etwas länger als breit, an der Basis leicht verdickt; am Mund rötlich und zu den Punktaugen hin dunkler.

Oberlippe ein rötliches Kreissegment, von ein paar kurzen steifen Härchen gesäumt. Die Kieferzangen kräftig, rotbraun, gebogen und scharf; in Ruhe stoßen sie zusammen, kreuzen sich aber nicht. Kiefertaster recht lang, aus zwei gleichmäßigen zylindrischen Gliedern bestehend; das letzte endet in einem sehr kurzen Härchen. Kiefer und Unterlippe sind nicht genügend sichtbar, als dass man sie mit Gewissheit beschreiben könnte.

Fühler: zwei gleich lange zylindrische Glieder, nicht deutlich getrennt und fast so lang wie die Taster; das letzte von einer Borste gekrönt, die dreimal so lang wie der Kopf ist und sich derart verjüngt, dass sie für eine starke Lupe unsichtbar wird. Hinter der Basis jedes Fühlers zwei ungleiche Punktaugen, welche einander fast berühren.

Brustsegmente gleich lang und von vorn nach hinten allmählich breiter werdend. Vorderbrust breiter als der Kopf, vorne schmaler als an der Basis, an den Seiten leicht gerundet. Beine mittellang, sehr kräftig, abgeschlossen von einer kräftigen, langen, scharfen, sehr beweglichen Kralle. Auf der Hüfte und den Schenkeln der Beine eine lange Borste wie die an den Fühlern, fast so lang wie die ganze Kralle und senkrecht zur Bewegungsebene stehend, wenn das Tier sich bewegt. An den Schienbeinen ein paar steife Borsten.

Hinterleib: neun Segmente, praktisch gleich lang, aber kürzer als die des Brustteils und bis zum letzten rasch schmäler werdend. Unter dem achten Segment oder vielmehr unter dem membranartigen Streifen, der dieses Segment vom letzten trennt, zeigen sich zwei leicht gebogene Spitzen, kurz, aber mit kräftigen, scharfen, harten Enden, jeweils rechts und links der Mittellinie. Diese beiden Anhängsel können sich durch einen Mechanismus, der an ein kleines Schneckenfühlhorn erinnert, aufgrund ihrer membranartigen Basis in sich selbst zurückziehen. Sie können auch unter das achte Segment treten, mitgezogen vom Analsegment, wenn dieses kontrahiert und sich ins achte Segment zurückzieht. Das neunte oder Analsegment hat am hinteren Rand zwei lange Borsten, wie die an den Beinen und Fühlern, sie biegen sich von oben nach unten. Hinter dem letzten Segment zeigt sich eine mehr oder weniger vorspringende fleischige Warze; das ist der After. Wo die Atemlöcher liegen, weiß ich nicht; sie sind meinen Untersuchungen entgangen, obwohl ich sie mit dem Mikroskop vornahm.

Wenn die Larve in Ruhe ist, werden die Segmente gleichmäßig überlappt, und die membranartigen Streifen, die Gelenken entsprechen, sind nicht sichtbar. Aber wenn die Larve läuft, dehnen sich die Gelenke, vor allem die der Hinterleibssegmente, und nehmen fast ebenso viel Platz ein wie die hornigen Bogen. Gleichzeitig kommt das Analsegment aus der vom achten Segment gebildeten Hülle; der After wiederum verlängert sich zu einer Warze, und die zwei Spitzen des vorletzten Segments richten sich auf, erst langsam und dann ruckartig wie eine Sprungfeder; schließlich gehen sie auseinander wie die Spitzen einer Mondsichel. Wenn dieser komplexe Apparat entfaltet ist, vermag das winzige Tierchen auf der glattesten Oberfläche zu laufen.

Das letzte Segment und seine Analknospe krümmen sich im rechten Winkel zur Körperachse; und der After versucht sich auf die Bewegungsoberfläche zu legen, wo er ein Tröpfchen einer durchsichtigen zähen Flüssigkeit absondert, das die Tierchen klebrig macht und fest an der Stelle hält, gestützt auf eine Art Dreifuß, den die Analknospe und die zwei Borsten des letzten Segments bilden. Wenn man die Fortbewegung des Tieres auf einer Glasplatte beobachtet, kann man die Platte senkrecht halten oder sogar umdrehen und leicht schütteln, ohne dass es abfällt, da es von der klebrigen Absonderung der Analknospe gehalten wird.

Wenn es sich über eine Fläche bewegen muss, wo ein Fall nicht zu befürchten ist, geht das mikroskopisch kleine Tier anders vor. Es krümmt den Hinterleib, und wenn die nun ausgestreckten zwei Spitzen des achten Segments gleichsam durch Aufpflügen der Bewegungsoberfläche einen festen Halt gefunden haben, stützt es sich auf diese Basis und bringt sich vorwärts, indem es die Hinterleibsgelenke dehnt. Diese Vorwärtsbewegung wird vom Spiel der Beine gefördert, die keineswegs untätig sind. Danach ankert es mit seinen kräftigen Krallen; der Hinterleib zieht sich zusammen, die Segmente ziehen sich zusammen und der herausgezogene After ergreift mit Hilfe der beiden Spitzen den neuen Halt, um den zweiten dieser sonderbaren Schritte zu beginnen.

Bei diesen Manövern schleifen die Borsten der Hüften und Schenkel über die Unterstützungsfläche; aufgrund ihrer Länge und Elastizität sind sie anscheinend nur dazu geeignet, das Laufen zu behindern. Aber schließen wir nicht gleich auf einen Widerspruch: Das kleinste Wesen ist an die Bedingungen angepasst, unter denen es leben muss; es ist anzunehmen, dass diese Fädchen das Tierchen beim Laufen keineswegs behindern, sondern ihm unter normalen Umständen sogar hilfreich sind.

Schon dieses Wenige, das wir eben erfahren haben, zeigt uns, dass die junge Sitarislarve nicht dazu berufen ist, sich auf einer gewöhnlichen Oberfläche zu bewegen. Sie ist, wo immer sie später auch leben muss, stets der Gefahr unheilvoller Stürze ausgesetzt, da sie ja, um diesen vorzubeugen, nicht nur mit sehr beweglichen kräftigen Krallen und einer geschärften Sichel ausgerüstet ist, einer Art Pflugschar, die in der Lage ist, sich in das glatteste Material zu beißen, sondern auch mit einer klebrigen Flüssigkeit, zäh genug, um sie anzuleimen und ohne andere Geräte am Fleck zu halten. Vergeblich habe ich mir den Kopf zerbrochen, um zu erahnen, was für ein veränderliches, schwankendes und gefährliches Material das sein könnte, in dem die jungen Sitaris sich später einrichten müssen; und ich entdeckte nichts, das mir die Notwendigkeit des soeben beschriebenen Körperbaus erklärt hätte. Aufgrund meines aufmerksamen Studiums dieses Organismus von vornherein überzeugt, dass ich seltsame Sitten erleben würde, hatte ich voller Ungeduld auf die Ankunft der schönen Jahreszeit gewartet, mit der Gewissheit, dieses Geheimnis im Frühjahr durch beharrliche Beobachtung enthüllen zu können. Der ersehnte Frühling ist endlich da; ich habe all meine Geduld und meine Phantasie, all meinen Scharfblick aufgewendet; aber zu meiner großen Schande und zu meinem noch größeren Bedauern ist mir das Geheimnis entgangen. Ach, wie qualvoll ist diese Unentschiedenheit, wenn man eine Studie, die nicht zum Ziel führte, aufs nächste Jahr verschieben muss!

Obwohl meine Beobachtungen, die ich im Frühling 1856 machte, ganz negativ waren, sind sie von Interesse, weil sie einige Annahmen widerlegen, die der unbestreitbare Parasitismus der Sitaris naturgemäß zur Folge hat. Deshalb will ich dazu ein paar Worte sagen. Ende April kommen die jungen Larven, die bis dahin reglos in dem schwammigen Eihüllenhaufen hockten, aus ihrer Reglosigkeit hervor, zerstreuen sich und laufen in den Schachteln und Flaschen umher, in denen sie den Winter verbrachten. An ihrer Hast und ihrem unermüdlichen Hin und Her ahnt man leicht, dass ihnen etwas fehlt. Was kann das anderes als Nahrung sein? Wir dürfen nicht vergessen, dass diese Larven Ende September geschlüpft sind und seitdem, also seit sieben Monaten, keine Nahrung mehr aufgenommen haben, obwohl sie diese Zeit in voller Vitalität verbrachten, wie ich mich, indem ich sie reizte, den ganzen Winter lang überzeugen konnte, und nicht in einer Starre ähnlich dem Winterschlaf. Von ihrem Schlupf an sind sie, obwohl voller Leben, einer siebenmonatigen absoluten Enthaltsamkeit geweiht; und so vermutet man angesichts ihrer Erregung natürlich, dass ein gebieterischer Hunger sie so in Bewegung bringt.

Die ersehnte Nahrung kann nichts anderes sein als der Inhalt der Pelzbienenzellen, da man die Sitaris später dort findet. Doch diese enthalten nur Honig oder Larven. Ebensolche mit Nymphen oder Larven besetzten Pelzbienenzellen habe ich aufbewahrt. Wie schon nach dem Schlupf schiebe ich sie nun, einige offen, andere geschlossen, in Reichweite der jungen Sitaris.

Ich schiebe die Sitaris sogar in die Zelle: Ich lege sie auf die Flanken der Larve, dieses saftigen Stücks; ich unternehme alles Mögliche, um ihr Appetit zu machen; und nachdem ich meine Einfälle, die stets fruchtlos waren, erschöpft habe, war ich überzeugt, dass meine hungrigen Tiere weder Pelzbienenlarven noch -nymphen suchen.

Versuchen wir es mit Honig. Es muss natürlich Honig von eben der Pelzbienenart sein, auf deren Kosten die Sitaris leben. Aber die ist um Avignon herum nicht häufig, und meine Anstellung am Gymnasium erlaubt mir nicht, mich nach Carpentras zu begeben, wo sie so häufig ist. So verliere ich mit meiner Jagd auf Honigzellen viele Tage des Mais; schließlich finde ich ein paar frisch versiegelte von der richtigen Pelzbiene. Ich öffne sie mit der fieberhaften Ungeduld lang geprüfter Sehnsucht. Alles geht gut. Die Zellen sind halb voll mit flüssigem, schwärzlichem, widerlichem Honig, auf dem die gerade geschlüpfte Hautflüglerlarve schwimmt. Sie wird entfernt; und mit tausend Vorsichtigkeiten lege ich eine oder mehrere Sitaris auf den Honig. In den anderen Zellen belasse ich die Hautflüglerlarven und lege einige Sitaris dazu, entweder auf den Honig, auf die Innenwand oder einfach an den Eingang. Dann kommen alle diese Zellen in Glasröhren, in denen ich sie leicht beobachten kann, ohne die Befürchtung, meine hungrigen Gäste bei der Mahlzeit zu stören.

Aber was rede ich da von Mahlzeit! Es gibt keine Mahlzeit. Die vor der Zelle abgelegten Sitaris versuchen überhaupt nicht in sie einzudringen, sie gehen fort und irren durch die Glasröhre; die an die Innenseite, dicht an den Honig Gesetzten stürzen heraus, noch halb angeleimt und bei jedem Schritt stolpernd; und diejenigen, die ich mit einem Platz auf dem Honig, am meisten begünstigt zu haben glaubte, zappeln, versinken in der klebrigen Masse und ersticken darin. Nie ist ein Experiment so völlig gescheitert. Larven, Nymphen, Zellen, Honig: Ich habe euch alles geboten! Also, was wollt ihr eigentlich, ihr verdammten kleinen Biester?

Von all diesen ergebnislosen Versuchen erschöpft, höre ich dort auf, wo ich hätte anfangen sollen, und begebe mich nach Carpentras. Aber es war zu spät: Die Pelzbiene hatte ihre Arbeit beendet, und ich vermochte nichts Neues zu sehen. Im Laufe des Jahres hörte ich von L. Dufour, dem ich von den Sitaris erzählt hatte, dass das Tierchen, das er auf den Sandbienen gefunden und unter dem Gattungsnamen Triungulinus beschrieben hatte, später von Newport als Larve eines Ölkäfers erkannt worden war. Gerade hatte ich etliche Ölkäfer in den Zellen der Pelzbiene gefunden, die auch die Sitaris ernährt. Sollte es im Verhalten dieser beiden Insektenarten eine Übereinstimmung geben? Das war für mich ein Lichtstrahl; aber ich hatte alle Zeit, meine Pläne reifen zu lassen: Ich musste noch ein Jahr lang warten.

Als der April kam, setzten sich meine Sitarislarven wie üblich in Bewegung. Der erste Hautflügler, der auftaucht, eine Mauerbiene, wird lebend in eine Flasche gesteckt, die einige dieser Larven enthält, und nach einer Viertelstunde inspiziere ich sie mit der Lupe. Fünf Sitaris stecken im Brustpelz. Das Problem ist gelöst! Die Larven der Sitaris verkrallen sich wie die der Ölkäfer im Pelz ihres Wirtes[29] und lassen sich von ihm in die Zelle kutschieren. Zehnmal wiederhole ich den Versuch mit verschiedenen Hautflüglern, die auf dem blühenden Flieder vor meinem Fenster Honig sammeln wollten, vor allem mit männlichen Pelzbienen; das Resultat ist dasselbe: Die Larven pflanzten sich in die Haare auf dem Bruststück. Aber nach so vielen Enttäuschungen wird man misstrauisch, zudem tut man gut daran, die Fakten an Ort und Stelle direkt zu beobachten. Die Osterferien kommen gerade zur rechten Zeit, damit ich meine Beobachtungen in Ruhe machen kann.

Ich gebe zu, mein Herz schlug schneller, als ich wieder vor dem Steilhang stand, in dem die Pelzbiene nistet. Was wird das Experiment ergeben? Wird es mich abermals mit Schande bedecken? Es ist kalt und regnerisch; kein Hautflügler zeigt sich auf den wenigen erblühten Frühlingsblumen. An den Gangöffnungen kauern reglos zahlreiche Pelzbienen. Mit der Pinzette hole ich sie aus ihrem Schlupfwinkel, um sie mit der Lupe zu untersuchen. Die erste hat Sitarislarven am Bruststück, desgleichen die zweite, dritte, vierte und so fort, solange ich nur schauen will. Ich nehme mir einen anderen Gang vor, zehn, zwanzig Mal, das Resultat ist unverändert. Dann hatte ich einen jener Momente, wie ihn die erleben, die, nachdem sie eine Idee jahrelang immer wieder auf alle möglichen Weisen gedreht und gewendet haben, endlich ausrufen können: Heureka!

An den folgenden Tagen erlaubte ein lauer, heiterer Himmel den Pelzbienen, ihren Unterschlupf zu verlassen, um sich in der Flur zu verbreiten und Honig zu sammeln. An diesen von Blume zu Blume fliegenden Pelzbienen nahm ich meine Untersuchung wieder auf, entweder in der Nähe der Stellen, wo sie geboren wurden, oder weit weg davon. Manche waren ohne Sitarislarven; andere, und zwar ziemlich viele, hatten in den Haaren am Bruststück zwei, drei, vier, fünf oder mehr. In Avignon, wo ich noch keinen Sitaris humeralis gesehen hatte, war die etwa zur gleichen Zeit beim Honigsammeln auf den Fliederblüten beobachtete Pelzbienenart stets frei von jungen Sitarislarven; in Carpentras dagegen, wo es kein Pelzbienendomizil ohne Sitaris gibt, hatten fast drei Viertel der untersuchten Exemplare diese Larven im Pelz.

Sucht man aber die Larven in den Vorräumen, wo sie noch vor wenigen Tagen haufenweise lagen, findet man keine. Wenn die Pelzbienen, nachdem sie ihre Zellen geöffnet haben, in den Gang kommen, um an die Mündung zu gelangen und davonzufliegen, oder wenn schlechtes Wetter oder Dunkelheit sie dort eine Weile festhalten, heften sich die jungen Sitarislarven, die vom Instinkt getrieben in diesen Gängen auf der Wacht sind, an die Hautflügler, schieben sich in ihren Pelz und klammern sich dort so fest, dass sie nicht befürchten müssen, bei den weiten Reisen des Insekts abzufallen. Sich derart an die Pelzbiene hängend, verfolgen die jungen Sitaris offenbar das Ziel, sich im geeigneten Moment in die bevorrateten Zellen tragen zu lassen.

Zunächst könnte man sogar meinen, dass sie wie gewöhnliche Parasiten eine Zeitlang auf dem Körper der Pelzbiene leben, wie Federlinge und Flöhe, die auf dem Körper des Tieres leben, das sie ernährt. So ist es aber nicht. Die jungen Sitaris, in den Haaren eingepflanzt, senkrecht zum Körper der Pelzbiene, den Kopf nach innen, den Rumpf nach draußen, rühren sich nicht von dem erwählten Fleck dicht an der Schulter der Biene. Man sieht nicht, dass sie umherlaufen, um den Körper zu erkunden und die Teile mit zarterer Haut zu suchen, was sie unfehlbar tun würden, wenn sie wirklich Nahrung aus den Säften des Hautflüglers schöpften. Im Gegenteil, fast immer am widerstandfähigsten und härtesten Körperteil, dem Bruststück, befestigt, kurz unter dem Flügelansatz, seltener auf dem Kopf, bewahren sie völlige Reglosigkeit und halten sich mit Kieferzangen, Beinen, der geschlossenen Sichel des achten Segments und schließlich des Leims der Analknospe an einem Haar fest. Wenn sie in dieser Stellung gestört werden, gehen sie nur ungern an eine andere Stelle des Bruststücks, indem sie sich einen Weg durch den Pelz bahnen und sich wieder an einem Haar festmachen.

Um mich zu vergewissern, dass die jungen Sitarislarven sich nicht vom Körper der Pelzbiene ernähren, habe ich mehrmals eine Flasche mit toten und völlig vertrockneten Hautflüglern in ihre Reichweite gestellt. Auf diesen dürren Kadavern, die höchstens zum Benagen gut waren, aber an denen es nichts zum Saugen gab, nahmen die Sitarislarven ihre übliche Stellung ein und blieben reglos wie auf dem lebenden Insekt. Sie holen nichts aus dem Körper der Pelzbiene; aber vielleicht nagen sie an ihrem Pelz, so wie die Federlinge an den Federn der Vögel?

Dafür brauchen sie einen recht kräftigen Mundapparat, insbesondere hornige, starke Kiefer, aber ihre sind derart fein, dass eine mikroskopische Untersuchung sie mir nicht hat zeigen können. Die Larven besitzen ja starke Kieferzangen; aber diese spitzen Zangen, die am Ende umgebogen sind und sich hervorragend zum Zupfen und Zerreißen der Nahrung eignen, können nicht zum Zermalmen und Benagen dienen. Und ein letzter Beweis für das passive Verhalten der Sitarislarven auf dem Körper der Pelzbienen besteht darin, dass diese sich von ihnen offensichtlich nicht belästigt fühlen, da sie keinerlei Anstalten machen, sich von ihnen zu befreien. Einige Pelzbienen ohne Larven und andere mit fünf oder sechs am Körper werden jeweils in eine Flasche gesteckt. Nachdem sich die erste Aufregung über die Gefangenschaft gelegt hatte, konnte ich bei denen, die von jungen Sitaris besetzt waren, nichts Besonderes bemerken. Und wenn alle diese Gründe nicht reichen, möchte ich hinzufügen, dass ein Tierchen, das es sieben Monate ohne Nahrung ausgehalten hat und das in ein paar Tagen eine höchst geschmackvolle Flüssigkeit trinkt, sich einer seltsamen Inkonsequenz schuldig machte, wenn es anfinge, den dürren Flaum eines Hautflüglers zu benagen. Es erscheint mir also unzweifelhaft, dass die jungen Sitaris sich nur deshalb auf dem Körper der Pelzbiene niederlassen, damit diese sie in die Zellen tragen, die sie bald bauen.

Doch bis dahin müssen die künftigen Parasiten sich im Pelz ihres Wirtes halten, trotz seiner schnellen Schwenks in den Blumen, trotz des Reibens an den Gangwänden, wenn er dort Schutz sucht, und vor allem trotz der Bürstenschläge, die er sich oft mit den Beinen geben muss, um sich auszuklopfen und zu putzen. Daher zweifellos die Notwendigkeit für diesen merkwürdigen Apparat, den das Stehen oder Fortbewegen auf gewöhnlichen Oberflächen nicht erklären konnte, wie wir schon feststellten, als wir uns fragten, was für ein bewegliches, schwankendes und gefahrvolles Material das sein könne, auf dem die Larve sich später niederlassen müsste. Dieser Körper ist ein Haar eines Hautflüglers, der tausend rasche Läufe macht, der bald in seine schmalen Gänge eintaucht, bald in den verengten Schlund eines Blütenkranzes eindringt und nur innehält, um sich mit den Beinen abzubürsten und die Staubkörnchen zu entfernen, die in dem Flaum, der ihn bedeckt, hängenblieben.

Jetzt versteht man sehr gut den Nutzen der ausgreifenden Sichel, deren zwei Spitzen, wenn sie sich einander nähern, ein Haar besser als die feinste Pinzette fassen können; man sieht die ganze Zweckmäßigkeit des zähen Klebers, den der After bei der geringsten Gefahr liefert, um das Tierchen bei einem drohenden Absturz festzuhalten; man erkennt schließlich die nützliche Funktion, die hierbei die elastischen Borsten an Flanken und Beinen erfüllen können, die beim Gehen auf ebenen Flächen zwar eine wirkliche und sehr hinderliche Überflüssigkeit sind, die aber in diesem Fall wie Sonden in den dichten Flaum der Pelzbiene eindringen und dazu dienen, die Sitarislarve in dieser Stellung gleichsam wie ein Anker am Platz zu halten. Je mehr man über diesen Körperbau, anscheinend das Ergebnis einer blinden Laune, nachdenkt, wenn die Larve sich mühsam über eine ebene Fläche schleppt, desto mehr bewundert man die ebenso wirksamen wie vielfältigen Mittel, die einem schwachen Geschöpf so reichlich gespendet wurden, damit es sein gefährdetes Gleichgewicht bewahrt.

Bevor ich schildere, was aus den Sitarislarven wird, wenn sie den Körper der Pelzbiene verlassen, muss ich eine bemerkenswerte Eigenart erwähnen. Die Hautflügler, bei denen diese Larven beobachtet wurden, waren allesamt männlich. Es waren Männchen, die ich aus ihren Unterschlüpfen zog; es waren Männchen, die ich auf den Blüten fing; und trotz eifrigen Suchens habe ich kein einziges Weibchen in Freiheit gefunden. Die Ursache dieses völligen Fehlens von Weibchen ist leicht zu verstehen.

Wenn man einige Erdklumpen von dem mit Nestern besetzten Abhang zerklopft, sieht man, dass alle Männchen schon ihre Zellen geöffnet und verlassen haben, die Weibchen hingegen noch darin eingeschlossen sind, aber kurz vorm Aufbruch stehen. Dieses

Erscheinen der Männchen fast einen Monat vor dem Auszug der Weibchen ist nicht nur eine Besonderheit den Pelzbienen; ich habe es bei vielen Hautflüglern festgestellt, besonders bei der Osmia tricornis, die an derselben Stelle wie die Anthophora pilipes (Pelzbiene) lebt. Die Männchen dieser Mauerbiene erscheinen noch vor denen der Pelzbiene, und zwar zu einem so frühen Zeitpunkt, dass die jungen Sitarislarven vielleicht noch nicht von ihrem Instinkt erregt sind, der sie aktiv macht. Es liegt zweifellos am frühen Erwachen der männlichen Mauerbienen, dass sie ungestraft die Gänge durchqueren können, wo sich die jungen Larven der Sitaris in Massen aufhalten, ohne sich an ihren Pelz zu hängen. Wenigstens vermag ich mir das Fehlen dieser Larven auf dem Rücken der Mauerbienenmännchen nicht anders zu erklären, da sie, wenn man sie absichtlich mit diesen Hautflüglern zusammenbringt, sich dort ebenso gern anhängen wie bei den Pelzbienen.

Der von den männlichen Mauerbienen begonnene Auszug aus dem gemeinsamen Wohnsitz wird von den männlichen Pelzbienen fortgesetzt und endet mit dem etwa gleichzeitigen Auszug der weiblichen Mauer- und Pelzbienen. Diese Reihenfolge konnte ich leicht feststellen, indem ich zu Haus, im zeitigen Frühjahr, beobachtete, wann die im Herbst gesammelten Zellen aufbrachen.

Bei ihrem Auszug müssen die männlichen Pelzbienen, wenn sie die Gänge passieren, in denen die Sitarislarven höchst wachsam warten, eine bestimmte Zahl von ihnen aufnehmen; und diejenigen, die, da sie leere Gänge benutzen, dem Feind zunächst entgehen, entgehen ihm nicht lange, denn Regen, kalte Luft und Dunkelheit treiben sie wieder in ihre alten Wohnungen, wo sie sich während des Aprils bald in diesem, bald in jenem Gang unterstellen. Dieses Kommen und Gehen der Männchen in den Vorräumen ihrer Behausungen, das längere Verweilen, zu dem das schlechte Wetter sie oft nötigt, all das bietet den Sitaris die beste Gelegenheit, sich in ihren Pelz zu schieben und dort Stellung zu beziehen. Außerdem kann es, nachdem dies etwa einen Monat oder so gegangen ist, keine oder nur noch sehr wenige Larven geben, die umherirren,

ohne ihr Ziel erreicht zu haben. Damals konnte ich Larven nur am Körper von Pelzbienenmännchen finden.

Es ist also sehr wahrscheinlich, dass die Pelzbienenweibchen bei ihrem Auszug im Mai in den Gängen keine Sitarislarven aufnehmen, oder nur so wenige, dass sie mit der Anzahl der von den Männchen mitgenommenen nicht zu vergleichen sind. Tatsächlich waren die ersten Weibchen, die ich im April an ihren Nestern beobachtete, frei von Larven. Trotzdem müssen sich die Sitarislarven letztlich auf den Weibchen niederlassen, denn die Männchen, auf denen sie sich jetzt befinden, können sie nicht in die Zellen bringen, da sie sich nicht an deren Bau oder Bevorratung beteiligen. Es gibt also in einem bestimmten Moment ein Umsteigen der Sitarislarven von den männlichen Pelzbienen auf die weiblichen; und dieses Umsteigen erfolgt zweifellos bei der Vereinigung der Geschlechter. Das Weibchen findet in den Umarmungen des Männchens gleichzeitig das Leben und den Tod ihrer Nachkommen; in dem Moment, in dem sie sich dem Männchen zwecks Erhaltung ihrer Art hingibt, steigen die wachsamen Parasiten um, mit dem Ziel, eben diese Art auszurotten.

Als Beweis für diese Folgerungen hier ein ziemlich überzeugendes Experiment, auch wenn es die natürlichen Bedingungen nur grob reproduziert. Auf ein aus ihrer Zelle genommenes und daher nicht von Sitaris befallenes Weibchen setze ich ein verseuchtes Männchen; ich halte die beiden zusammen, wobei ich ihre ungestümen Bewegungen so weit wie möglich zügele. Nach fünfzehn bis zwanzig Minuten dieser erzwungenen Vereinigung sitzen auf dem Weibchen eine oder mehrere Larven, die zuvor auf dem Männchen saßen; freilich ist das Experiment unter so unvollkommenen Bedingungen nicht immer erfolgreich.

Durch Überwachung der paar Pelzbienen, die ich in Avignon entdeckte, konnte ich den genauen Beginn ihrer Arbeiten feststellen; und am darauffolgenden Donnerstag[30], dem 21. Mai, eilte ich nach Carpentras, um beim Einzug der Sitaris in die Bienenzellen möglichst dabei zu sein. Ich habe mich nicht geirrt, die Arbeiten sind im vollen Gange.

Vor einer hohen Erdfläche bewegt sich ein irrsinniges Ballett, ein von der Sonne angeregter Schwarm, die ihn mit Licht und Wärme überflutet. Es ist eine Wolke aus Pelzbienen, einige Fuß dick und eine Fläche bedeckend, die so groß ist wie die durch den Steilhang gebildete Erdfassade. Aus dem turbulenten Inneren dieser Wolke steigt ein eintöniges drohendes Murmeln, derweil das Auge durch die verwickelten Schwenks des ungestümen Gewühls schweift, ohne sich zurechtzufinden. Unablässig fliegen Tausende von Pelzbienen blitzschnell auf und zerstreuen sich in der Flur zum Honigsammeln; und Tausende kehren unablässig zurück, beladen mit Honig oder Mörtel, und erhalten den Schwarm in seinen furchterregenden Proportionen.

Ich kannte damals noch kaum das Wesen dieser Insekten: Wehe! sagte ich mir, wehe dem Unvorsichtigen, der so keck ist, in diesen Schwarm einzudringen, und sogar so wahnwitzig, eine tollkühne Hand nach den entstehenden Bauwerken auszustrecken! Von der rasenden Menge sofort eingehüllt, würde er sein wahnwitziges Unterfangen mit tausend Stichen büßen. Bei diesem Gedanken, der noch beunruhigender wurde durch die Erinnerung an meine Missgeschicke, deren Opfer ich wurde, als ich Hornissenwaben aus zu großer Nähe beobachten wollte, überlief mich ein Angstschauer.

Und doch muss man, wenn man in die Frage, die mich hierher geführt hat, Licht bringen will, in den fürchterlichen Schwarm eindringen; ich muss stundenlang stehen, vielleicht den ganzen Tag, und die Arbeiten beobachten, die ich umstürzen will; mit der Lupe in der Hand muss ich inmitten des wirren Treibens gelassen prüfen, was vor sich geht. Maske, Handschuhe und Verhüllungen aller Art sind nicht praktikabel, denn für meine Untersuchungen brauche ich meine ganze Fingergeschicklichkeit und freie Sicht. Macht nichts: auch wenn ich dieses Wespennest mit bis zur Unkenntlichkeit geschwollenem Gesicht verlasse, brauche ich heute eine endgültige Lösung für das Problem, das mich schon viel zu lange beschäftigt.

Ein paar Schläge mit dem Netz auf die Pelzbienen außerhalb des Schwarms, die zur Ernte fliegen oder zurückkehren, sagten mir bald, dass die Sitarislarven, wie vermutet, auf dem Thorax hockten, auf derselben Stelle wie bei den Männchen. Die Bedingungen könnten nicht günstiger sein. Wir werden die Zelle sofort visitieren.

Sofort erfolgen meine Vorbereitungen: Ich knöpfe meine Kleidung zu, um den Bienen möglichst keinen Angriffspunkt zu geben, und gehe mitten in den Schwarm. Durch ein paar Schläge mit der Hacke, die im Pelzbienensummen ein wenig beruhigendes Crescendo auslösen, verschaffe ich mir bald einen Erdklumpen, und flüchte, höchst erstaunt, noch heil und gesund zu sein und nicht verfolgt zu werden. Aber der Klumpen ist nicht dick genug und enthält nur ein paar Zellen der Osmie, die mich im Augenblick nicht interessieren. Eine zweite Expedition findet statt, länger als die erste, und obwohl mein Rückzug nicht übermäßig eilig erfolgt ist, haben mich keine Pelzbienen mit ihrem Stachel erreicht, ja sie waren offenbar nicht einmal geneigt, sich auf den Angreifer zu stürzen.

Dieser Erfolg macht mich mutig. Ich bleibe jetzt bei den Bauarbeiten, zerschlage ständig Klumpen voller Zellen und schütte den flüssigen Honig aus, reiße Larven auf und zertrete an ihrem Nest arbeitende Pelzbienen. All diese Verwüstungen bewirken lediglich ein noch lauteres Summen des Schwarms, dem jedoch keine feindseligen Demonstrationen folgen. Die Pelzbienen, deren Zellen nicht betroffen sind, arbeiten weiter, als ob um sie herum nichts Ungewöhnliches geschähe; diejenigen, deren Behausungen umgestürzt sind, versuchen sie zu reparieren oder laufen erschreckt um ihre Trümmer; aber keine scheint geneigt, über den Urheber des Schadens herzufallen. Höchstens ein paar, die besonders gereizt sind, kommen in Abständen, schweben dicht vor meinem Gesicht, betrachten mich aus wenigen Zoll Entfernung und fliegen dann bald nach dieser seltsamen Musterung davon.

Trotz der Wahl eines gemeinsamen Bauplatzes für ihre Nester, die auf die Anfänge einer Interessengemeinschaft schließen lassen könnte, folgen die Pelzbienen dem egoistischen Gesetz des »Jeder für sich!« und verstehen es nicht, sich zu verbünden, um einen Feind abzuwehren, der alle bedroht. Eine einzelne Pelzbiene ist sogar nicht imstande, sich auf den Feind stürzen, der ihre Zelle verwüstet, und ihn mit Stichen zu vertreiben. Das friedliche Tier verlässt eilig seine durch Untergraben erschütterte Behausung und flüchtet gehunfähig, mitunter tödlich verwundet, ohne seinen Giftstachel zu gebrauchen, außer man fasst es an. Viele Honig sammelnde oder jagende Hautflügler sind genauso gutmütig; und nach langer Erfahrung kann ich heute bestätigen, dass nur die sozialen Hautflügler, Honigbienen, Wespen und Hummeln, eine gemeinsame Verteidigung planen können, und nur sie wagen es, sich allein auf den Angreifer zu stürzen, um sich persönlich zu rächen.

Dank dieser unerwarteten Gutmütigkeit der Mörtelbiene konnte ich meine Untersuchungen stundenlang in Ruhe betreiben, inmitten des summenden, wütenden Schwarms auf einem Stein sitzend, ohne ein einziges Mal gestochen zu werden, obwohl ich keinerlei Vorsichtsmaßnahmen getroffen hatte. Vorbeigehende Dörfler, die mich inmitten des Bienenwirbels gelassen sitzen sahen, blieben entgeistert stehen und fragten, ob ich sie behext oder verzaubert hätte, da ich von ihnen offenbar nichts fürchten müsse. »Mé, moun bel ami, li-zavé doun escounjuradon què vou pougnioun pa, canèu de sort!«[31]

Meine umherliegenden Utensilien, Schachteln, Fläschchen, Röhren, Pinzetten und Lupen, hielten diese guten Leute sicherlich für die Instrumente meiner Hexerei.

Untersuchen wir jetzt die Zellen. Einige sind noch offen und enthalten nur einen mehr oder weniger vollständigen Honigvorrat. Andere sind mit einem Erddeckel hermetisch verschlossen. Ihr Inhalt ist sehr unterschiedlich. Bald finden wir darin eine Hautflüglerlarve, die ihre Nahrung ganz oder fast verzehrt hat, bald eine Larve, die weiß wie die vorige, aber dicker und von völlig anderer Gestalt ist; ein andermal Honig, auf dem ein Ei schwimmt. Der Honig ist flüssig, klebrig, bräunlich und stinkt widerlich. Das Ei ist von wunderbarem Weiß, zylindrisch, leicht gebogen, 4 bis 5 mm lang und nicht ganz 1 mm breit; es ist das Ei der Pelzbiene.

In einigen Zellen schwimmt auf dem Honig nur dieses Ei; in vielen anderen sieht man eine junge Sitarislarve von der beschriebenen Gestalt und Größe, die auf dem Ei der Pelzbiene wie auf einer Art Floß liegt, das heißt von derselben Gestalt und Größe, die das Tierchen beim Schlupf hat. Das ist er, der Feind im Haus.

Wann und wie ist er hineingelangt? In keiner der Zellen, wo ich ihn beobachte, kann ich einen Spalt zu erkennen, der ihm das Eindringen ermöglicht hätte; sie sind sämtlich einwandfrei verschlossen. Der Parasit hat sich also eingenistet, bevor der Honigspeicher verschlossen wurde; dagegen sind die mit Honig gefüllten offenen Zellen, die aber noch kein Ei der Pelzbiene enthalten, stets frei von Parasiten. Die junge Larve dringt also während der Eiablage oder danach ein, wenn die Pelzbiene gerade die Tür zumauert. Experimentell lässt sich nicht feststellen, welchem der beiden Zeiträume die Einschleppung der Sitares zuzuschreiben ist, denn so friedlich die Pelzbiene auch sein mag, es ist nicht daran zu denken, dass wir sehen können, was in der Zelle passiert, während sie ein Ei legt oder den Deckel anfertigt. Doch einige Versuche werden uns bald überzeugen, dass der einzige Moment, in dem sich die Sitaris in der Wohnung des Hautflüglers einnisten kann, der ist, wenn das Ei auf den Honig gelegt wird.

Nehmen wir eine Zelle der Pelzbiene, die voller Honig und mit einem Ei versehen ist, und stecken wir sie nach Entfernen des Deckels zusammen mit einigen Sitarislarven in eine Glasröhre. Die Larven werden von diesem sich in ihrer Reichweite befindlichen Nektarschatz offenbar nicht angelockt. Sie irren ziellos durch die Röhre, laufen um die Zelle, kommen manchmal an ihre Öffnung und wagen sich selten hinein. Falls doch, gehen sie nicht weit und kommen gleich um. Falls eine bis zum Honig gelangt, der die Zelle nur zur Hälfte füllt, versucht sie zu flüchten, wenn sie die Beweglichkeit des klebrigen Bodens bemerkt, den sie gerade betreten wollte; aber durch das klebrige Zeug, das an ihren Beinen haftet, stolpert sie bei jedem Schritt; oft endet es damit, dass sie in den Honig fällt und darin erstickt.

Man kann auch folgendes Experiment machen: Nachdem man eine Zelle wie zuvor präpariert hat, legt man so behutsam wie möglich eine Larve an die Innenwand oder gar auf die Nahrung. Im ersten Fall verschwindet die Larve eiligst, im zweiten zappelt sie eine Zeitlang auf dem Honig und verfängt sich dann derart darin, dass sie nach tausend Anstrengungen, das Ufer zu erreichen, in dem klebrigen See erstickt.

Kurz, alle Versuche, die Sitarislarve in einer mit Honig und einem Ei versehenen Zelle unterzubringen, waren genauso erfolglos wie die bereits beschriebenen mit Zellen, deren Nahrung die Hautflüglerlarve bereits angegriffen hatte. Es ist also sicher: Solange die Mauerbiene in ihrer Zelle oder an der Tür ist, verlässt die Sitarislarve ihren Pelz nicht, um sich auf den begehrten Honig zu stürzen; denn dieser Honig würde unvermeidlich ihren Tod verursachen, sobald sie seine gefährliche Oberfläche nur aus Versehen mit den Krallenenden berührt.

Da man nicht gelten lassen kann, dass die Sitarislarve genau dann, wenn die Pelzbiene ihre Tür baut, den zottigen Brustpanzer ihres Wirtes verlässt, um unbemerkt in die Zelle einzudringen, deren Öffnung noch nicht ganz zugemauert ist, ist nur noch der Moment der Eiablage zu prüfen. Bedenken wir, erstens, dass die junge Sitarislarve, die wir in einer verschlossenen Zelle finden, immer auf dem Ei der Biene liegt. Wir werden gleich sehen, dass dieses Ei dem Tierchen nicht bloß als Floß auf einem tückischen See dient, sondern auch seine erste unentbehrliche Nahrung bildet. Damit sie dieses Ei in der Mitte des Honigsees erreicht, damit sie dieses Floß, das auch ihre erste Ration ist, unbedingt erreicht, hat die junge Larve offenbar ein Mittel, das den tödlichen Kontakt mit dem Honig verhindert; und dieses Mittel ist nur durch die Manöver des Hautflüglers selbst herzustellen.

Zweitens haben mir die bis zum Überdruss wiederholten Beobachtungen gezeigt, dass man in jeder verseuchten Zelle immer nur einen Sitaris findet, in dieser oder jener seiner vielen Formen, die er nacheinander annimmt. Und doch sitzen in dem seidigen Dickicht auf der Hautflüglerbrust mehrere junge Larven, die alle auf den günstigen Moment warten, um in das Domizil einzudringen,

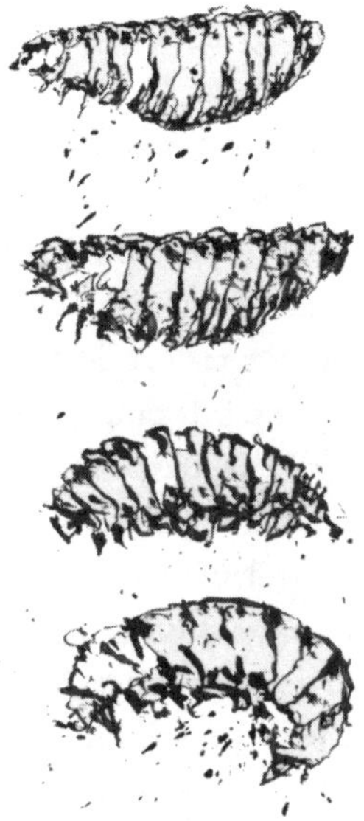

wo sie ihre Entwicklung fortsetzen müssen. Wie also kommt es, dass diese Larven, angestachelt von einem Appetit, wie man ihn nach sieben oder acht Monaten totaler Abstinenz erwarten kann, sich nicht alle auf die erstbeste Zelle in ihrer Reichweite stürzen, sondern nacheinander in perfekter Ordnung in die Zelle eindringen, die der Hautflügler gerade verproviantiert? Hier muss es noch ein Manöver geben, das nicht von dem Sitaris abhängt.

Für die Erfüllung dieser beiden unerlässlichen Bedingungen, dass die Larve auf das Ei gelangt, ohne den Honig zu berühren, und dass nur eine Larve von all den vielen, die im Pelz der Biene warten, in die Zelle eingeschleppt wird, kann es nur eine Erklärung geben. Sie besteht in der Annahme, dass in dem Moment, wenn das Ei der Pelzbiene halb aus dem Eileiter heraus ist, einer der von der Brust zur Hinterleibsspitze gelaufenen Sitaris, der eine besonders günstige Position hat, sich sofort auf dem Ei festsetzt, einer Brücke, die für zwei zu schmal ist, und damit den Honig erreicht. Die Unmöglichkeit, diese beiden Bedingungen auf andere Weise zu erfüllen, verleiht der von mir angebotenen Erklärung eine Gewissheit, die nahezu jener gleichkommt, die uns eine direkte Beobachtung gewähren würde; welche hier leider nicht machbar ist. Das setzt allerdings voraus, dass das mikroskopisch kleine Geschöpf, dem es bestimmt ist, an einem Ort zu leben, wo ihm von Anfang an unendlich viele Gefahren drohen, eine erstaunlich rationale Inspiration besitzt, welche mit verblüffender Logik die Mittel dem Zweck anpasst. Aber ist nicht dies das immer gleiche Fazit, zu dem uns das Studium des Instinkts stets führt?

Indem also die Pelzbiene ihr Ei auf den Honig fallen lässt, bringt sie auch den Todfeind ihres Geschlechts in die Zelle; sorgfältig mauert sie den Deckel, der ihren Eingang verschließt, und alles ist erledigt. Daneben wird eine zweite Zelle gebaut, der wahrscheinlich dasselbe Verhängnis bestimmt ist; und so geht es fort, bis die mehr oder weniger zahlreichen Parasiten, die ihr Flaum birgt, alle untergebracht sind. Lassen wir die unglückliche Mutter weiter ihre fruchtlose Arbeit vollbringen, und richten wir unsere Aufmerksamkeit auf die junge Larve, die sich Kost und Logis so geschickt verschafft hat.

Wenn wir Zellen mit noch feuchtem Deckel öffnen, finden wir zuweilen auch eine, wo das vor kurzem gelegte Ei einen jungen Sitaris trägt. Dieses Ei ist unversehrt und einwandfrei. Aber nun beginnt die Verwüstung: Die Larve, ein kleiner schwarzer Punkt, den wir über das weiße Ei laufen sehen, bleibt schließlich stehen, hält sich auf ihren sechs Beinen sicher im Gleichgewicht; mit den spitzen Haken ihrer Kieferzangen packt sie die zarte Eihaut, zerrt daran, bis sie reißt und ihren Inhalt ergießt, den sie gierig trinkt. So versucht der Parasit in der usurpierten Zelle mit dem ersten Schlag seiner Kieferzangen das Ei des Hautflüglers zu vernichten. Eine sehr logische Vorsichtsmaßnahme! Die Sitarislarve muss sich, wie man gleich sehen wird, vom Honig in der Zelle ernähren; die Pelzbienenlarve, die aus dem Ei schlüpfen würde, braucht dieselbe Speise; aber für beide reicht es nicht; also schnell ein Biss ins Ei, und das Problem ist beseitigt. Die Geschichte solcher Fakten bedarf keines Kommentars. Die Vernichtung des lästigen Eis ist umso dringlicher, als besondere Neigungen den jungen Sitaris nötigen, sich zunächst davon zu ernähren. Und wirklich sehen wir das Tierchen sofort gierig die Säfte trinken, die durch die zerrissene Eihülle auslaufen; und tagelang kann man beobachten, wie es manchmal reglos auf dieser Hülle sitzt, in der es hin und wieder mit dem Kopf wühlt, oder von einem Ende zum anderen läuft, um sie noch mehr aufzureißen, sodass Säfte hervorquellen, die von Tag zu Tag weniger werden; aber wir sehen es nie Honig schlürfen, von dem es überall umgeben ist.

Man kann sich übrigens leicht davon überzeugen, dass das Ei sowohl Rettungsboje als auch erste Ration ist. Ich legte auf den Honig in einer Zelle ein Stückchen Papier so groß wie das Ei und auf dieses Floß eine Sitarislarve. Trotz aller Sorgfalt sind meine vielen Versuche stets gescheitert. Die in ihrem Papierschiffchen auf die Honigmasse gesetzte Larve verhält sich wie bei früheren Experimenten. Da sie nichts findet, was ihr zusagt, will sie flüchten und verendet in den klebrigen Schlingen, sobald sie das Papier verlässt, was sie sofort versucht.

Andererseits kann man Sitarislarven leicht aufziehen, indem man Pelzbienenzellen nimmt, die nicht von Parasiten befallen sind und wo der Schlupf noch nicht erfolgt ist. Man braucht nur eine dieser Larven mit einer feuchten Nadel aufzunehmen und sie vorsichtig auf das Ei zu legen. Jetzt gibt es nicht die Spur eines Fluchtversuchs. Nachdem die Larve das Ei erkundet hat, um sich zurechtzufinden, schlitzt sie es auf und rührt sich tagelang nicht vom Fleck. Von da an verläuft ihre Entwicklung ohne Hindernisse, sofern die Zelle vor zu rascher Verdunstung geschützt ist, die zur Austrocknung des Honigs führen und ihn für sie ungenießbar machen würde. Das Ei der Pelzbiene ist also für die Sitarislarve unentbehrlich, nicht bloß als Schiffchen, sondern auch als erste Nahrung. Dies ist das ganze Geheimnis, dessen Unkenntnis dazu geführt hatte, dass alle meine Versuche, die geschlüpften Larven in Flaschen aufzuziehen, scheiterten.

Nach acht Tagen ist das vom Parasiten geleerte Ei nur noch ein trockenes Häufchen. Die erste Mahlzeit ist beendet. Die Sitarislarve, deren Umfang sich fast verdoppelt hat, platzt auf dem Rücken; und durch einen Riss, der den Kopf und die drei Brustsegmente umfasst, dringt ein weißes Teilchen, die zweite Form dieses einzigartigen Organismus, und fällt auf den Honig, während die verlassene Hülle am Floß hängenbleibt, das die Larve so lange schützte und ernährte. Bald werden beide Hüllen, die des Sitaris und des Eis, verschwinden, versunken in den Fluten des Honigs, der die neue Larve ernähren wird. Hier endet die Geschichte der ersten vom Sitaris angenommenen Form.

Wenn man das Vorhergehende zusammenfasst, sieht man, dass dieses seltsame Tierchen ohne Nahrung sieben Monate lang auf das Erscheinen der Pelzbienen wartet und sich schließlich an die Brusthaare der Männchen hängt, die als erste auftauchen und an ihm vorbei müssen, wenn sie ihre Gänge durchqueren. Vom Männchen wechselt die Larve drei oder vier Wochen später, während der

Paarung, auf den Pelz des Weibchens; vom Weibchen wechselt sie aufs Ei, wenn es aus dem Eileiter kommt. Durch diese Verkettung komplizierter Manöver landet die Larve schließlich auf einem Ei, in einer mit Honig gefüllten verschlossenen Zelle. Dieses gefährliche Seiltanzen auf dem Haar eines Hautflüglers, der den ganzen Tag in Bewegung ist, dieses Umsteigen von einem Geschlecht auf das andere, dieses Ankommen im Zentrum der Zelle vermittels des Eis, einer über den klebrigen Abgrund geschlagenen gefährlichen Brücke, erfordern die oben beschriebenen Gleichgewichtsapparate, mit denen es ausgestattet ist. Und die Zerstörung des Eis erfordert eine scharfe Schere; und dazu sind ihre spitzen gebogenen Kieferzangen da. So hat die Primärform des Sitaris die Aufgabe, sich von der Pelzbiene in die Zelle tragen zu lassen und dort das Ei aufzuschlitzen. Ist dies geschehen, wird der Organismus dermaßen umgeformt, dass wiederholte Beobachtungen nötig sind, damit man seinen Augen trauen kann.

XVI
Die Primärlarve der Ölkäfer

Ich unterbreche die Geschichte der Pelzbienenölkäfer (Sitaris), um von den Ölkäfern (Meloë) zu sprechen, unansehnlichen Käfern mit unförmigem Bauch und schlaffen Deckflügeln, die wie die Rockschöße eines Menschen auseinanderklaffen, der für sein Gewand zu dick ist. Das Insekt hat eine unangenehme Farbe, Schwarz, das manchmal blau schimmert, sowie eine noch unangenehmere Gestalt und Wesensart; und seine abscheuliche Abwehrmethode verstärkt noch den Ekel, den es bei uns erregt. Wenn der Meloë sich in Gefahr glaubt, nimmt er Zuflucht zu plötzlichen Blutungen. Aus seinen Gelenken sickert eine gelbliche ölige Flüssigkeit, von der einem die Finger fleckig werden und stinken. Das ist sein Blut. Wegen dieses Tricks, zur Abwehr öliges Blut abzusondern, nennen die Engländer ihn Ölkäfer. Er wäre also nicht sehr interessant, bis auf

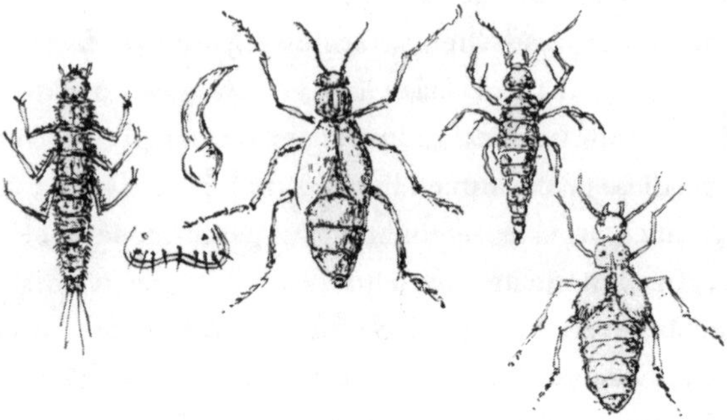

seine Metamorphose und die Wanderungen seiner Larve, die denen der Sitarislarve in jeder Hinsicht ähneln.

In ihrer ersten Form sind die Ölkäfer Parasiten der Pelzbienen; ihre winzige Larve lässt sich von diesen gleich nach dem Schlupf in ihre Zellen tragen, deren Vorräte sie ernähren müssen.

Im Flaum verschiedener Hautflügler beobachtet, hat das seltsame Tierchen lange die klugen Forscher genarrt, die sich über seine Herkunft täuschten und aus ihm eine Spezies der besonderen Gattung ungeflügelter Insekten machten. Bei Linné war es die Bienenlaus (Pediculus apis), bei L. Dufour der Triungulin der Sandbienen (Triungulinus Andrenetarum). Sie hielten es für eine Art Laus, die im Pelz der Honigsammler lebt. Dem berühmten englischen Naturforscher Newport war es vorbehalten nachzuweisen, dass diese vermeintliche Laus das erste Stadium der Ölkäfer war. Beobachtungen, die ich selbst machen konnte, werden einige Lücken in der Abhandlung des englischen Gelehrten füllen. Ich werde also die Entwicklung der Ölkäfer skizzieren, wobei ich mich auf die Arbeit von Newport stütze, wenn meine Beobachtungen nicht reichen. Auf diese Weise werden das Verhalten und die Umwandlung der Sitaris und Meloën miteinander verglichen; und der Vergleich wird die seltsamen Metamorphosen dieser Insekten erhellen.

Die gleiche Mörtelbiene[32] (Anthophora pilipes), auf deren Kosten die Sitaris leben, ernährt in ihren Zellen einige Meloë (Meloë cicatricosus). Eine zweite Pelzbiene meiner Region (Anthophora parietina) ist den Überfällen dieser Parasiten noch mehr ausgesetzt. Und in den Nestern einer anderen Pelzbienenart (Anthophora retusa) hat Newport denselben Meloë beobachtet. Diese vom Meloë cicatricosus benutzten drei Unterkünfte können von Interesse sein, da sie uns zu der Vermutung führen, dass jede Meloëart offenbar der Parasit eines anderen Hautflüglers ist; eine Vermutung, die sich bestätigt, wenn wir untersuchen, wie die jungen Larven in die mit Honig gefüllte Zelle gelangen. Auch die Wohnungswechseln weniger ausgesetzten Sitaris können die Nester verschiedener Arten benutzen. Oft sind sie in den Zellen der Anthophora pilipes; aber ich habe sie auch, wenngleich nicht sehr zahlreich, in den Zellen der Anthophora personata gefunden.

Trotz der Anwesenheit des Meloë cicatricosus in den Behausungen der Mörtelbiene, die ich für die Geschichte der Sitaris so oft durchsuchte, habe ich dieses Insekt zu keiner Jahreszeit am Steilhang oder in den Gangöffnungen umherlaufen sehen, um hier, wie die Sitaris, Eier abzulegen; und ich hätte keine Kenntnis von den Einzelheiten der Eiablage, hätten nicht Goedart, de Geer und vor allem Newport uns mitgeteilt, dass der Meloë seine Eier in die Erde legt. Newport zufolge graben die verschiedenen Ölkäfer, die er beobachten konnte, in den Wurzeln eines Grasbüschels in trockener, besonnter Erde ein mehrere Zoll tiefes Loch, das sie sorgfältig verschließen, sobald sie darin ihre Eier in einem Haufen abgelegt haben. Dies wiederholt sich im Abstand von einigen Tagen drei bis viermal pro Saison. Für jeden Haufen gräbt das Weibchen ein extra Loch, das sie gleich danach verschließt. Dieses Ablegen erfolgt im April und Mai.

Die Anzahl der in einem einzigen Haufen abgelegten Eier ist wahrhaftig erstaunlich. Bei der ersten Ablage, die auch die fruchtbarste ist, produziert der Meloë proscarabaeus nach Schätzung von Newport die erstaunliche Zahl von 4218 Eiern, doppelt so viel wie der Sitaris. Und wie viele wären es, wenn wir auch die zwei oder drei noch folgenden Eiablagen hinzuzählen! Die Sitaris, die ihre Eier den Gängen anvertrauen, welche die Pelzbienen durchqueren müssen, ersparen ihren Larven viele Gefahren, denen die Meloëlarven nicht ausweichen können, da sie, weitab von den Behausungen der Bienen geboren, den Hautflüglern, die sie ernähren, entgegengehen müssen. Daher besitzen die Ölkäfer, die nicht mit dem Instinkt des Sitaris ausgestattet sind, eine unvergleichlich größere Fruchtbarkeit. Der Reichtum ihrer Eierstöcke ist ein Ausgleich für den ungenügenden Instinkt, da er die Anzahl der Keime nach der Gefahr ihrer Vernichtung bemisst. Welch eine transzendente Harmonie, die auf diese Weise die Fruchtbarkeit der Eierstöcke und die Vollkommenheit des Instinkts ins Gleichgewicht bringt!

Der Schlupf erfolgt Ende Mai oder im Juni, etwa einen Monat nach der Eiablage. Auch die Larven der Sitaris schlüpfen in diesem Abstand. Aber die Meloëlarven haben es viel besser; sie können sich sofort auf die Suche nach den Hautflüglern machen, die sie ernähren müssen, während die Sitarislarven, die im September schlüpfen, bis zum nächsten Mai reglos und ohne jegliche Nahrung darauf warten müssen, dass die Pelzbienen aus den Zellen kommen, die sie beobachten. Ich werde die junge Meloëlarve hier nicht beschreiben; sie ist gut bekannt, vor allem durch Newports Beschreibung und graphische Darstellung. Zum Verständnis des Folgenden will ich nur sagen, dass diese Primärlarve so etwas wie eine kleine, schmale, längliche gelbe Laus ist, die man im Frühling im Flaum verschiedener Hautflügler findet.

Wie ist dieses Tierchen aus der unterirdischen Kammer, wo es soeben geschlüpft ist, in den Pelz einer Biene gelangt? Newport vermutet, dass die jungen Ölkäferlarven nach dem Auszug aus ihrer Geburtshöhle auf benachbarte Pflanzen klettern, besonders auf die Wegwarte, und, zwischen Blütenblättern versteckt, darauf warten, dass Hautflügler zum Nektarsammeln auftauchen, um sich sofort in ihren Pelz zu hängen und davontragen zu lassen. Ich habe zu diesem merkwürdigen Punkt Besseres als Newports Vermutungen; ich habe persönliche Beobachtungen und Experimente, die nichts zu wünschen übrig lassen. Ich will sie als erstes Stück in der Geschichte der Bienenlaus berichten. Sie stammen vom 23. Mai 1858.

Schauplatz meiner Beobachtungen ist diesmal eine senkrechte Böschung auf der Straße von Carpentras nach Bedoin. Diese von der Sonne ausgedörrte Böschung wird von zahlreichen Schwärmen von Pelzbienen genutzt, die, fleißiger als ihre Verwandten, an den Gangöffnungen mit serpentinenartigen Erdstreifen einen Vorraum schaffen, eine Verteidigungsbastion in Form eines gebogenen Zylinders; mit einem Wort, es handelt sich um Schwärme der Anthophora parietina. Zwischen Straßenrand und Böschung erstreckt sich ein spärlicher Rasen. Um die Arbeit der Bienen besser zu verfolgen, in der Hoffnung, ihnen ein Geheimnis zu entlocken, hatte ich mich gerade auf diesen Rasen gelegt, mitten in den harmlosen Schwarm, als meine Kleidung auch schon von einer Unzahl kleiner gelber Läuse befallen war, die mit verzweifeltem Eifer in das faserige Dickicht des Stoffes rannten. In diesen Tierchen, mit denen ich hier und dort wie mit ockerfarbenem Staub gepudert war, erkannte ich bald alte Bekannte, junge Ölkäfer, die ich hier zum ersten Mal nicht im Pelz von Hautflüglern oder in deren Zellen sah. Eine so schöne Gelegenheit zu erfahren, wie es diesen Larven gelingt, sich auf den Körpern ihrer Ernährer festzusetzen, konnte ich mir nicht entgehen lassen.

Der Rasen, wo ich von Läusen bedeckt war, als ich mich kurz hinlegte, wies einige blühende Pflanzen auf, deren häufigste drei Korbblütler waren: Hedypnois polymorpha, Senecio gallicus (Gallisches Greiskraut) und Anthemis arvensis (Acker-Hundskamille). Newport aber glaubte junge Ölkäfer auf einem Korbblütler, einer Löwenzahnart, gesehen zu haben; und daher achtete ich vor allem auf die erwähnten Pflanzen. Zu meiner großen Befriedigung waren fast alle Blüten dieser drei Pflanzen, besonders die der Kamille, von jungen Ölkäfern besetzt. Auf einem Blütenkopf der Kamille zählte ich etwa vierzig, die reglos in den Einzelblüten hockten. Auf den Blüten des Mohns oder des Mauersenfs (Diplotaxis muralis), die zwischen den erwähnten Pflanzen wuchsen, entdeckte ich indes keine. Anscheinend warten die Meloëlarven also nur in Korbblütlern auf das Kommen von Hautflüglern.

Außer dieser Population, die ihr Lager auf den Blütenköpfen der Korbblütler aufschlägt und dort reglos verharrt, als ob sie ihr Ziel erst einmal erreicht hätte, entdeckte ich bald eine noch viel zahlreichere, deren ängstliche Geschäftigkeit fruchtloses Suchen verriet. Auf der Erde, unter dem Rasen, rannten verstört unzählige kleine Larven, die an das wilde Durcheinander in einem umgewühlten Ameisenhaufen erinnerten; andere kletterten eilig einen Grashalm hinauf und auch schnell wieder hinunter; noch andere stürzten sich in das wollige Füllhaar vertrockneter Gnaphales, einer der zahlreichen Arten des Ruhrkrauts (gnaphalium), blieben dort eine Weile

und erschienen wieder, um ihre Erkundungen fortzusetzen. Mit einiger Aufmerksamkeit konnte ich mich schließlich davon überzeugen, dass es auf einer Fläche von ca. 10 qm wohl keinen Grashalm gab, der nicht von solchen Larven erkundet wurde.

Anscheinend erlebte ich gerade den Auszug der jungen Ölkäfer aus den mütterlichen Höhlen. Ein Teil hatte sich bereits auf den Blüten der Kamille und des Greiskrauts niedergelassen, um auf die Hautflügler zu warten; die meisten aber waren noch auf der Suche nach einer provisorischen Unterkunft. Von dieser umherirrenden Population war ich befallen worden, als ich mich an der Böschung hinlegte. Es war unmöglich, dass all diese Larven, deren Anzahl ich nicht zu bestimmen wagen würde, eine einzige Familie bildeten und eine gemeinsame Mutter anerkannten; trotz Newports Mitteilung von der erstaunlichen Fruchtbarkeit der Ölkäfer konnte ich es nicht glauben, so zahlreich waren sie.

Obwohl der grüne Teppich sich noch weit am Straßenrand erstreckte, konnte ich außer auf den von der Pelzbiene bewohnten paar Quadratmetern vor der Böschung keine Meloëlarve entdecken. Die Larven waren also sicher nicht von weither gekommen; um dicht bei den Pelzbienen zu sein, brauchten sie keine langen Reisen zu unternehmen; denn nirgends sah man Nachzügler, Bummelanten, die bei derartigen Karawanen unvermeidlich sind. Die Erdhöhlen, wo der Schlupf erfolgte, lagen folglich im Rasen vor den Bienenbehausungen. Also weit davon entfernt, ihre Eier auf gut Glück abzulegen, wie ihr unstetes Leben uns glauben machen könnte, und die Jungen sich ihr künftiges Domizil selbst suchen zu lassen, können Ölkäfer die von den Pelzbienen aufgesuchten Orte erkennen und legen ihre Eier in deren Nähe ab.

Bei einer solchen Menge von Parasiten auf den Korbblütlern direkt neben den Pelzbienennestern kann es nicht ausbleiben, dass die Mehrheit des Schwarms irgendwann verseucht wird. Während meiner Beobachtungen wachte nur ein relativ kleiner Teil der hungrigen Menge auf den Blüten; die anderen rannten über den Boden, auf dem die Pelzbienen sich selten niederlassen; dennoch fand ich

Meloëlarven im Brustflaum fast aller Pelzbienen, die ich gefangen hatte, um sie zu untersuchen.

Auch auf den Melectes und Coelioxys, parasitischen Hautflüglern der Pelzbiene, fand ich welche. Ihr dreistes Kommen und Gehen vor den sich im Bau befindlichen Korridoren abbrechend, setzen sich diese Proviantdiebe auf eine Kamillenblüte, und schon wird aus dem Räuber der Beraubte. Eine winzige, kaum erkennbare Laus schiebt sich in den dicken Flaum, und in dem Moment, als der Parasit, nachdem er das Ei der Pelzbiene zerstört hat, seins auf den eroberten Honig legt, kriecht sie darauf, um es ihrerseits zu vernichten und alleinige Eigentümerin der Vorräte zu bleiben. Die von der Pelzbiene angehäufte Honigpaste hat also nacheinander drei Besitzer und gehört schließlich dem Schwächsten dieser drei.

Und wer sagt denn, dass nicht auch der Meloë wieder von einem Dieb enteignet wird oder sogar als schläfrige, dicke, schlaffe Larve die Beute eines Plünderers wird, der ihm bei lebendigem Leib die Eingeweide benagt? Indem wir über diesen tödlichen, unerbittlichen Kampf nachdenken, den die Natur diesen verschiedenen Wesen zu ihrer Erhaltung auferlegt, die abwechselnd Eigentümer und Enteignete sind, die fressen und gefressen werden, mischt sich ein schmerzliches Gefühl in die Bewunderung für die Mittel, die der Parasit anwendet, um sein Ziel zu erreichen; und wenn man einen Moment lang die winzige Welt vergisst, in der diese Dinge geschehen, ist man entsetzt über diese Verkettung von Diebstahl, List und Räuberei, die, leider, zu den Absichten der alma parens verum[33] gehören.

Die im Flaum der Pelzbienen oder der Melectes und Coelioxys, ihren Parasiten, untergekommenen jungen Ölkäferlarven haben einen unfehlbaren Weg eingeschlagen, um früher oder später in die gewünschte Zelle zu gelangen. Ist dies eine vom Scharfblick des Insekts diktierte Wahl oder bloß die Auswirkung eines glücklichen Zufalls? Die Frage war bald geklärt. Ab und an setzen sich verschiedene Zweiflügler, Mistbienen (Eristalis tenax) und Schmeißfliegen (Calliphora vomitoria), auf die von jungen Ölkäfern okkupierten Kamille- und Geißbartblüten, um die süßen Ausschwitzungen zu schlürfen. Auf fast all diesen Zweiflüglern habe ich Meloëlarven gefunden, die reglos im seidigen Brustflaum saßen. Als von diesen Larven befallen nenne ich noch eine Sandwespe (Ammophila hirsuta), die ihre Höhle im Frühling mit einer Raupe versieht, während ihre Verwandten das Nest im Herbst bauen. Diese Sandwespe streifte sozusagen nur die Blütenoberfläche; ich fing sie: Ölkäferlarven liefen über ihren Körper. Es ist klar, dass weder Mistbienen noch Schmeißfliegen, deren Larven in Verfaultem leben, noch Sandwespen, die ihre Larven mit Raupen füttern, die Larven, von den sie befallen wurden, in die mit Honig gefüllten Zellen gebracht haben. Diese hatten sich verirrt, und hier lag der Instinkt falsch, was nicht so oft passiert.

Betrachten wir nun die jungen Meloë, die auf den Kamillenblüten lauern. Es sind zehn, fünfzehn oder mehr, die zur Hälfte in den Blüten eines Blütenkopfes oder zwischen diesen stecken; so muss man genauer hinsehen, um sie zu entdecken; denn ihr Versteck ist umso wirksamer, als die Bernsteinfarbe ihrer Körper sich mit dem Gelb des Blumenzierrats vermischt. Solange auf der Blüte nichts Ungewöhnliches geschieht, solange keine jähe Erschütterung einen fremden Gast ankündigt, geben die Meloë, die völlig reglos sind, kein Lebenszeichen. Sieht man sie so, mit dem Kopf voran in den Blüten stecken, könnte man meinen, sie suchten einen süßen Saft, ihre Nahrung; doch dann müssten sie öfter die Blüte wechseln, was sie nicht tun, außer wenn sie nach einem Alarm ohne Ergebnis ihre Schlupfwinkel wieder einnehmen und die Stelle wählen, die ihnen am günstigsten erscheint. Diese Reglosigkeit bedeutet, dass die Kamillenblüten ihnen lediglich als Hinterhalt dienen, so wie ihnen später der Körper der Pelzbiene als Vehikel dient, um in die Zelle des Hautflüglers zu gelangen. Sie nehmen also keine Nahrung zu sich, weder auf den Blüten noch auf den Bienen; und wie bei den Sitaris besteht ihre erste Mahlzeit aus dem Ei der Pelzbiene, das aufzureißen die Aufgabe ihrer Kieferzangenhaken ist.

Sie sind, sagen wir, völlig reglos; aber nichts ist leichter, als sie aus ihrer Inaktivität zu wecken. Mit einem Strohhalm erschüttern wir eine Kamillenblüte: Sofort verlassen die Meloë ihre Verstecke und schwärmen auf den umliegenden weißen Blütenblättern nach allen Seiten aus, und so schnell, wie es ihre geringe Größe gestattet, laufen sie von einem Ende zum anderen. Am Blütenrand angekommen, befestigen sie sich mit den Schwanzanhängseln oder vielleicht mit einem Kleber, wie ihn die Analknospe des Sitaris liefert; mit dem Körper draußen hängend und die sechs Beine frei, biegen sie sich in alle Richtungen, und sie strecken sich, als wollten sie ein fernes Ziel erreichen. Wenn es nichts zu greifen gibt, verziehen sie sich nach einigen Versuchen in die Blüte und fallen wieder in Reglosigkeit.

Legt man ihnen aber etwas hin, klammern sie sich daran erstaunlich flink fest. Ein Grashalm, ein Stückchen Stroh, der Schenkel meiner Pinzette, den ich ihnen anbiete – alles ist ihnen recht; so sehr sind sie darauf aus, die Behelfswohnung auf der Blüte zu verlassen. Natürlich bemerken sie, wenn sie sich auf diesen leblosen Dingen befinden, bald ihren Irrweg, wie wir an ihrem emsigen Hin- und Herlaufen sehen und an ihrem Bestreben, auf die Blüte zurückzukehren, wenn dazu noch Zeit ist. Diejenigen, die sich leichtsinnig auf ein Stück Stroh gestürzt haben und die man auf die Blüte zurückließ, tappen nicht so leicht in dieselbe Falle. Es gibt also in diesen belebten Pünktchen ein Gedächtnis, eine dingliche Erfahrung.

Danach machte ich Experimente mit faserigen Materialien, die mehr oder weniger stark dem Flaum der Hautflügler ähnelten, mit Tuch- oder Samtstückchen von meiner Kleidung, mit Pfropfen aus Baumwolle, mit den Flaumknöllchen der Ruhrkrautstängel. Auf alle diese mit der Pinzette hingehaltenen Dinge stürzten sich die Ölkäferlarven ohne weiteres; aber weit davon entfernt, sich ebenso ruhig wie auf den Körpern der Hautflügler zu verhalten, überzeugten sie mich durch ihr unruhiges Umherlaufen bald, dass sie sich in diesem haarigen Zeug ebenso fremd fühlten wie auf der kahlen Oberfläche eines Strohhalms. Damit musste ich rechnen: Hatte ich sie nicht eben noch auf den mit Wollflaum umhüllten Ruhrkräutern umherirren sehen? Wenn schon das Erreichen eines Schutzes aus Flaum sie zu dem Glauben brachte, wohlbehalten angekommen zu sein, würden fast alle ohne einen weiteren Versuch in diesem pflanzlichen Flaum zugrunde gehen.

Bieten wir ihnen nun lebende Insekten an, und zuerst Pelzbienen. Wenn die Biene, von etwaigen Parasiten befreit, an den Flügeln gefasst und kurz an die Blüte gehalten wird, ist sie schon nach diesem kurzen Kontakt unweigerlich von Meloëlarven befallen, die an ihren Haaren hängen. Diese suchen sich hurtig eine Stelle auf der Brust, im Allgemeinen auf den Schultern oder Flanken, und dort angelangt, verharren sie reglos: Die zweite Etappe ihrer seltsamen Reise ist erreicht.

Nach den Pelzbienen machte ich Versuche mit den erstbesten lebenden Insekten, die ich mir sofort verschaffen konnte: Mistbienen, Schmeißfliegen, Honigbienen und kleine Schmetterlinge. Alle wurden ebenso von den Larven befallen; ja, sie versuchten auch nicht auf die Blüte zurückzukehren. Mit Käfern konnte ich keine Experimente machen, da keine zu finden waren. Newport, der unter ganz anderen Bedingungen arbeitete, da sich seine Beobachtungen auf junge, in einer Flasche gehaltene Meloë bezogen, während meine unter normalen Umständen erfolgten, Newport sah, wie die Meloë sich an den Körper eines Malachius (Zipfelkäfer) klammerten und dort reglos verharrten, was mich zu der Ansicht bringt, dass ich mit Käfern die gleichen Ergebnisse wie etwa mit einer Mistbiene erzielt hätte. Und tatsächlich fand ich später Meloëlarven auf einem großen Käfer, dem Cetonia aurata (Gemeiner Rosenkäfer), einem häufigen Gast von Blüten.

Nachdem die Klasse der Insekten erschöpft war, legte ich ihnen meine letzte Ressource hin, eine dicke schwarze Spinne. Sie wechselten sofort von der Blüte zur Spinne, rannten zu Stellen an den Gelenken und rührten sich nicht mehr. Offenbar nehmen sie alles, um aus ihrer Behelfswohnung, in der sie warten, wegzukommen. Sie hängen sich an das erste Lebewesen, das in ihre Reichweite kommt, egal welcher Art, Gattung oder Klasse. Nun versteht man, dass diese jungen Larven auf den verschiedensten Insekten beobachtet wurden, vor allem auf Zweiflüglern und Hautflüglerarten des Frühlings, die an den Blüten saugen; und man versteht auch die Notwendigkeit dieser ungeheuren Zahl von Keimen, die von einem einzigen Meloë-Weibchen gelegt werden, da ja die meisten der daraus hervorgehenden Larven unweigerlich falsch gehen und es nicht zu den Zellen der Pelzbiene schaffen. Der Instinkt ist hier mangelhaft, und die Fruchtbarkeit gleicht das aus.

Aber in einem anderen Fall ist er wieder unfehlbar. Die Larven wechseln, wie wir gesehen haben, ohne Schwierigkeit von der Blüte auf Gegenstände in ihrer Reichweite, ganz gleich, wie sie beschaffen sind, glatt oder rau, lebendig oder unbelebt. Dann aber verhalten sie sich sehr unterschiedlich, je nach dem, ob sie ein Insekt oder ein anderes Objekt befallen. Auf einem behaarten Zweiflügler oder Schmetterling und auf einem glatten Spinnentier oder Käfer rühren sich die Larven nicht mehr, sobald sie auf der Stelle sind, die ihnen zusagt. Ihr instinktmäßiges Verlangen ist also befriedigt. Im zweiten Fall, im Flaum von Stoff oder Samt, in Fasern von Baumwolle oder im Flaum des Ruhrkrauts und schließlich auf der kahlen Oberfläche eines Halms oder eines Blattes, verrät ihr Bemühen, auf die leichtsinnig verlassene Blüte zurückzukehren, dass sie ihren Fehler bemerkt haben.

Wie also erkennen sie die Beschaffenheit des Gegenstands, auf den sie gerade wechseln? Wie kommt es, dass der Gegenstand ungeachtet seiner Oberfläche ihnen zusagt oder nicht zusagt? Beurteilen sie den neuen Wohnsitz nach dem Augenschein? Dann aber wäre kein Irrtum möglich; der Blick würde ihnen sofort sagen, ob der Gegenstand in ihrer Reichweite passt oder nicht passt, und nach seinem Rat würde die Auswanderung erfolgen oder nicht erfolgen. Und wie kann man dann annehmen, dass die im Dickicht eines Baumwollknöllchens oder im Pelz einer Pelzbiene vergrabene, kaum wahrnehmbare Larve die ungeheure Masse überschauen kann, die sie überquert?

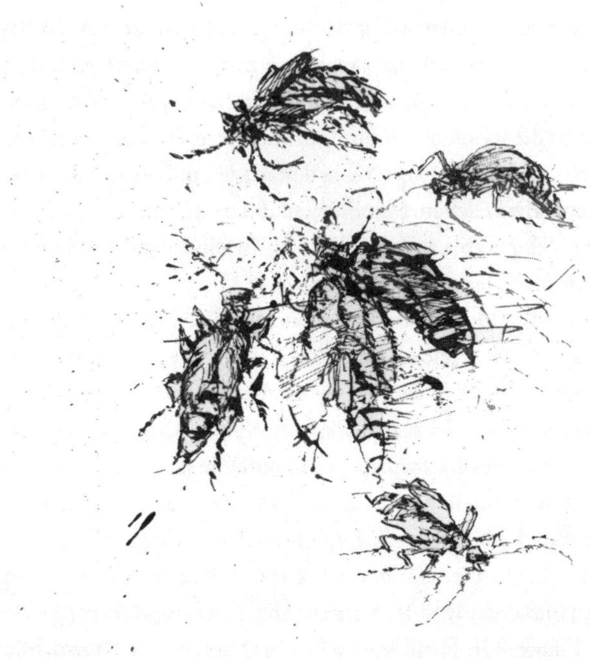

Geschieht es durch Berührung, durch eine Empfindung infolge der Vibrationen lebendigen Fleisches? Erst recht nicht: Die Meloëlarven verharren reglos auf völlig vertrockneten Insektenkadavern, auf toten Pelzbienen, die ich aus mindestens ein Jahr alten Zellen geholt hatte. Ich habe sie in völliger Ruhe auf Stümpfen von Pelzbienen sitzen sehen, auf schon lange von Milben benagten und leer gefressenen Bruststücken. Mit welchem Sinnesorgan unterscheiden sie das Bruststück einer Pelzbiene von einem samtigen Knöllchen, wenn Gesichts- und Tastsinn nicht benutzt werden können? Es bleibt der Geruchssinn. Aber welch erlesene Feinheit muss man diesem dann unterstellen! Und außerdem: Welche Ähnlichkeit dürfen wir zwischen dem Geruch all der toten oder lebenden, ganz oder teilweise vorhandenen, frischen oder vertrockneten Insekten annehmen, die den Meloëlarven zusagen, während alles andere ihnen nicht zusagt? Eine armselige Laus, ein lebendiges Pünktchen bestürzt uns durch die Sensibilität, die es lenkt. Noch ein Rätsel zu all den vielen anderen.

Nach den soeben beschriebenen Beobachtungen war noch der von den Pelzbienen bewohnte Boden aufzuwühlen; ich will die Meloëlarve bei ihren Umwandlungen beobachten. Es war tatsächlich der Meloë cicatricosus (der Narbige Ölkäfer), dessen Larven ich untersucht hatte; er war es, der die Zellen der Mörtelbiene plünderte; denn ich fand ihn tot in den alten Gängen, aus denen er nicht mehr herausgekommen war. Ich hatte bei dieser Gelegenheit eine reichliche Ernte in Aussicht, die nicht mehr eingebracht worden ist. Ich musste auf alles verzichten. Mein Donnerstag ging zu Ende; ich musste zurück nach Avignon, um am nächsten Tag wieder die Elektrokinese und die Toricellische Röhre zu behandeln. Ihr glücklichen Donnerstage! Welche prächtigen Gelegenheiten habe ich versäumt, weil ihr zu kurz wart!

Gehen wir ein Jahr zurück, um diese Geschichte fortzusetzen. Ich hatte, freilich unter viel weniger günstigen Bedingungen, genug Notizen gesammelt, um die Biographie des Tierchens auszuarbeiten, das wir gerade von den Kamillenblüten auf den Rücken der Pelzbienen wandern sahen. Nach dem, was ich über die Sitarislarven gesagt habe, ist klar, dass die Meloëlarven, die sich wie jene auf den Rücken der Pelzbienen setzen, das Ziel haben, sich von der Biene in die verproviantierte Zelle bringen zu lassen. Sie haben nicht vor, auf dem Körper, der sie trägt, eine Zeitlang zu leben.

Falls dies bewiesen werden müsste, brauchte man nur zu sagen, dass man nie sieht, wie diese Larven die Körperhüllen der Biene durchbohren oder an ihren Haaren knabbern, und dass sie auch nicht wachsen, solange sie sich auf dem Hautflügler befinden. Die Pelzbiene dient sowohl der Meloë als auch der Sitaris lediglich als Transportmittel, das sie zu ihrem Ziel, einer verproviantierten Zelle, bringt.

Nun müssen wir noch herausfinden, wie die Meloë aus dem Flaum der Biene, die sie kutschiert hat, in die Zelle gelangt. Mit Larven, die ich auf den Körpern verschiedener Hautflügler sammelte, ehe ich die Taktik der Sitaris gründlich kannte, führte ich, wie Newport vor mir, bestimmte Experimente durch, um diesen Hauptpunkt der Geschichte der Ölkäfer zu klären. Meine Versuche, die ich wie jene gestaltete, die ich mit den Sitaris unternommen hatte, scheiterten ebenso. Das Tierchen, das ich mit Larven und Nymphen der Pelzbiene zusammenbrachte, beachtete diese Beute überhaupt nicht; andere, die ich an die offenen, mit Honig gefüllten Zellen brachte, gingen nicht hinein oder höchstens bis zur Öffnung; noch andere schließlich, die ich in die Zelle setzte, an die trockene Wand oder auf den Honig, machten sofort kehrt oder gingen angeleimt zugrunde. Die Berührung mit dem Honig war für sie ebenso verhängnisvoll wie für die jungen Sitaris.

Zu unterschiedlichen Zeiten in den Nestern der Anthophora pilipes durchgeführte Grabungen hatten mich vor einigen Jahren gelehrt, dass der Meloë cicatricosus wie der Sitaris ein Parasit dieses Hautflüglers ist; ich hatte nämlich in den Zellen der Biene immer wieder erwachsene tote und vertrocknete Ölkäfer gefunden. Andererseits wusste ich von L. Dufour, dass dieses gelbe Tierchen, die im Flaum von Hautflüglern gefundene Laus, dank der Forschungen von Newport als Meloëlarve identifiziert worden war. Mit diesen Daten, die durch das, was ich täglich über die Sitaris dazulernte, noch eindrucksvoller wurden, begab ich mich am 21. Mai nach Carpentras, um, wie berichtet, die Nester der Pelzbiene zu visitieren. Obwohl ich fast sicher war, mit den reichlich vorhandenen Sitaris früher oder später Erfolg zu haben, hatte ich nur wenig Hoffnung hinsichtlich der Ölkäfer, die in denselben Nestern sehr selten sind. Die Umstände waren mir jedoch günstiger, als ich zu hoffen gewagt hatte, und nach sechsstündiger Arbeit, bei der die Hacke eine große Rolle spielte, erwarb ich im Schweiße meines Angesichts eine beträchtliche Zahl von Zellen mit Sitaris und zwei, die sich die Meloë angeeignet hatten.

Wenn meine Begeisterung keine Zeit gehabt hätte, sich beim wiederholten Anblick einer jungen Sitaris abzukühlen, die auf einem in dem kleinen Honigtümpel schwimmenden Ei der Pelzbiene saß, dann hätte sie sich beim Anblick des Inhalts einer dieser Zellen Bahn brechen können. Auf dem schwarzen flüssigen Honig schwimmt ein runzeliges Häutchen, und darauf hockt reglos eine gelbe Laus. Das Häutchen ist die Hülle des Pelzbieneneis, die Laus ist eine Ölkäferlarve.

Die Geschichte dieser Larve vervollständigt sich jetzt selbst. Der junge Meloë verlässt den Flaum der Biene im Moment der Eiablage; und da die Berührung mit dem Honig für ihn verhängnisvoll wäre, muss er, um sich zu retten, die Taktik der Sitaris anwenden, d.h. er muss sich mit dem austretenden Ei auf den Honig gleiten lassen. Dort besteht seine erste Arbeit darin, das Ei, das ihm als Floß dient, zu verzehren, was die leere Hülle, auf der er sich befindet, bezeugt. Und nach dieser Mahlzeit, der einzigen, die er in der jetzigen Gestalt zu sich nimmt, muss er seine lange Reihe von Umwandlungen beginnen und sich von den Honigvorräten der Pelzbiene ernähren. Das war der Grund für den völligen Misserfolg meiner und auch Newports Versuche, junge Meloëlarven aufzuziehen. Anstatt ihnen Honig, Larven oder Nymphen anzubieten, hätte man sie auf gerade von der Anthophora gelegte Eier setzen müssen.

Nach meiner Rückkehr aus Carpentras hatte ich diese Aufzucht vornehmen wollen, gleichzeitig mit derjenigen von Sitaris, die mir so gut gelungen war; da ich aber keine Meloëlarven zur Verfügung hatte und mir nur welche beschaffen konnte, indem ich sie im Pelz der Hautflügler suchte, waren sämtliche Eier der Pelzbiene, die ich von meiner Expedition mitgebracht hatte, schon in den Zellen ausgeschlüpft, als ich endlich welche fand. Dieser gescheiterte Versuch ist wenig bedauerlich; denn da Meloë und Sitaris sich fast völlig ähneln, nicht nur im Verhalten, sondern auch in der Entwicklungsweise, steht außer Zweifel, dass ich erfolgreich hätte sein müssen. Ich meine sogar, man könnte diese Aufzucht mit Zellen verschiedener Hautflügler versuchen, sofern deren Ei und Honig sich nicht zu sehr von denen der Pelzbiene unterscheiden. So rechne ich mit keinem Erfolg bei den Zellen der Osmia tricornis (Dreihorn-Mauerbiene), die mit der Pelzbiene zusammenwohnt: Ihr Ei ist kurz und dick; ihr Honig ist gelb, geruchlos, fest, beinahe pulverförmig und fast ohne Geschmack.

XVII
Die Überverwandlung

Durch eine machiavellistische Kriegslist ist die Primärlarve des Sitaris und des Meloë in die Zelle der Pelzbiene eingedrungen; sie hat sich auf dem Ei niedergelassen, das ihre erste Nahrung und zugleich ihr Rettungsfloß ist. Was wird aus ihr, wenn einmal das Ei aufgebraucht ist? Kehren wir zuerst zur Sitarislarve zurück. Nach acht Tagen hat der Parasit das Ei der Pelzbiene geleert; es besteht nur noch aus der Hülle, einem dünnwandigen Kahn, der das Tierchen vor der tödlichen Berührung mit dem Honig schützt. Auf diesem Kahn vollzieht sich die erste Umwandlung, nach welcher die Larve, die nun für ein Leben im klebrigen Milieu gebaut ist, sich vom Floß in den Honigsee fallen lässt und, an die Eihülle geklammert, ihre auf dem Rücken geplatzte Haut verlässt. Dann sieht man ein ovales, flaches, zwei Millimeter langes Körperchen von milchigem Weiß reglos auf dem Honig schwimmen. Das ist die Sitarislarve in ihrer neuen Gestalt. Mit einer Lupe erkennt man die Schwankungen der Speiseröhre, die sich mit Honig vollsaugt, und auf dem flachen elliptischen Rücken sieht man einen doppelten Streifen von Atemöffnungen, die aufgrund ihrer Lage nicht von der klebrigen Flüssigkeit verstopft werden können. Um diese Larve detailliert zu beschreiben, warten wir, bis sie ihre Entwicklungsstufe erreicht hat; dies wird nicht lange dauern, denn die Vorräte nehmen rasch ab.

Dennoch geht es nicht annähernd so schnell wie bei den gefräßigen Anthophorenlarven. Als ich am 25. Juni ein letztes Mal die Behausung der Pelzbiene visitierte, stellte ich fest, dass die Bienenlarven all ihre Vorräte aufgebraucht und ihre Entwicklung abgeschlossen hatten; während die Sitarislarven, die noch im Honig steckten, zumeist erst die Hälfte ihres zu erreichenden Umfangs hatten. Ein weiterer Grund für die Sitarislarve, ein Ei zu zerstören, das, wenn es sich entwickeln würde, eine gefräßige Larve ergäbe, die sie in sehr kurzer Zeit aushungern könnte. Als ich die Larven in Glasröhrchen aufzog, stellte ich fest, dass die der Sitaris ihre Honigpaste in 35 bis 40 Tage verzehren und die der Pelzbiene dafür nicht einmal zwei Wochen brauchen.

In der ersten Julihälfte erreichen die Sitarislarven ihre volle Größe. In dieser Zeit enthält die vom Parasiten eroberte Zelle lediglich eine dicke Larve und in einer Ecke ein Häufchen rötlichen Kot. Diese Larve ist weich, weiß, 12 bis 13 mm lang und bis zu 6 mm breit. Von hinten gesehen, wenn sie auf dem Honig schwimmt, ähnelt sie einer Ellipse, die nach vorne hin allmählich und nach hinten rasch schmaler wird. Die Bauchseite ist sehr gewölbt, die Rückenseite hingegen fast flach. Wenn die Larve auf dem flüssigen Honig schwimmt, wirkt sie wie mit Ballast beladen; Grund dafür ist die übermäßige Entwicklung der in den Honig eingetauchten Bauchseite, die ihr das für sie höchst wichtige Gleichgewicht ermöglicht. Die an den Rändern des fast flachen Rückens ohne Schutz aufgereihten Atemöffnungen liegen nämlich auf einer Ebene mit der klebrigen Flüssigkeit und würden schon bei der geringsten falschen Bewegung durch den zähen Leim verstopft, wenn nicht ein ange-

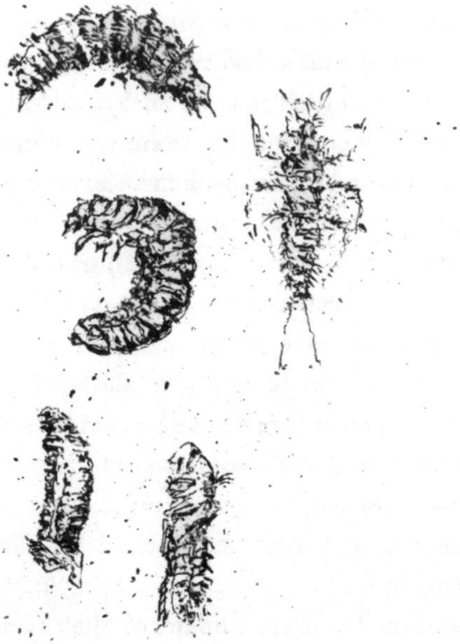

messener Ballast die Larve vom Kentern bewahrte. Nie war ein fetter Hinterleib so nützlich: Dank dieser Leibesfülle ist die Larve vor dem Ersticken geschützt.

Ihre Segmente sind dreizehn an der Zahl, einschließlich des Kopfes. Dieser ist bleich und weich wie der übrige Körper, und im Verhältnis zum Umfang des Tieres sehr klein. Die Fühler sind ganz kurz und bestehen aus zwei zylindrischen Gliedern. Vergeblich habe ich mit einer starken Lupe Augen gesucht. In dem davor liegenden Stadium braucht die merkwürdigen Wanderungen unterworfene Larve offenbar den Gesichtssinn, und sie hat vier Punktaugen. Doch wozu sollen ihr im gegenwärtigen Stadium, in einer Zelle aus Lehm, wo tiefste Finsternis herrscht, die Augen dienen?

Die vorspringende Oberlippe ist nicht deutlich vom Kopf abgesetzt, gebogen und von bleichen, sehr feinen Härchen gesäumt. Die Kieferzangen sind klein, an den Enden rötlich, an der Innenseite abgestumpft und hohl wie Löffel. Unterhalb der Kieferzangen befindet sich ein fleischiges, von zwei winzigen Warzen gekröntes Stück. Das ist die Unterlippe mit ihren zwei Tastern. Sie wird von zwei ebenso fleischigen Stücken flankiert, die sich direkt an die Unterlippe anschließen und am Ende den Ansatz eines aus zwei oder drei sehr kleinen Gliedern bestehenden Tasters tragen. Diese beiden Stücke sind die künftigen Kiefer. Der ganze Apparat, Lippen und Kiefer, ist völlig unbeweglich und verkümmert, was die Beschreibung mangelhaft macht. Es sind Organe, die noch im Entstehen begriffen, verhüllt, embryonal sind. Zwischen der Oberlippe und der von Unterlippe und Kiefer gebildeten Platte ist ein enger Spalt, in dem die Kieferzangen spielen.

Von den Beinen sind nur Rudimente vorhanden, denn obwohl sie aus drei kleinen zylindrischen Gliedern bestehen, sind sie kaum einen halben Millimeter lang. Das Tier kann sie nicht gebrauchen, weder im flüssigen Honig, wo es lebt, noch auf festem Boden. Wenn man die Larve aus der Zelle zieht, um sie auf etwas Festes zu setzen und bequemer zu beobachten, sieht man, dass die Beine durch das maßlose Hervorheben des Hinterleibs, das den Brustteil erhöht, keinen Halt finden. Auf die Seite gelegt, die aufgrund ihres Körperbaus einzig mögliche Stellung, bleibt die Larve reglos oder macht nur träge wurmartige Bewegungen mit dem Hinterleib, ohne ihre schwächlichen Beine zu regen, die ihr in keiner Weise dienen können. Kurz, dem anfangs so gewandten aktiven Tierchen ist eine dickbäuchige Made gefolgt, die sich vor Fett nicht rühren kann. Wer würde in diesem trägen, weichen, blinden Geschöpf mit dem hässlichen Bauch, das anstelle von Beinen nur nutzlose Stummel hat, das elegante kleine Tierchen von vorhin erkennen, das gepanzert, schlank und mit höchst vollkommenen Organen ausgerüstet ist, um seine gefährlichen Reisen zu bestehen?

Schließlich zählt man neun Paar Atemlöcher: Eines mitten auf dem Brustteil, die anderen auf den ersten acht Hinterleibsegmenten. Das letzte Paar oder das auf dem achten Hinterleibsegment besteht aus Löchern, die so klein sind, dass man, um sie zu entdecken, ihre Lage aus den folgenden Stadien der Larve erschließen und eine sehr geduldige Lupe auf der Linie der übrigen Paare entlangführen muss. Diese sind lediglich Reste von Atemlöchern. Die anderen sind ziemlich groß mit bleichen, runden, flachen Rändern.

Während die Sitarislarve in ihrer ersten Gestalt zum Handeln, zum Okkupieren der begehrten Zelle eingerichtet ist, ist sie in ihrer zweiten Gestalt nur dazu gemacht, die eroberten Vorräte zu verdauen. Betrachten wir ihren inneren Aufbau, vor allem ihren Verdauungsapparat. Seltsamerweise ähnelt dieser Apparat, in den die von der Pelzbiene angesammelte Honigmasse hineinströmen muss, in jeder Hinsicht dem des erwachsenen Sitaris, der wohl nie Nahrung aufnimmt. Es ist da und dort die gleiche kurze Speiseröhre, der gleiche Speisesaft erzeugende Magen, der beim ausgewachsenen Insekt leer und bei der Larve von einem orangefarbenen Brei aufgebläht ist; es sind bei beiden die gleichen vier Gallenblasen, die durch eines ihrer Enden mit dem Mastdarm verbunden sind. Wie das fertige Insekt ist die Larve nicht mit Speicheldrüsen oder einem anderen entsprechenden Apparat versehen. Ihr Nervenapparat umfasst elf Nervenknoten, nicht mitgerechnet die Nervenknotenkette an der Speiseröhre; während man beim fertigen Insekt nur sieben Nervenknoten findet: drei im Brustteil, von welchen die beiden letzten zusammengewachsen sind, und vier im Hinterleib.

Wenn ihre Vorräte aufgebraucht sind, bleibt die Larve ein paar Tage im Stillstand, wobei sie ab und an ein paar Köttel ausstößt, bis der orangene Brei aus dem Verdauungskanal heraus ist. Dann kontrahiert sich das Tier, es kauert sich zusammen, und bald sieht man, wie sich von seinem Körper ein durchsichtiges, leicht zerknittertes, sehr zartes Häutchen ablöst und eine Sacköffnung bildet, in der sich die weiteren Umwandlungen vollziehen. Durch diesen Oberhautsack, diesen durchsichtigen Schlauch, der durch die in einem einzigen Stück, ohne jeden Riss, abgelöste Larvenhaut gebildet wird, erkennt man die verschiedenen wohlerhaltenen äußeren Organe: den Kopf mit Fühlern, Kieferzangen, Kiefern und Tastern; die Brustsegmente mit den spurenhaften Beinresten; den Hinterleib mit der Kette von Atemöffnungen, die noch durch Tracheenfäden miteinander verbunden sind.

Und unter dieser Umhüllung, die so zart ist, dass sie kaum die vorsichtigste Berührung verträgt, sieht man, wie sich eine weiße weiche Masse bildet, die in wenigen Stunden eine feste, hornige Konsistenz und eine intensive gelbe Färbung annimmt. Die Umwandlung ist damit abgeschlossen. Jetzt reißen wir den Sack aus feiner Gaze auf, der den soeben entstandenen Organismus umhüllt, und untersuchen wir diese dritte Form der Sitarislarve.

Es ist ein in Segmente eingeteilter unbewegter ovaler Körper von horniger Konsistenz, genau wie der der Puppenhüllen und von einer intensiven gelben Färbung, die man am besten beschreibt, indem man sie mit der Frucht des Christusdorns vergleicht. Seine Oberseite bildet eine doppelt geneigte Fläche mit einem sehr stumpfen First; seine Unterseite ist anfangs eben, wird aber infolge der Verdunstung jeden Tag konkaver, wobei rings um das Oval eine Wulst entsteht. Die beiden Körperenden oder Pole schließlich sind etwas abgeflacht. Die Längsachse der Unterseite misst im Durchschnitt 12 mm, die Breite 6 mm.

Am Kopfende dieses Körpers befindet sich eine Art Maske, die dem Kopf der Larve grob nachgebildet ist, am entgegengesetzten Pol ist eine kleine kreisrunde Scheibe, die in der Mitte tiefe Runzeln hat. Die drei Segmente hinter dem Kopf tragen jeweils ein Paar sehr kleiner Knöpfe, die man ohne Lupe kaum sehen kann; diese sind für die Larvenbeine in ihrer vorigen Form das, was die Kopfmaske für den Kopf derselben Larve ist. Es sind keine Organe, sondern Zeichen, Merkzeichen, die auf Punkte gesetzt wurden, wo diese Organe später erscheinen sollen. An jeder Flanke zählt man dann neun Atemlöcher, wie vorher auf dem mittleren Brustsegment und auf den ersten acht Hinterleibssegmenten gelegen. Die acht ersten Atemlöcher sind dunkelbraun und heben sich vom grellen Gelb des Körpers ab. Sie bestehen aus kleinen glänzenden Knospen, sind konisch und oben von einer runden Öffnung durchbohrt. Das neunte Atemloch ist, obwohl von derselben Form wie die vorhergehenden, viel kleiner und ohne Lupe gar nicht zu erkennen.

Die Anomalie, die schon beim Übergang von der ersten zur zweiten Form zutage trat, wird hier noch deutlicher; und man weiß nicht, wie man einen Organismus bezeichnen soll, für den man keinen Vergleichsbegriff hat, weder in der Ordnung der Käfer noch in der gesamten Klasse der Insekten. Wenn dieser Organismus einerseits den Puppenhüllen von Zweiflüglern in vielem ähnelt, in seiner hornigen Konsistenz, der völligen Reglosigkeit seiner Segmente und dem fast völligen Fehlen von Erhebungen, anhand derer man die Teile des fertigen Insekts erkennen könnte, wenn er sich andererseits den Nymphen annähert, weil das Tier, um dieses Stadium zu erreichen, seine Haut abwerfen muss, wie die Raupen, so unterscheidet er sich von der Puppenhülle, weil er als Körperhülle nicht die hornig gewordene Oberhaut hat, sondern eine der innersten Häute der Larve, und er unterscheidet sich von den Nymphen durch das Fehlen von Ausformungen, welche bei diesen letzteren die Körperanhängsel des fertigen Insekts verraten. Und er unterscheidet sich noch gründlicher sowohl von der Puppenhülle als auch von der Nymphe, weil das fertige Insekt direkt aus diesen beiden Organismen hervorgeht, während das, was ihm folgt, lediglich eine Larve ist, so ähnlich wie die vorhergehende. Als Name für diesen seltsamen Organismus möchte ich »Pseudonymphe« vorschlagen, und die Begriffe Erste Larve, Zweite Larve und Dritte Larve reserviere ich als Kurzbeschreibung für die drei Formen, in denen die Sitaris alle Merkmale von Larven haben.

Obwohl der Sitaris, indem er die Form der Pseudonymphe annimmt, sich äußerlich so verwandelt, dass er die Wissenschaft von den Käferstadien irreführt, ist dies im Inneren nicht so. Ich habe zu allen Zeiten des Jahres die Eingeweide der Pseudonymphe untersucht, die im Allgemeinen ein Jahr lang im Stillstand ist, und an ihren Organen immer nur die Formen beobachtet, die man bei der Zweiten Larve findet. Das Nervensystem hat sich nicht verändert. Der Verdauungsapparat ist absolut leer und wirkt infolge seiner Leere wie eine dünne Schnur, verloren, zwischen den Fettsäckchen versunken. Der Mastdarm hat mehr Konsistenz, seine Formen sind deutlicher. Die vier Gallenblasen sind immer sehr deutlich. Das Fettgewebe ist reichhaltiger denn je; es bildet ganz allein den Inhalt der Pseudonymphe, das quantitativ relativ unwichtige Fadenwerk des Nervensystems und des Verdauungsapparats nicht mitgerechnet. Es ist die Reserve, aus der das Leben für seine Werke künftig schöpfen muss.

Einige Sitaris bleiben kaum einen Monat im Zustand der Pseudonymphe. Die übrigen Stadien werden im August abgeschlossen, und Anfang September erscheint das fertige Insekt. Doch im Allgemeinen ist die Entwicklung langsamer; die Pseudonymphe überlebt den Winter und frühestens im Juni des zweiten Jahres vollziehen sich die letzten Umwandlungen. Übergehen wir die lange Ruheperiode, wenn der Sitaris in Gestalt der Pseudonymphe in seiner Zelle genauso lethargisch schläft wie ein Keim in seinem Ei, und kommen wir zu den Monaten Juni und Juli des folgenden Jahres, zu einer Zeit, die man als zweiten Schlupf bezeichnen könnte.

Die Pseudonymphe ist noch immer in dem zarten Schlauch aus der Haut der Zweiten Larve eingeschlossen. Äußerlich ist nichts Neues passiert; aber innen haben sich schwerwiegende Veränderungen vollzogen. Ich sagte, die Pseudonymphe habe eine wie einen Eselrücken gewölbte Oberseite und eine zunächst ebene, dann immer konkavere Unterseite. Die Flanken der doppelt geneigten Fläche der Oberseite oder Rückenseite nehmen auch Teil an dieser durch Verdunstung verursachten Vertiefung, und es kommt der Moment, in dem diese Flanken derart eingedrückt sind, dass ein Schnitt der Pseudonymphe durch eine Fläche senkrecht zu ihrer Achse ein krummliniges Dreieck mit abgestumpften Spitzen und konvexen Innenseiten ergäbe. In dieser Gestalt zeigt sich die Pseudonymphe im Winter und im Frühling.

Im Juni aber hat sie dieses welke Aussehen verloren; sie sieht aus wie ein regelmäßiger Ballon, ein Ellipsoid, dessen Schnitte senkrecht zur Hauptachse Kreise sind. Doch es ist Wichtigeres passiert als diese Ausdehnung, die man vergleichen kann mit der, die man erzielt, wenn man eine schrumpelige Blase aufbläst: Die hornigen Hüllen der Pseudonymphe sind in einem Stück von ihrem Inhalt abgegangen, ohne Riss, genauso wie im Jahr zuvor die Haut der Zweiten Larve; und so bilden sie eine neue schlauchförmige Hülle, die nicht an ihrem Inhalt haftet und wiederum in dem Schlauch steckt, der auf Kosten der Haut der Zweiten Larve gebildet wird. Von diesen beiden ineinander steckenden Säcken ohne Ausgang ist der äußere durchsichtig, geschmeidig, farblos und äußerst fein; der zweite ist spröde, fast ebenso zart wie der erste, aber weniger durchscheinend, aufgrund seiner gelben Färbung, durch die er wie ein dünnes Häutchen aus Bernstein aussieht. Auf diesem zweiten Sack finden sich auch die Atemlochwarzen, die Knospen am Brustteil etc., die wir an der Pseudonymphe sahen. In der Höhlung schließlich erblickt man etwas, dessen Form einen sogleich an die Zweite Larve denken lässt.

Und tatsächlich, wenn man die doppelte Hülle aufreißt, die dieses Geheimnis schützt, erkennt man nicht ohne Erstaunen, dass man eine neue Larve vor Augen hat, die der zweiten ähnelt. Nach einer

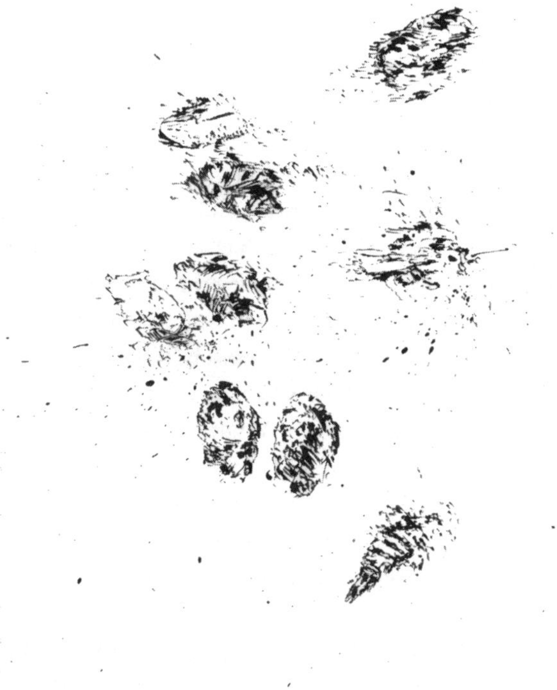

der seltsamsten Umwandlungen ist das Tier zu seiner zweiten Form zurückgekehrt. Die neue Larve zu beschreiben ist nicht nötig, denn sie unterscheidet sich von der vorigen nur durch ein paar unbedeutende Details. Bei beiden ist es der gleiche Kopf mit den sich kaum abzeichnenden Anhängseln; es sind die gleichen spurenhaften Beine, die gleichen Stummel, durchsichtig wie Kristall. Die Dritte Larve unterscheidet sich von der zweiten nur durch einen weniger dicken Hinterleib, durch die völlige Leere des Verdauungsapparats, durch einen doppelten Rosenkranz von kleinen Fleischkissen, der die Flanken beherrscht, durch die Umrandung der kristallinen Atemlöcher, die leicht hervorstehen, aber nicht so wie bei der Pseudonymphe, durch die Atemlöcher des neunten Paares, die, bislang rudimentär, jetzt beinah so groß sind wie die übrigen, sowie durch die Kieferzangen, die in sehr scharfen Spitzen enden. Nimmt man die Dritte Larve aus ihrer doppelten Hülle, macht sie nur sehr träge Kontraktions- und Dehnbewegungen, ohne vorwärtszukommen, ja sie kann sich aufgrund ihrer schwachen Beine nicht mal in Normalstellung halten. Gewöhnlich liegt sie reglos auf der Seite oder verrät ihre schläfrige Aktivität lediglich durch schwache wurmartige Bewegungen.

Durch Zusammenziehen und Dehnen, wie träge auch immer, gelingt es der Larve aber, wenn sie mit dem Kopf nach unten gerät, sich in der von den Hüllen der Pseudonymphe gebildeten Schale umzudrehen; und das ist umso schwerer, als sie die Höhlung fast völlig ausfüllt. Sie zieht sich zusammen, beugt den Kopf unter den Bauch und lässt ihre vordere Hälfte auf die untere gleiten, so langsam, dass die Lupe es kaum feststellen kann. In knapp einer Viertelstunde liegt die umgedrehte Larve wieder mit dem Kopf nach oben. Ich bewundere dieses gymnastische Spiel, aber ich verstehe es nicht so recht, da der Platz, den die Larve in Ruhestellung in der Schale freilässt, klein ist, gemessen an dem, den man für eine solche Drehung als nötig erachten dürfte. Die Larve erfreut sich nicht lange dieses Vorrechts, in der aus ihrer ursprünglichen Stellung gebrachten Zelle wieder die Richtung einzunehmen, die sie bevorzugt, nämlich mit dem Kopf nach oben.

Höchstens zwei Tage nach ihrem Erscheinen fällt sie wieder in Trägheit, die genauso vollständig ist wie die der Pseudonymphe. Wenn sie aus ihrer Bernsteinschale kommt, erkennt man, dass ihre Fähigkeit, sich nach Belieben zusammenzuziehen oder auszudehnen, so eingeschlafen ist, dass ein Nadelstich sie nicht anreizen kann, obwohl die Hüllen ihre Geschmeidigkeit bewahrt haben und ihr Organismus keine merkliche Veränderung durchgemacht hat. Die bei der Pseudonymphe ein Jahr ausgeschaltete Reizbarkeit ist also nur für einen Moment erwacht, um gleich wieder zu erstarren. Diese Erstarrung kann sich nur beim Übergang ins Nymphenstadium teilweise lösen, setzt aber sofort wieder ein und währt bis zum Endstadium.

Auch wenn man Larven der dritten Form oder in der Schale eingeschlossene Nymphen mit Hilfe von Glasröhren umgedreht hält, sieht man sie nie, solange der Versuch auch dauert, wieder ihre richtige Stellung einnehmen. Das schafft, mangels angemessener Geschmeidigkeit, nicht einmal das einige Zeit in seiner Schale eingeschlossene erwachsene Insekt. Die völlige Bewegungslosigkeit der einige Tage alten Dritten Larve und auch der Nymphe, verbunden mit dem in der Schale zur Verfügung stehenden geringen Raum, müsste jeden, der ihre ersten Lebensmomente nicht mit angesehen hat, vermuten lassen, sie könne sich unmöglich umdrehen.

Und jetzt seht, zu welch seltsamen Folgerungen es führt, wenn man die Dinge nicht zum gewünschten Zeitpunkt zu beobachten vermag. Man sammelt Pseudonymphen und setzt sie in allen möglichen Stellungen in eine Flasche. Die günstige Jahreszeit kommt; und mit berechtigtem Staunen stellt man fest, dass sich in vielen Schalen die Larve oder Nymphe umgedreht hat, das heißt mit dem Kopf zum hinteren Ende der Schale liegt. Vergeblich sucht man bei diesen verdrehten Körpern Anzeichen von Bewegung; vergeblich bringt man die Schalen in alle denkbaren Lagen, um zu sehen, ob sich das Tier wieder umdreht; und vergeblich fragt man sich, wo der dazu nötige Platz ist. Die Täuschung ist vollkommen: Auch ich erlag ihr, und zwei Jahre lang erging ich mich in Vermutungen, um dieses

Missverhältnis zwischen der Schale und ihrem Inhalt zu ergründen und um mir etwas zu erklären, das, da der richtige Moment vorbei war, man sich nicht mehr erklären konnte.

In der Natur, in den Zellen der Pelzbiene, zeigt sich diese anscheinende Anomalie nie, weil die Zweite Larve bei ihrer Wandlung zur Pseudonymphe den Kopf stets oben hält, indem sie der mehr oder weniger senkrechten Zellenachse folgt. Doch wenn man die Pseudonymphen durcheinander in eine Schachtel oder Flasche wirft, dann werden all die Umgedrehten auch umgedrehte Larven und Nymphen enthalten.

Nach vier so tiefgehenden Umwandlungen wie den beschriebenen darf man vernünftigerweise einige Modifikationen im inneren Körperaufbau erwarten. Doch nichts hat sich geändert: Das Nervensystem der Dritten Larve ist das gleiche wie bei den vorhergehenden Stadien; die Fortpflanzungsorgane sind nicht zu sehen; und einen Verdauungsapparat, der bis zum fertigen Insekt unverändert bleibt, braucht man nicht zu erwähnen.

Die Dritte Larve lebt vier bis fünf Wochen und etwa ebenso lange auch die Zweite Larve. Im Juli, wenn die Zweite Larve zur Pseudonymphe wird, tritt die Dritte Larve, noch immer in der doppelten Schlauchhülle, ins Nymphenstadium ein. Ihre Haut reißt vorne auf dem Rücken und wird durch leichte Kontraktionen, die dabei wieder auftreten, als kleines Knäuel nach hinten abgestoßen. Nichts unterscheidet sich hier von dem, was bei den übrigen Käfern vor sich geht. Die auf die Dritte Larve folgende Nymphe hat auch keine Besonderheit: Sie ist das fertige Insekt im Wickelbund, gelblich, mit ein paar kristallklaren äußeren Organen unter dem Hinterleib. Es vergehen einige Wochen, während derer die Nymphe teilweise die Livrée des Erwachsenenstadiums anlegt, und nach etwa einem Monat häutet sich das Tier zum letzten Mal in der üblichen Weise, um seine endgültige Gestalt zu erlangen. Die Deckflügel sind dann durchgängig gelblich, desgleichen die Flügel, der Hinterleib und ein großer Teil der Beine; fast alles andere ist glänzend schwarz. Binnen vierundzwanzig Stunden nehmen die Deckflügel ihre halb falbe, halb schwarze Färbung an; die Flügel werden dunkler, die Beine ganz schwarz. Damit ist der ausgewachsene Organismus vollendet. Der Sitaris bleibt aber noch etwa einen halben Monat in der heilen Schale, wobei er in Abständen weiße Harnsäureköttel ausstößt, die er mit den Fetzen seiner zwei letzten Hüllen – von der Dritten Larve und von der Nymphe – nach hinten schiebt. Mitte August zerreißt er dann den ihn umhüllenden doppelten Sack, durchbohrt den Deckel der Pelzbienenzelle, durchquert einen Gang und erscheint draußen, auf der Suche nach dem anderen Geschlecht.

Ich habe berichtet, wie ich bei meinen Sitaris-Grabungen zwei Zellen des Meloë cicatricosus fand. In einer war ein Pelzbienenei und darauf eine gelbe Laus, die Primärlarve des Meloë. Die Geschichte dieses Tierchens ist uns bekannt. Die zweite Zelle ist ebenfalls voll Honig. Auf der klebrigen Flüssigkeit schwimmt eine ca. 4 mm lange weiße Larve, die ganz anders als die übrigen kleinen weißen Larven des Sitaris aussieht. Die raschen Schwankungen ihres Hinterleibs zeigen, dass sie den von der Pelzbiene gesammelten duftenden Nektar gierig schlürft. Diese Larve ist der junge Meloë in seiner zweiten Entwicklungsperiode.

Ich konnte diese zwei kostbaren Zellen nicht aufbewahren, die ich weit geöffnet hatte, um ihren Inhalt zu untersuchen. Bei meiner Ankunft in Carpentras war der Honig durch das Rütteln des Fuhrwerks ausgelaufen und die Bewohner tot. Am 25. Juni verschaffte mir eine neuerliche Visite bei den Pelzbienennestern zwei ähnliche Larven, die aber viel dicker waren. Die eine ist sofort mit ihrem Honigvorrat fertig, die andere hat fast noch die Hälfte. Die erste wird mit tausend Vorsichtsmaßnahmen in Sicherheit gebracht, die zweite sofort in Alkohol versenkt.

Diese Larven sind blind, weich, fleischig, gelblich und mit einem feinen, nur mit der Lupe erkennbaren Flaum bedeckt und krumm wie ein Angelhaken, exakt wie die Larven der Blatthornkäfer, die ihnen in der allgemeinen Form ähneln. Die Segmente einschließlich des Kopfes sind dreizehn an der Zahl, neun haben Atemöffnungen mit einem blassen ovalen Rand. Es sind dies das mittlere Brustsegment und die ersten acht Hinterleibssegmente. Wie bei den Sitarislarven ist das letzte Paar der Atemlöcher, das des achten Hinterleibssegments, weniger entwickelt als die übrigen.

Kopf hornig, hell braun. Epistom[34] braun eingefasst. Vorspringende Oberlippe, weiß, trapezförmig. Kieferzangen schwarz, kräftig, kurz, stumpf, kaum gebogen, scharf und jeweils mit einem breiten Zahn an der Innenseite. Kiefer- und Lippentaster braun, in Form sehr kleiner Knospen aus zwei oder drei Gliedern. Fühler braun, gleich an der Basis der Kieferzangen eingefügt, mit drei Gliedern: Das erste dick, rundlich; die zwei anderen zylindrisch und von viel kleinerem Durchmesser. Beine kurz, aber recht kräftig, zum Kriechen oder Eingraben geeignet; am Ende ein kräftiger schwarzer Nagel. Länge der vollentwickelten Larve 25 mm.

Soweit beim Sezieren des Tieres zu erkennen, dessen Eingeweide durch zu langes Liegen im Alkohol verändert waren, besteht das Nervensystem aus elf Nervenknoten, die Nervenknoten-Halskette an der Speiseröhre nicht gerechnet; und der Verdauungsapparat unterscheidet sich nicht merklich von dem des erwachsenen Meloë.

Die dickere der beiden Larven, die ich am 25. Juni samt Proviant in eine Glasröhre gesteckt hatte, erschien in der ersten Juliwoche in einer neuen Gestalt. Auf der vorderen Rückenhälfte war die Haut aufgeschlitzt; und nachdem sie halb zurückgeschoben war, gab sie teilweise eine Pseudonymphe frei, die der des Sitaris sehr ähnlich war. Newport sah die Meloëlarve nie in ihrer zweiten Form, die ihr eigen ist, wenn sie den von der Biene angehäuften Honigbrei frisst; aber er sah die Hülle, welche die Pseudonymphe halb bedeckt. Aufgrund der von ihm an dieser Hülle beobachteten kräftigen Kieferzangen und den mit einem Nagel bewehrten Beinen vermutet er, dass die Larve, die graben kann, nicht in ein und derselben Pelzbienenzelle bleibt, sondern auf der Suche nach weiterer Nahrung von einer Zelle zur anderen geht. Diese Annahme erscheint mir wohlbegründet; denn der Umfang, den sie erreicht, überschreitet das Maß, das die nur mittelgroße Honigmenge in einer einzigen Zelle vermuten ließe.

Kommen wir wieder zur Pseudonymphe. Sie ist wie beim Sitaris ein träger bernsteinfarbener Körper von horniger Konsistenz, der aus dreizehn Segmenten einschließlich des Kopfes besteht. Sie ist 20 mm lang, ganz leicht gebogen, die Oberseite ist stark gewölbt, die Unterseite fast flach und von einer hervorstehenden Wulst umgeben, die beide Seiten trennt. Der Kopf ist lediglich eine Art Maske mit ein paar grob modellierten Ausformungen, die den künftigen Teilen des Kopfes entsprechen. Auf den Brustsegmenten sind drei Paar Wärzchen, die den Beinen der vorhergehenden Larve und des künftigen Tieres entsprechen. Schließlich neun Paar Atemlöcher; eines auf dem mittleren Brustsegment, die acht folgenden Paare auf den ersten acht Hinterleibssegmenten. Das letzte Paar ist etwas kleiner als die übrigen, eine Besonderheit, die wir von der Larve kennen, welche der Pseudonymphe vorausgeht.

Vergleicht man die Pseudonymphen von Meloë und Sitaris, bemerkt man zwischen beiden eine höchst erstaunliche Ähnlichkeit. Es ist, bis ins kleinste Detail, derselbe Aufbau: dieselben Kopfmasken, dieselben Wärzchen an der Stelle der Beine, dieselbe Anordnung und Anzahl der Atemlöcher und auch dieselbe Färbung, dieselbe Steifheit der Körperhüllen. Die einzigen Unterschiede bestehen im allgemeinen Aussehen, welches bei den zwei Pseudonymphen nicht dasselbe ist, und in ihrer Umhüllung, der Haut der vorhergehenden Larve. Bei den Sitaris besteht diese Haut aus einem geschlossenen Sack, einem Schlauch, der alle Teile der Pseudonymphe umhüllt; bei den Meloë ist die Haut auf dem Rücken aufgeschlitzt und zurückgeschoben und bedeckt daher nur die Hälfte der Pseudonymphe.

Die Autopsie meiner einzigen Pseudonymphe bewies mir, dass es, wie bei den Sitaris, keine Veränderungen an den inneren Organen gibt, trotz der tiefgehenden äußerlichen Wandlungen. Zwischen den unzähligen Fettsäckchen vergraben findet sich ein Schnürchen, an dem man leicht die wesentlichen Merkmale des Verdauungskanals erkennt, sowohl bei der vorhergehenden Larve als auch beim fertigen Insekt. Das Hinterleibsmark wird wie bei der Larve aus acht Nervenknoten gebildet. Beim fertigen Insekt besteht es nur aus vier.

Ich vermag nicht mit Bestimmtheit zu sagen, wie lange die Ölkäfer in der Gestalt der Pseudonymphe bleiben; doch betrachtet man die so ganz ähnliche Entwicklung von Ölkäfern und Sitaris, dann ist anzunehmen, dass einige Pseudonymphen ihre Umwandlung im selben Jahr vollenden, während andere, die meisten, ein Jahr lang im Stillstand sind und das Stadium des fertigen Insekts erst im folgenden Frühling erreichen. Das meint auch Newport.

Sei es, wie es sei, Ende August fand ich eine Pseudonymphe, die schon im Stadium der Nymphe war. Mit Hilfe dieses kostbaren Fangs kann ich die Entwicklungsgeschichte der Ölkäfer abschließen. Die hornigen Hüllen der Pseudonymphe sind entlang eines Risses aufgeschlitzt, der die ganze Bauchseite umfasst, den ganzen Kopf und bis zum Rücken des Brustteils hinaufgeht. Diese aufgrund ihrer Steife nicht verformte Hülle wird zur Hälfte benutzt, wie bei der Pseudonymphe in der von der Zweiten Larve hinterlassenen Haut. Durch diesen Riss, der die Hülle fast in der Mitte teilt, schlüpft eine Meloë-Nymphe halb heraus, so dass es aussieht, als sei der Pseudonymphe sofort eine Nymphe gefolgt; dies findet bei den Sitaris nicht statt, die lediglich vom ersten Stadium ins zweite übergehen, wobei sie eine Zwischenform annehmen, die der den Honigvorrat fressenden Larve nachgebildet ist.

Aber der Schein trügt; denn nimmt man die Nymphe aus ihrem aufgeplatzten Etui, das von den Hüllen der Pseudonymphe gebildet wird, findet man darin eine dritte Hülle, die letzte, die das Tier abgeworfen hat. Sie hängt sogar noch mit einigen Tracheenfäden an der Nymphe. Wenn man sie in Wasser einweicht, erkennt man, dass ihr Aufbau fast mit dem der Larve übereinstimmt, die der Pseudonymphe vorausgegangen ist. Nur dass ihre Kieferzangen und Beine nicht so robust sind. So nehmen die Ölkäfer, nachdem sie ins Stadium der Pseudonymphe eingetreten sind, für einige Zeit wieder die vorhergehende, kaum veränderte Gestalt an.

Die Nymphe kommt danach. Sie hat keine Besonderheit. Die einzige von mir aufgezogene Nymphe erreicht Ende September das Stadium des fertigen Insekts. Wäre der Ölkäfer unter gewöhnlichen Umständen zu dieser Zeit aus seiner Zelle gekommen? Ich meine nicht, da Paarung und Eiablage erst zu Beginn des Frühjahrs erfolgen. Er wäre im Herbst und Winter sicher im Domizil der Pelzbiene geblieben und hätte es erst im Frühjahr verlassen. Es ist sogar wahrscheinlich, dass die Entwicklung im Allgemeinen langsamer geht, dass Ölkäfer wie die Sitaris die schlechte Jahreszeit in dem der Winterstarre so gut angepassten Stadium der Pseudonymphe verbringen und ihre zahlreichen Wandlungen erst in der schönen Jahreszeit vollenden.

Sitaris und Meloë gehören beide zur Familie der Meloidae (Ölkäferartige). Ihre seltsamen Umwandlungen erstrecken sich wahrscheinlich auf die gesamte Gruppe; und ich hatte das Glück, dafür ein drittes Beispiel zu finden, das ich nach fünfundzwanzig Jahren Forschung noch nicht in allen Einzelheiten zu studieren vermochte. Sechs Mal in dieser Zeit, nicht öfter, erblickte ich die Pseudonymphe, die ich beschreiben will. Drei Mal bekam ich sie aus alten auf einem Stein gebauten Mörtelbienennestern, die ich damals der Chalicodoma muraria zuschrieb und jetzt mit größerer Wahrscheinlichkeit der Schuppen-Mörtelbiene zuschreibe. Einmal zog ich sie aus Gängen, die eine holzfressende Larve in den toten Stamm einer Wildbirne gebohrt hatte; später dienten diese Gänge einer Osmienart, ich weiß nicht welcher, als Zellen. Ein Paar fand ich zwischen den Kokons der Osmia tridentata Duf., in den ausgehöhlten Gängen vertrockneter Brombeerranken. Es handelt sich also um einen Parasiten von Mauerbienen. Als ich sie aus den alten Mörtelbienennestern zog, durfte ich sie nicht auf diesen Hautflügler beziehen, sondern nur auf eine der Mauerbienen (Osmia tricornis und Osmia Latreillii), die für ihre Nester alte Pelzbienengänge benutzen.

Die fast perfekten Beispiele lieferten mir diese Daten: Die Pseudonymphe ist von der Haut der Zweiten Larve eng umschlossen, die aus einem zarten durchsichtigen Häutchen ohne Riss besteht; das ist der Schlauch der Sitaris, abgesehen davon, dass er dem eingeschlossenen Körper eng anliegt. An diesem Häutchen erkennt man drei Paar zu kurzen Spuren, zu Stummeln verkümmerte Beine. Der Kopf ist, wo er hingehört, und zeigt sehr deutlich die feinen Kieferzangen und andere Mundteile. Von Augen keine Spur. Auf jeder Flanke ist eine weiße Schnur vertrockneter Tracheen, die von einer Atemöffnung zur anderen geht.

Dann kommt die Pseudonymphe: Sie ist hornig, rot wie die Beeren des Christusdorns, zylindrisch, an den Enden kegelförmig, der Rücken ist leicht konvex, die Bauchseite konkav. Sie ist voller feiner vorspringender Pünktchen, sternförmig, dicht beieinander liegend; um sie zu sehen, braucht man eine Lupe. Länge 1 cm, Breite 4 mm. Man erkennt einen dicken knospenartigen Kopf mit sich schwach abzeichnendem Mund, drei Paar bräunliche, schwach glänzende kleine Punkte, kaum erkennbare Spuren von Beinen, an jeder Flanke eine Reihe von acht schwarzen Punkten, die Atemlöcher. Der erste Punkt steht vorne für sich; die sieben anderen, durch einen leeren Zwischenraum vom ersten getrennten, bilden eine fortlaufende Reihe. Am entgegengesetzten Ende schließlich ist ein Grübchen, Anzeichen der Analpore.

Von sechs Pseudonymphen, die ein glücklicher Zufall mir zur Verfügung stellte, waren vier tot; die zwei übrigen haben mir den Zonitis mutica geliefert. Das rechtfertigte meine Vermutung, aufgrund derer ich mit Hilfe der Analogie diese merkwürdigen Organismen sofort der Gattung Zonitis zuordnete. Der ölkäferartige Parasit der Mauerbienen ist also bekannt. Jetzt müssen wir noch die Erste Larve kennenlernen, die sich von der Mauerbiene in die mit Honig gefüllte Zelle tragen lässt, sowie die Dritte Larve, die zu einem bestimmten Zeitpunkt in der Pseudonymphe eingeschlossen sein muss und der die Nymphe folgt.

Fassen wir die skizzierten seltsamen Verwandlungen zusammen: Jede Käferlarve durchläuft vorm Nymphenstadium mehr oder weniger große Häutungen; aber diese Häutungen, die der Entwicklung der Larve förderlich sind, da sie diese von einer zu eng gewordenen Umhüllung befreien, verändern nicht ihre Form. Sie hat nach allen Häutungen, die sie durchlaufen kann, noch immer dieselben Merkmale. Wenn sie anfangs lederartig war, wird sie nicht weich; wenn sie Beine hatte, behält sie diese; wenn sie Punktaugen besitzt, wird sie nicht blind.

Freilich haben diese unveränderlichen Larven immer dieselbe Ernährung und auch dieselben Lebensbedingungen.

Nehmen wir an, ihre Ernährung ändert sich, die Umwelt, in der zu leben ihnen aufgetragen ist, und auch die Umstände, die ihre Entwicklung begleiten, werden völlig anders, dann ist klar, dass die Häutung den Organismus der Larve an diese neuen Bedingungen anpassen kann, ja anpassen muss. Die Erste Sitarislarve lebt auf dem Körper der Pelzbiene. Ihre gefährlichen Reisen erfordern große Beweglichkeit, scharfe Augen, sehr feine Gleichgewichtsorgane; und tatsächlich ist sie schlank und hat Punktaugen, Beine und spezielle Organe, die einen Sturz verhindern. Sobald sie in der Zelle der Biene ist, muss sie das Ei darin zerstören; das wird von ihren scharfen, leicht gebogenen Kieferzangen erledigt. Von da an gibt es andere Nahrung: Wenn das Ei der Pelzbiene verzehrt ist, macht die Larve sich an den Honigbrei. Und auch ihre Umwelt ändert sich: Sie muss nicht mehr auf einem Haar der Anthophora seiltanzen, sondern auf einer klebrigen Flüssigkeit schwimmen; nicht mehr im Tageslicht leben, sondern in tiefste Dunkelheit getaucht. Ihre scharfen Kieferzangen müssen sich zu einem Löffel höhlen, um Honig zu schöpfen; Beine, Fühlborsten, Gleichgewichtsorgane müssen als nutzlos, ja als schädlich verschwinden, da sie Gefahr läuft, mit all diesen Organen am Honig festzukleben. Ihre schlanke Gestalt, ihre hornigen Körperhüllen, ihre Punktaugen sind nicht mehr nötig in einer dunklen Zelle, in der keine Bewegung möglich, kein rauer Kontakt zu befürchten ist; sie können daher ebenso gut völliger Blindheit, schlaffen Körperhüllen, plumpen und trägen Formen weichen. Dieser Gestaltwandel, der zeigt, was alles für das Larvenleben unerlässlich ist, vollzieht sich in einer einfachen Häutung.

Nicht so gut sieht man die Notwendigkeit der folgenden Wandlungen, die so unnormal sind, dass man in der Insektenklasse Ähnliches nicht kennt. Die Larve, die sich vom Honig ernährt hat, tarnt sich mit ihrer Hülle als Puppe, um zur vorherigen Form zurückzugehen, obwohl uns die Notwendigkeit dieser Umwandlung überhaupt nicht einleuchtet. Hier bin ich genötigt, Fakten aufzulisten und ihre Interpretation der Zukunft zu überlassen. Die Larven der Ölkäferartigen durchlaufen also vier Häutungen, bevor sie das Nymphenstadium erreichen; und nach jeder Häutung ändern sich ihre Merkmale grundlegend. Während all dieser äußerlichen Veränderungen bleibt der innere Organismus stets gleich, und erst wenn die Nymphe erscheint, konzentriert sich das Nervensystem und entwickeln sich die Fortpflanzungsorgane, genau wie bei den anderen Käfern.

Auf diese Weise fügen die Ölkäferartigen den gewöhnlichen Metamorphosen, bei denen der Käfer nacheinander das Stadium der Larve, der Nymphe und des fertigen Insekts durchläuft, weitere hinzu, die das Äußere der Larve mehrmals verändern, ohne sich auf die inneren Organen auszuwirken. Diese Entwicklungsweise, die aufgrund der mehrmaligen Gestaltwandel der Larve das Vorspiel zu den gewöhnlichen entomologischen Wandlungen ist, verdient gewiss einen besonderen Namen: Ich möchte dafür den Begriff Hypermetamorphose, Überwandlung, vorschlagen.

Fassen wir nun die auffälligsten Fakten dieser Studie kurz zusammen.

Sitaris, Meloë und Zonitis und offenbar weitere, womöglich alle Ölkäferartigen, sind in ihrem ersten Lebensalter Parasiten der Nektar sammelnden Hautflügler.

Bevor die Larve der Meloiden das Nymphenstadium erreicht, durchläuft sie vier Formen, die ich folgendermaßen nenne: Erste Larve, Zweite Larve, Pseudonymphe, Dritte Larve. Der Übergang von einer Form zur nächsten erfolgt durch eine einfache Häutung, ohne Veränderungen im Inneren.

Die erste Larve ist lederartig und setzt sich auf den Körper von Hautflüglern. Ihr Ziel ist, sich in eine Zelle voll Honig transportieren zu lassen. Dort angekommen, frisst sie das Ei des Hautflüglers, und ihre Aufgabe ist beendet.

Die Zweite Larve ist weich und unterscheidet sich äußerlich grundlegend von der Ersten Larve. Sie ernährt sich vom Honig in der eroberten Zelle.

Die Pseudonymphe ist ein jeglicher Bewegung beraubter Körper; sie ist von hornigen Häuten umhüllt, vergleichbar denen der Puppen und Nymphen. Auf diesen Häuten zeigen sich eine Kopfmaske ohne bewegliche und deutliche Partien, sechs Wärzchen als Anzeichen von Beinen und neun Paar Atemöffnungen. Bei den Sitaris steckt die Pseudonymphe in einer Art geschlossenem Schlauch und bei den Zonitis in einem eng anliegenden Sack, der die Haut der Zweiten Larve bildet. Bei den Meloë steckt sie bloß halb in der aufgeschlitzten Haut der Zweiten Larve.

Die Dritte Larve wiederholt nahezu die Merkmale der Zweiten Larve: Bei den Sitaris und sehr wahrscheinlich auch bei den Zonitis ist sie in ein doppeltes schlauchförmiges Etui eingeschlossen, das von der Haut der Zweiten Larve und der abgestoßenen Hülle der Pseudonymphe gebildet wird. Bei den Meloë steckt sie zur Hälfte in der aufgeschlitzten Haut der Pseudonymphe, da diese wiederum zur Hälfte in der Haut der Zweiten Larve eingeschlossen ist.

Von der Dritten Larve ab verlaufen die Metamorphosen wie gewöhnlich, das heißt: diese Larve wird zu einer Nymphe, und diese Nymphe wird zu einem fertigen Insekt.

Anhang

Rémy de Gourmont: Jean-Henri Fabre, der Insektenforscher

In Sérignan, unweit von Orange, kennen alle einen mageren und runzligen Alten, den man zu jeder Tageszeit an Straßen, in vertrockneten Weinbergen, an Tümpel, in Pinienwäldern oder auf den Spuren der Schafherden antreffen kann. Sie kennen ihn seit langem, sie lieben und bewundern ihn wegen seines hohen Alters und seiner Rüstigkeit vielleicht mehr als für seine wirklichen Verdienste. Es gab eine Zeit, da hielten sie ihn für einen Zauberer, und wenn sie sahen, wie er seine Taschen mit Erdklumpen füllte, wie er die Sträucher schüttelte, damit die Insekten herunterfallen, wie er stundenlang auf dem Boden liegend vor einem Loch lauerte, vor einem Grashalm oder einem Kuhfladen, verdächtigten sie ihn der Hexerei und hielten gebührenden Abstand. Die Klügsten, die sich vom Aberglauben freigemacht haben, dem selbst die Pfarrer nicht abgeneigt sind, denn der Teufel ist der Lehrmeister Gottes, zucken mit den Achseln und sagen: »Er ist ein harmloser Depp.« Der Zauberer aber war ein leutseliger Mann, der »harmlose Depp« ein Mann mit gesundem Menschenverstand. Man gewöhnte sich an ihn. Man zog vor ihm den Hut, man sprach das eine oder andere bäuerliche Wort mit ihm, über die Trockenheit, über die Ernten, über den Wind und über den Mond. Im Übrigen lebte er nicht allein. Er hatte eine Frau und geschäftige Kinder um sich, sein Haus war von einem schönen Garten umgeben und der Volksschullehrer behandelte ihn mit Respekt. Mit der Zeit änderte sich die Meinung. Man hatte erfahren, dass er in Paris einflussreiche Freunde und sogar Bewunderer hatte. Nun bewunderte man ihn auch, ohne wirklich zu wissen, weshalb. Heute weiß man, Jean-Henri Fabre ist eine Zierde der Region. Er ist auch eine Zierde Frankreichs.

Vor einiger Zeit fand ich in einem Antiquariat ein kleines Büchlein mit dem Titel »Souvenirs entomologiques«. Einige flüchtig durchgeblätterte Seiten reichten, um meine Neugierde zu wecken. Ich kannte die Geschichte der Insekten wie jeder halbwegs Gebildete und hatte niemals das Bedürfnis verspürt, mehr über sie zu erfahren. Das aber, was nun vor mir lag, verzauberte mich. Ich kaufte das Buch, ohne darüber nachzudenken, wie sehr es meine weitere geistige Entwicklung beeinflussen würde, ohne darüber nachzudenken, dass es mir die Vorstellung einer Philosophie geben würde, in der es nicht nur um den Menschen, sondern um ihn und seinen Platz im Reich der Tiere geht. Ich habe viele Lebens- und Studienpläne geschmiedet, aber ich habe nie einen eingehalten. Die Umstände leiten uns. Jede Philosophie verdankt sich der Gnade des Apfels, der fällt, oder des Buchs, das man aufschlägt. Die »Souvenirs« Fabres sind das einzige Werk, das die große Frage nach dem Instinkt zu untersuchen ermöglicht. Vom Wunder der Dinge haben wir, selbst wenn wir sie enthüllt glauben, nur eine Ahnung, doch selbst die Frage danach wird kaum je gestellt. Henri Bergson setzt den Instinkt und den Intellekt immer in einen Gegensatz zueinander. Ich dagegen glaube, dass der Instinkt nichts anderes ist als eine Art automatischer Intelligenz. Ein Mann in seinen späten Vierzigern, der sich selbst beobachtet, hat in sich Gewohnheiten entstehen sehen: diese sind Vorstufen eines sekundären Instinkts. Der Mensch besitzt wie alle Lebewesen primäre Instinkte. Bei den Insekten, so erzählt uns Fabre, kann man leicht zwischen primären und sekundären Instinkten unterscheiden. Die primären Instinkte sind notwendig zur Reproduktion der Art, die sekundären sind nichts weiter als vererbte Gewohnheiten. Die Larve des Rüsselkäfers auf der Teichschwertlilie findet man nirgends außer in dieser speziellen Art der Schwertlilie, obwohl besonders Fabre mit Experimenten nachgewiesen hat, dass diese Larve sehr gut auch auf anderen Schwertlilienarten der Region gedeiht. Man kann hier also nicht von blindem Instinkt sprechen, dem die Insekten folgen, um ihre Eier auf den Früchten der einzigen Pflanze abzulegen, auf der sie sich entwickeln können. Es ist schlicht eine vererbte Gewohnheit. Wer weiß, vielleicht erweist sich diese schlichte Gewohnheit als Urgrund aller Instinkte die keiner rein physiologischen Notwendigkeit folgen? Wir könnten dann nicht mehr von der Fatalität des Instinkts sprechen, denn Gewohnheiten sind ausschließlich Ergebnis des Zufalls oder einer bewussten Wahl. Der Instinkt wäre nichts weiter als der Geschmack oder das Vergnügen, aus dem sich das Tier aus Bequemlichkeit ein Gesetz gemacht hat. Die Vögel, denen Material für ihre Nester fehlt, behelfen sich mit zufällig aufgefundenem Material. Ihr Nestbauinstinkt ist alles andere als blind. Sie wissen, dass sie ein Nest bauen und warum sie es tun. Jeder Instinkt zeigt bei genauerer Betrachtung fast immer wenigstens Spuren von Intelligenz. Doch die Intelligenz tritt in den Handlungen der Tiere nur dort in Erscheinung, wo sie unerlässlich ist. Man kann dasselbe übrigens in gewissen Grenzen auch in den menschlichen Handlungen beobachten. Wir folgen unserer Routine, solange uns ihre Veränderung nicht unerlässlich erscheint. Weil ihnen Steine fehlten, haben die Babylonier ihre Häuser aus Ziegeln erbaut. Weil Holz selten und teuer zu werden beginnt, verwenden wir zum Bau unserer Häuser Eisenträger. Die intelligente Handlung des Hausbaus entwickelte sich beim Menschen zu einem echten Instinkt. Indem er die Wahl des Materials für sein Nest nach den Umständen anpasst, greift er in eine Instinkthandlung mit einem intelligenten Akt ein, voilà, das ist alles. Der Mensch ist genauso wenig frei wie der Vogel, auf den Nestbau zu verzichten. Die Menschen haben immer in Höhlen gewohnt und tun es noch heute. Vögel legen ihre Eier in die erste Ecke, die ihnen dazu geeignet erscheint (so machen es die meisten hühnerartigen Vögel), aber das Nest ist dem Vogel ebenso wie dem Menschen als eine der obersten Lebensbedingungen auferlegt.

Seine persönlichen Neigungen brachten Fabre dazu, den Instinkt als feste Größe und als unabdingbar für die Intelligenz anzusehen; einige seiner mit so großer Sorgfalt durchgeführten Beobachtungen legten weniger einförmige Interpretationen nahe, andere gaben ihm hingegen recht. Vieles gleicht einem Wunder; man sagt sogar, die Welt der Insekten, die Fabre uns enthüllt, sei eine wahre Wunderwelt. Die Grabwespe und die zur Familie der Wespen zählende Knotenwespe brauchen, um ihre Larven zu ernähren, lebendige Beute. Aber wie ist das zu bewerkstelligen? Man überlasse ein so agiles Tier wie einen Rüsselkäfer oder eine Grille zur freien Disposition des kleinen völlig unbewaffneten Geleges. Und nehme dazu Umstände, die das Problem schier unlösbar erscheinen lassen: Die Mutter wird nicht mehr da sein, wenn die Larve aus dem Ei kriecht, wenn sie beginnt, sich zu bewegen und Hunger zu haben. Und siehe da, die Methode, die von diesen Hautflüglern, den grausamen Brüdern der fleißigen Bienen, angewandt wird: Die Grabwespe greift den Rüsselkäfer an. Sie beherrscht die unglaubliche Kunst, den Bewegungsapparat ihres Opfers durch einen einzigen Stich zu lähmen, ohne es zu töten. Das auf diese Weise bewegungsunfähig gemachte Insekt dient nun als Nest für das Gelege, und sobald die kleine Grabwespe geschlüpft ist, kann sie den lebenden Rüsselkäfer, in dem sie soeben geboren wurde, verspeisen. Der Mechanismus dieser Geburt lässt einen schaudern, wenn man an die Qualen denkt, die der arme Rüsselkäfer erleiden muss. Aber lassen wir die Gefühligkeit. Kommen wir wie die Natur selbst direkt zur Sache, ohne uns um Freud oder Leid zu kümmern. Lassen wir individuelle Gefühle, die wissenschaftlich vernachlässigbar sind, beiseite und fragen wir uns, woher die Grabwespe, diese einfache Wespe, so gute Kenntnisse der Anatomie besitzt. Woher weiß sie, was erst seit den Arbeiten von Blanchard bekannt ist, dass nämlich die drei sich fast berührenden Brustganglien von einander abhängig sind, und woher weiß sie, dass ein Stich in dieses Nervenzentrum die Beine lähmt? Dass, wenn sie den Rüsselkäfer töten statt lähmen würde, ihre Brut verloren wäre? Es keine Grabwespen mehr gäbe? Es muss daher glücken. Und es glückt. Das ist also ein Instinktfaktum; ich gebe es zu, es ist schwer durch die Evolution des Instinkts zu erklären. Das Ausmaß dieses Wunders wird noch unglaublicher, wenn man sieht, wie die Sandwespe sich mit der Grille beschäftigt. Sie trifft ihre Beute mit drei Stichen, und zwar deshalb, weil die drei Beinpaare der Grille von drei unterschiedlichen motorischen Zentren gelenkt werden. Im ersten Fall könnte ein zweiter Stich den Tod bedeuten, also wird er nicht gesetzt. Im zweiten Fall hält die Sandwespe, ganz nach ihrer Wissenschaft, immer nach dem dritten

Stich inne. Ein anderer Hautflügler, die Ammophila, die Jagd auf die Raupen der Nachtfalter macht, scheint ganz genau zu wissen, dass man, um die Raupe bewegungsunfähig zu machen, nacheinander jedes ihrer Segmente durchstechen muss. Die auf diese Weise gelähmten Insekten sind so wenig tot, dass Fabre einige mit Zuckerwasser fast einen Monat lang am Leben erhalten konnte.

Ich befürchte, dass diese Beobachtungen, auf so kleinem Raum zusammengetragen, obskur wirken. Die, bei denen sie Neugierde wecken konnten, seien ermuntert, weitere Beobachtungen in den Schriften Fabres nachzulesen. Ich hätte dann mein Ziel einer öffentlichen Hommage an den größten Beobachter des Lebens der Insekten, den wir seit dem glorreichen Réaumur hatten, erreicht. Das ist die Vorstellung, die ich hatte und die ich von dem Einsiedler von Sérignan geben wollte.

(Aus: *la Dépêche de Toulouse*, unter dem Titel »L'ermite de Sérignan«, Freitag, den 22. November 1907, no 14.388, S. 1)

Rémy de Gourmont: Der Instinkt

Die Frage des Instinktes ist vielleicht die schwierigste, die es gibt. Flachköpfe sehen sie beantwortet, wenn sie dem Wort Instinkt das Wort Intelligenz gegenüberstellen. Doch damit hat man nicht mehr getan, als das Problem zu umreißen. Denn nicht allein, dass dadurch nichts erklärt ist; diese Gegenüberstellung widersetzt sich jeder Erklärung. Wenn Instinkt und Intelligenz nicht Phänomene gleicher Elemente sind, wenn sie sich nicht aufeinander zurückführen lassen, so ist das Problem unlöslich, und wir werden niemals enträtseln, was der Instinkt, noch was die Intelligenz ist.

Aus der genannten populären Gegenüberstellung hört man oft den naiven Hintergedanken heraus, die Tiere seien ganz Instinkt, der Mensch ganz Intelligenz. Dieser rein rhetorische Irrtum hat bisher die Lösung des Problems, oder vielmehr, da diese ja noch immer sehr fern liegt, die wissenschaftliche Auseinandersetzung verhindert. Sie erlaubt nur zwei Formeln: Entweder ist der Instinkt die Befruchtung der Intelligenz, oder die Intelligenz ist eine höhere Entwicklungsstufe des Instinkts. Wir müssen uns für eine Auffassung entscheiden und dürfen nicht vergessen, dass wir bei dieser Wahl, je nach den einzelnen Fällen, den Instinkt oder die Intelligenz zu Samenkorn oder Blüte der gleichen Pflanze machen, nämlich der Empfindsamkeit der Sinne.

Wir müssen zuerst feststellen, dass für die Äußerungen des Instinkts und der Intelligenz bei Mensch und Tier keinerlei ausschlaggebende Unterschiede in Betracht kommen. Das Leben aller Menschen und aller Tiere baut sich auf dem Instinkt auf, und andererseits gibt es zweifellos kein einziges Tier, das nicht imstande wäre, Zeichen der Freiwilligkeit zu äußern, das heißt der Intelligenz. Der Instinkt scheint das ursprünglichere Phänomen zu sein, weil bei allen Tieren, mit Ausnahme des Menschen, die Quantität und vor allem die Qualität der instinktiven Handlungen den Wert und die Zahl der intellektuellen weit übersteigt. Das stimmt zahlenmäßig genau, aber indem wir diese Hierarchie einräumen, verzichten wir damit, wenn wir mit ziemlichen Schwierigkeiten die menschliche und tierische Intelligenz mit ihren stärker oder schwächer wahrnehmbaren Lichtpunkten erklären, auf jeden weiteren Versuch, der einige Kenntnis über das Wesen des Instinkts geben könnte. Wenn die Biene ihre Waben rein mechanisch baut, wenn diese Handlung ebenso naturnotwendig ist wie das Verdampfen des erhitzten und das Kristallisieren des abgekühlten Wassers, so ist es fruchtlos, weiter zu forschen. Dann haben wir eine Tatsache vor uns, die eben als Tatsache besteht.

Betrachten wir dagegen die Intelligenz als das Ursprüngliche, so erweitert sich das Feld unserer Forschungen ins Unendliche, und statt eines völlig unlösbaren Problems eröffnen sich uns Hunderttausende und mehr, ebenso viele wie es Tiergattungen gibt, von denen keines einfach, aber auch keines absurd ist. Dieser Gesichtspunkt führt natürlich zu unerhörten Konsequenzen. Man muss dann die Materie einfach als eine allotrope Form der Intelligenz auffassen oder, wenn man will, die Intelligenz und die Materie als Äquivalente annehmen und einräumen, dass die Intelligenz nichts anderes als mit Sensibilität begabte Materie ist, bei welcher der Macht, sich extrem zu verändern, unüberwindliche Grenzen gesetzt sind in den Formen selbst, die sie bekleidet. Der Beweis dieser Einschränkungen ist der Instinkt. Sobald die Handlungen instinktiv geworden sind, sind sie unüberwindlich. Eine Art stellt eine Summe von Instinkten dar, deren Gewaltherrschaft eines Tages allen Bewegungsversuchen gegenüber taub bleibt. Die Entwicklung ist durch den Widerstand dessen, was ist, gegen das, was sein könnte, eingeschränkt. Kommt der Augenblick, da eine Gattung zur trägen Masse wird, die von der Intelligenz nicht mehr in Bewegung gehalten werden kann, so bleibt sie stehen, und das ist ihr Tod. Doch sie wird alsbald durch das Auftreten anderer Gattungen ersetzt, durch neu geschaffene Formen des unerschöpflichen Proteus.

Wir wollen hier dieser Theorie nichts hinzufügen als einige Tatsachen, die sie bekräftigen, und ein paar Einwürfe.

Die alte Unterscheidung zwischen Intelligenz und Instinkt könnte man, obwohl sie falsch und oberflächlich ist, auf die eben zusammengefassten Gesichtspunkte anwenden. Es würden dann diejenigen Handlungen, die mit der Erhaltung des gegenwärtigen Standes einer Gattung zusammenhängen, in das Gebiet des Instinkts einzugliedern sein, in das der Intelligenz jene Handlungen, die danach zielen, diesen Zustand zu verändern. Der Instinkt wäre als Sklaverei aufzufassen, als Unterwerfung unter die Gewohnheit. Die Intelligenz als die Freiheit, d.h. die freie Wahl. Die Handlungen, die freilich, da sie nun einmal sind, auch notwendig sind, werden durch eine Summe von Ursachen bestimmt, die den vom Instinkt regierten zeitlich voraus sind. Die Intelligenz wäre der Grundstock, der Vorrat, die Quelle, die nach langem Ankämpfen zwischen den Felsen hervorbricht. In allem, was die Intelligenz nahelegt, macht das Bewusstsein der Art eine Trennung. Das Nützliche verkörpert sich im Instinkt, indem es ihn verstärkt und vermannigfacht. Das Wertlose geht zugrunde, oder es treibt extravagante Blüten, wie beim Menschen, beim Talegallahuhn oder beim Gärtnervogel oder jener Elster, die ein Schmuckstück verführt, oder der Lerche, die von einem Spiegel angezogen wird! Man könnte also den Instinkt die Summe der nützlichen Gewohnheiten nennen, die Intelligenz die Summe der Luxusgewohnheiten! Aber was ist notwendig und was ist nutzlos? Wer vermöchte das Trillern eines Vogels oder das Lächeln einer Frau als etwas Nutzloses hinstellen? Von nützlich und nutzlos kann man erst sprechen, wenn es eine Finalität gäbe. Doch diese kann höchstens als ein Ziel der Zukunft gelten. Sie ist nur eine Tatsache, von deren Wesen wir noch nichts wissen.

Wenn es möglich wäre, die althergebrachten Ausdrücke zu verwenden, so dürften sie doch niemals zum Vorwand einer neuen grundlegenden Differenzierung zwischen Instinkt und Intelligenz werden. Man kann sich ihrer nur bedienen, um durch Gegenüberstellung zwei Zustände zu definieren, deren Äußerungen schätzbare Nuancen aufweisen.

Die große Abneigung gegen die völlige Identifizierung des Instinkts und der Intelligenz haben wir der spiritualistischen Philosophie zu verdanken, die uns langsam in Fleisch und Blut übergegangen ist und die den Satz aufstellte, dass der Instinkt gewissenlos und nur die Intelligenz im Besitz eines Gewissens sei. Allein die psychologische Analyse lässt es nicht zu, das Gewissen ernsthaft von der intellektuellen Tätigkeit abhängig zu machen. Ohne das Gewissen würde sich vielleicht im überlegensten Menschen alles ebenso abspielen wie unter seinen mütterlich wachsamen Augen. Nach dem kuriosen Vergleich von Ribot ist das Gewissen eine Lampe, die ein Ziffernblatt von rückwärts beleuchtet. Sie hat auf die Intelligenz ebensowenig Einfluss wie diese Nachtlampe auf den Gang der Uhr. Ob die Tiere an ein Gewissen gebunden sind, ist eine ziemlich schwierige und im letzten Grunde wertlose Frage, wenn man nicht mit Fouillée den Standpunkt teilt, dass der Schein dieser Lampe durch seine Licht- und Wärmestrahlung auf den Mechanismus der Maschine einwirkt. Übrigens ist das Gewissen eine Tatsache und kann also unmöglich ohne Wirkungen bleiben, auch wenn wir keinerlei Ursachen wahrnehmen. Jedenfalls müssen wir eines festhalten, dass nämlich, wenn selbst das Gewissen ein mögliches Reagens ist, die Intelligenz sich trotzdem ohne dasselbe betätigen kann. Auch der gewissenhafteste Mensch durchläuft noch Phasen einer gewissenlosen Intellektualität. Lange Reihen vernünftiger Handlungen können sich abspielen, ohne dass ihr Reflex sich widerspiegelt, ohne dass sich die Lampe unserer Uhr erhellt. So wenig das Nervensystem, wie es scheint, ohne Intelligenz und Aufnahmefähigkeit existieren könnte, so bestimmt ist das Gewissen ein nutzloses Anhängsel. Es ist denn auch nicht der Mühe wert, den alten Einwurf der Scholastiker gegen die Identifikation der Intelligenz und des Instinkts weiterhin zu betrachten.

Fragen wir uns, wie weit jener andere Einwand ernstzunehmen ist, dass der Mensch der Instinkte, die er ehedem besessen hat, verlustig gegangen ist.

Das Tier, das den schärfsten Instinkt besitzt, muss auch die schärfste Intelligenz besitzen oder besessen haben. Und umgekehrt setzt die intellektuelle Aktivität eine sehr komplizierte, instinktive Aktivität, sei es in der Gegenwart oder in der Zukunft, voraus. Wenn der Mensch keinen Instinkt besäße, würde er sich unbedingt einen erschaffen. Es gibt eine große Zahl verschiedener Instinkte, und jeder Tag bringt neue hervor. Beständig setzt sich ein Teil der Intelligenz in instinktive Handlungen um.

Betrachtet man nun die verschiedenen Arten des Instinkts bei den einzelnen Tiergattungen, so wird man schwerlich eine finden, die nicht auch beim Menschen existiert. Die bedeutendsten menschlichen Handlungen geschehen instinktiv. Und wenn der Instinkt den Menschen auch nicht dazu treibt, Paläste zu errichten, so ist doch er es, der ihn seine Hütte bauen heißt, oder zum wenigsten ein Nest in einer Höhle oder in einer Astgabel, genauso wie die Menschenaffen, viele Säugetiere und Vögel und die Mehrzahl der Insekten. Seine Nahrung hängt nur selten von seiner Laune ab. Sie muss bestimmte, unentbehrliche Elemente enthalten. Ein ganz gleicher Zwang leitet die Tiere und selbst auch die Pflanzen, deren Wurzeln nach dem erwünschten Saft in die Erde tauchen und deren Zweige sich auf der Suche nach Licht dem Himmel entgegenstrecken. Der Gesang, der Tanz, der Kampf und der Krieg sind alles menschliche Instinkte, die auch den Tieren nicht unbekannt sind. Einen anderen menschlichen Instinkt, die Freude an glänzenden Gegenständen, finden wir bei den Vögeln sehr häufig. Freilich haben die Vögel nichts aus diesem Instinkt zu machen gewusst, und der Mensch hat die köstlichsten Künste daraus gezeugt. Und die Liebe? Ich glaube, dass dieser erhabene Instinkt die geheiligte Grenze markiert, an der die Einwürfe verstummen.

Die nützlichen Handlungen können, wenn sie gewohnheitsmäßig wiederholt werden, zu echten, unwillkürlichen, instinktiven Bewegungen werden. Ein Jäger, der den Winter in einem einsam gelegenen Blockhaus in Kanada zubrachte, nahm eine Indianerin als Dienerin zu sich. Sie trifft des Abends bei ihm ein, lässt etwas Schnee zerlaufen, beginnt zu waschen und zu putzen, räumt das ganze Haus auf und lässt durch ihr Herumgepolter den Jäger nicht zum Schlafen kommen. Er verbietet ihr das, und sie bleibt eine Weile still. Sobald er aber eingeschlafen ist, nimmt sie ihre mechanische Arbeit von Neuem auf und gibt keine Ruhe, bis sie ihren Kopf durchgesetzt hat. Hier haben wir, genau wie bei den Insekten, einen Zwang, der, einmal begonnen, bis zu seinem Ende ablaufen muss. Auch das Insekt lässt sich durch nichts in seiner Arbeit stören. Wenn es durch einen äußeren Anlass unterbrochen wird, so nimmt es seine Arbeit nicht an irgendeinem Punkt wieder in Angriff, der sich ihm gerade bietet, sondern genau an der Stelle, an der es unterbrochen worden ist. Man entferne z.B. das halbfertige Nest einer Mörtelbiene. Die Biene kommt zurück, findet nichts mehr von ihrem Nest vor und beginnt, statt den Bau von Neuem anzufangen, denselben dort fortzusetzen, wo sie aufgehört hat. Das Nest war bis auf den Verschlussdeckel fertig, sie verschließt es also, oder sie klebt vielmehr die letzte Kelle Mörtel auf ein ideales Gewölbe, das gar nicht vorhanden ist. Dann entfernt sie sich ruhig, nachdem der Instinkt befriedigt ist, und stirbt in dem festen Bewusstsein, ihre Nachkommenschaft aufs Beste versorgt zu haben. Dasselbe Experiment kann man auch mit dem Spinnentöter und anderen Nestbauern anstellen. Die Prozessionsraupen haben die Sitte, auf der Suche nach ihrer Nahrung lange Wanderungen auf den Ästen ihrer Fichten zu unternehmen. Setzt man sie auf den Rand eines großen, flachen Beckens, so laufen sie stundenlang stumpfsinnig im Kreis herum, ohne dass jemals eine von ihnen auf den Gedanken kommt, in Richtung der Tangente weiterzukriechen. Sie sterben eher auf ihrer Marschroute, als dass sie dem Gesetze untreu werden. Sobald eine zu Boden fällt, schließen sich die Reihen wieder, und der Marsch nimmt seinen Fortgang. Hier sehen wir die Extreme des Instinktes und bemerken zu unserem Erstaunen, dass die Instinkte einer Indianerin von den großen Seen und die der Prozessionsraupe einander fast gleichen.

Doch wie viele Fälle, bei denen der Instinkt der Tiere sich mit der freien Intelligenz verbindet, geben Beispiele eines geradezu menschlichen Scharfsinnes. Wir haben gesehen, wie die Mauerbienen, die Holzbienen und die Hausbienen mit Freuden in einem vollständig fertigen Nest Wohnung nehmen, in der Höhlung eines Baumstammes, in künstlichen Waben, die zur Aufnahme des Honigs geeignet sind. Die, die ihre Eier in abgehauene Zweige legen, in denen sie eine Reihe kleiner Kammern bauen, haben sich bei J.-H. Fabre sehr leicht an Glasröhren gewöhnt, welch glücklicher Umstand dem großen Forscher erlaubte, in ihre Intimitäten einzudringen. Der Instinkt ist das eine Mal verständnislos wie eine Maschine, das andere Mal intelligent wie ein Gehirn. Diese beiden Extreme müssen mit sehr alten und sehr jungen Gewohnheiten in irgendeinem Zusammenhang stehen. Es ist unmöglich lange her, dass das Gartenmesser des Bauern den Mauerbienen die abgehauenen Zweige vorbereitet. Vorher bauten sie offenbar ihr Nest, wie auch jetzt noch mitunter, in leeren Schneckenhäusern oder in sonst einer natürlichen Höhlung. Die Lebensgewohnheiten der Mauerbienen, dieser emsigen, einzeln lebenden Bienen, sind äußerst seltsam. Man hat beobachtet, dass sie völlig überflüssige Nester bauen, wenn ihre Eierstöcke, nicht aber ihre Kräfte und ihr Fleiß erschöpft sind. Diese Nester füllen sie mit Honig und verschließen sie sorgsam, ohne auch nur ein einziges Ei hineinlegen zu können. Sie kleben die Nester oft auch ungefüllt zu, falls sie keine honigspendenen Blumen mehr finden, und zeigen so einen wahren Betätigungswahnsinn, ähnlich dem, der den Menschen treibt, mit Steinchen zu spielen, zu rauchen, zu trinken oder zu essen, nur um etwas zu tun zu haben . Wenn das Leben der Mauerbiene länger dauerte, so würde sie vielleicht irgendein Spiel erfinden, das, anfangs sinn- und zwecklos, sich wie eine Menge menschlicher Einfälle schließlich zu einem Bedürfnis, ja zu einer Wohltat für die ganze Rasse entwickelte.

Die Theorie, die den Instinkt als eine teilweise Kristallisation der Intelligenz auffasst, hat etwas sehr Verführerisches, und ich meine, dass sie auch richtig ist. Allerdings gibt es aufgrund der Beobachtung der Insektenwelt einen schwerwiegenden Einwand gegen sie. Fabre hat ihn auf zehn verschiedene Arten mit großem Scharfsinn in seinen prächtigen Forschungsberichten formuliert. Er sei hier wiedergegeben: Das Insekt kommt fast immer voll entwickelt und nach dem Tod seiner Eltern zur Welt. Es erhält von ihnen im Gegensatz zu den Vögeln und Säugetieren keinerlei Erziehung, weder direkt noch durch das Vorbild. Eine Henne unterrichtet ihre Küken im Aufpicken der Körner (freilich lehrt sie die von ihr ausgebrüteten Enten nicht das Schnattern und ist verzweifelt, wenn es sie hört, was ein höchst amüsantes Schauspiel abgibt). Eine Mauerbiene ist nicht imstande, ihre Jungen in irgendeiner Tätigkeit zu unterrichten, und doch werden diese die Lebensgewohnheiten ihrer Eltern üben. Das Insekt durchbricht seine Puppe, bürstet seine Fühler, putzt sich, entfaltet seine Flügel und fliegt ins Leben hinaus: Es wählt ohne Zaudern mit sicherem Griff die Nahrung, die es benötigt, erkennt und flieht die Feinde seiner Familie, gibt sich der Liebe hin und baut endlich ein Nest, das völlig der Wiege gleicht, aus der es hervorging. Wir sehen, dass sich die Fähigkeiten des Individuums auf seine Nachkommen vererbt haben, aber wie das geschehen ist, bleibt uns ein Geheimnis. Wie konnten sie in den Nerven und im Blut in so kurzer Zeit Wurzel schlagen? Ohne je einen Lehrmeister gehabt zu haben, paralysiert der Raupentöter mit drei unfehlbaren Hieben die Grille, die seinen Larven zur Nahrung dienen soll. Wo hat der Raupentöter dieses wahre Fechtkunststück erlernt? Man bedenke, dass, wenn die Stiche fehlgehen, wenn die Grille nicht bloß gelähmt, sondern getötet ist, die Larven an dem Leichengift zugrunde gehen und dass andererseits, wenn die Lähmung nicht anhält, das Opfer aus der Erstarrung erwacht und den im Ei schlummernden Raupentöter erwürgt. Das Manöver dieser Wespe und vieler anderer Mordwespen ist für uns auch deshalb so schwer zu diskutieren, weil es unter Todesqualen ausgeführt werden muss. Übrigens muss man zugeben, dass der Raupentöter sich wie alle Tiere von komplizierterem Organismus langsam ausgebildet hat, dass sein Talent die Summe langsam auskristallisierter Erfahrungen der Rasse ist. Die Treibfeder dieser Umwandlung der Intelligenz in Instinkt aber ist das Prinzip der Nützlichkeit. Nur diejenigen intellektuellen Handlungen werden zu instinktiven, die der Erhaltung der Rasse von Nutzen sind.

Die Geschicklichkeit dieser Hautflügler geht so weit, dass sie bis vor kurzem die der Menschen übertroffen hat. Das Insekt richtet sich gegen das Nervensystem. Es weiß, dass hier und nicht in den Gliedern der Sitz des Bewegungsprinzips liegt. Wenn das Nervensystem, wie z.B. bei den Rüsselkäfern, zentralisiert ist, so genügt den Feinden derselben, den Knotenwespen, ein einziger Dolchstoß. Geht jedoch die Bewegung des Beutetiers von drei Nervenknoten aus, so sind drei Stiche nötig. Sind neun Nervenknoten da, so weiß es, dass es neun Stiche auszuführen hat. Dieses Manöver führt z.B. die Sandwespe aus, um für ihre Larven die Raupe der Wintersaateule zu erbeuten. Wenn ein Dolchstoß in den Gehirnnervenknoten zu gefährlich scheint, umspinnt die Jägerin die Raupe langsam und zwingt sie so zum Stillhalten.

Eigentümlicherweise kennen die geselligen Hautflügler, die in so vielen schwierigen Dingen so erfahren sind, das schlaue Manöver dieser Dolchstiche nicht. Die Biene sticht blindlings und so plump zu, dass sie sich selbst dabei öfter schwer verletzt, während sie dem Feind eine sehr unbedeutende Verletzung beibringt. Die Massenzivilisation hat ihr individuelles Genie vermindert.

(Aus: *Physique de l'amour. Essai sur l'instinct sexuel.* Mercure de France, Paris 1903)

Christian Thanhäuser: Erster Schultag

Erster Schultag, zusammen mit einer Schar verunsicherter Kinder nach den Freuden des Sommers hineingedrängt in einen Raum mit ungewohnten Gerüchen; die Aufmerksamkeit gilt eher nicht der rauchigen Stimme der Lehrerin, sondern einer Hornisse, die sich, eingeengt wie die Schüler, zwischen den Fensterflügeln verfangen hat. Die Lehrerin war eine ganze Weile damit beschäftigt, das störende Tier wieder in die Freiheit zu entlassen. Viel mehr ist mir von dieser Stunde nicht in Erinnerung, ich bin aber bis heute davon beeindruckt, wie ein einzelnes verirrtes Tier einen prägenden Tag wie diesen bestimmen konnte.

In den Jahren der Kindheit, Fliegenschwärme über angeschwemmten Fischkadavern am Donauwellsand und besonders nach Hochwassern, die verzweifelten Versuche, der Gelsenplage Herr zu werden. In den Gewölben des alten Schiffsmeisterhaus die zahlreichen »Ohrnschliafer« verbunden mit der Vorstellung, wie es wäre, wenn einer davon mit seinen Zangen ins Ohr krabbeln würde. In schattigen Wasserwinkeln der dunklen Nebenflüsse die Kunst der Wasserschneider, wie sie leicht auf der Wasseroberfläche ihre Linien ziehen.

Wenn ich meine Skizzenbücher aus über dreißig Jahren durchblättere, fällt mir auf, dass Insekten eher zufällig und nebenbei aber immer wieder auftauchen wie eine alltägliche Stubenfliege am Wirtshaustisch beim Warten aufs bestellte Essen. Nach der Lektüre von Kafkas »Verwandlung« und Gotthelfs »Schwarzer Spinne« dann regelmäßiger bis hin zu Holzschnitten mit stark vergrößerten sezierten Insektenleibern.

Eine intensivere Beschäftigung mit der Insektenwelt begann anlässlich einer Parisreise im Jänner 1984 mit dem Besuch der Buchhandlung ›Shakespeare & Co‹ und der Entdeckung des »Illustrierten Forst=Wörterbuchs« aus den zwanziger Jahren (es steht bis heute griffbereit neben der »Anleitung zu wissenschaftlichen Beobachtungen auf Reisen« aus dem Jahre 1875). In diesem Forst=Wörterbuch wird ausführlich über den Borkenkäfer berichtet; die Abbildungen der Fraßbilder in den Baumrinden inspirierten mich zu einem Holzschnittzyklus und den Versuchen, befallene Rindenstücke auf dünnes Japanpapier zu drucken. Einige Jahre später fand ich im Antiquariat Henke in Passau erstmals Bücher von Jean-Henri Fabre. Mit diesen Funden wurde die Liebe zu wissenschaftlichen Büchern geweckt, welche nicht mehr auf dem neuesten Stand für Fachspezialisten und deshalb eher der Poesie wegen zu lesen sind.

Ich schreibe diese Zeilen an einem insektenreichen Junitag im stillen Waxenberger Schlosspark am Rande des Böhmerwaldes (sozusagen am Strand des »Böhmischen Meeres«, am Ufer der Urdonau) und versuche dort als Lockerungsübung für die Fabre-Illustrationen mit feinster Feder Insektenschwärme zu zeichnen. Es heißt, das geht nicht und doch: weit abseits großer Straßen, einen Tag vor sich, der wie eine Ewigkeit in die Nacht hineinragt, die unbeschwerte Hand das Schweben der Mückenflüge nachempfinden lassen. »Zeichnen«, nicht »abzeichnen«, eigene Luft- und Lichtkompositionen entstehen lassen, in diesem Fast-Nichts zwischen Punkt und Linie.

Mein Freund Friedrich Koch und ich überlegen bereits, wie wir einen 11. Insekten-Band gestalten könnten und nachdem wir beide mit so großer Freude mit Fabres Werk beschäftigt sind, dürften die angekündigten zehn Bände nicht reichen.

Seitdem ich mich mit Fabre beschäftige, taucht in Gesprächen immer wieder die Frage auf, was eigentlich Glück sei, welche die glücklichsten Stunden das Jahr über. Die Antwort ist meist dieselbe: abseits vom Alltagsgetriebe am Waldrand oder in einem Garten frei vom Lärm der Kleingartenneurotiker all das mit Gelassenheit beobachten, was sich um einen herum befindet und bewegt, sich Zeit nehmen für so eine Taugenichtszeit oder für eine Grundstimmung wie in Robert Walsers »Spaziergang« oder mit Adalbert Stifter für das Betreten einer sommerlichheißen Waldlichtung mit harzigen Düften und Geschwirr über Brombeerranken.

Abgesehen von täglichen Insektenbeobachtungen hier eine Reihe weiterer wichtiger Inspirationsquellen: die Zusammenarbeit mit den Entomologen des Naturkundemuseums Karlsruhe; die Tatsache, dass bis ins 19. Jahrhundert hinein zwar Bienen und Schmetterlinge als »gottgewollt« angesehen wurden, alles andere kreuchende Getier jedoch ein Zeug des Teufels war; Ilma Rakusas Venasque in der Heimat Fabres mit Blick zum Mont Ventoux; Daniel Spoerris Insektenfallen im toskanischen Seggiano; die Lektüre des Gesamtwerkes von Jean Paul – und er hat sie gekannt, diese bezaubernden »Insecten=Belustigungen« des zu Unrecht vergessenen Roesel von Rosenhof; Linnés »Lappländische Reise« in der Übersetzung von H.C. Artmann (und natürlich seine Dichtkunst); aus meiner Sammlung entomologischer Bücher bevorzugt englische aus dem 19. Jahrhundert, tschechische aus den fünfziger Jahren; zum Teil verwende ich als Vorlage die Illustrationen in der prächtigen französischen Fabre-Ausgabe (großer Dank an Christoph Neumann) – allerdings werden hier fast nur tote Tiere dargestellt, im Gegensatz zur Beschreibung des Lebendigen in Fabres Erzählungen; beim Zeichnen mit osmanischem Federhalter und tschechischen Stahlfedern aus den zwanziger Jahren Musik von Brigitta Muntendorf, Schostakovich, Schnittke ...

Einige Monate hat es gedauert, bis ich mich in die Vielfalt der Insektenwelt eingezeichnet hatte (so wie man mit täglichen Übungen das Spielen auf einem Musikinstrument erlernt), und wenn man dann einmal drin ist, will man auch nicht mehr so schnell wieder heraus aus dieser phantastischen Welt, die offen ist für neue Entdeckungen und Erfindungen.

In diesem zweiten Band kommt der Ölkäfer vor, Fabre findet ihn abscheulich und beschreibt ihn doch so unglaublich genau und liebevoll, vor allem jene Szene, wie die Ölkäferlarve die Eierschale der Pelzbiene als Überlebensboot am kleinen Honigsee verwendet und sich dann mehrmals verwandelt – solche Hypermetamorphosen werden wohl noch einige in den folgenden Bänden zu erwarten sein.

Ich verstehe meine Federzeichnungen nicht als wissenschaftlich genaue Illustrationen, sondern als zusätzliche Anregung zum eigenen Beobachten in der Natur.

Für die Leserinnen und Leser hat der Verlag einige freie Seiten für persönliche Skizzen und Notizen angefügt, es kann spannend sein, für eine Weile die Welt der Kunstkritiker und Kuratoren zu vergessen und die Entdeckung der näheren Umgebung mit dem Zeichenstift auszuprobieren.

Versuchen Sie es mit den Augen von Jean-Henri Fabre.

Ottensheim, Sommer 2010

Anmerkungen

1 [Zitat aus Horaz, Zweites Buch der Satiren, VI, wo es um ein solches Stück Land geht.]

2 [Logisch wäre der Tastsinn! Das Riechen kommt im folgenden Abschnitt.]

3 [Fledermausart]

4 [Namen von Hirten bei Vergil.]

5 L. Couty, Revue scientifique, 6 août 1881.

6 [Eine Grabwespenart ohne deutschen Namen; ruficornis bedeutet: Mit roten Fühlern.]

7 Unter diesem Namen vermenge ich drei Arten: Eumenes pomiformis Fab., E. bipunctis Sauss., E. dubius Sauss. In früheren Forschungen habe ich sie nicht unterschieden; das ist lange her, und ich kann nicht mehr sagen, welches Nest zu welcher Art gehört. Da das Verhalten aller drei gleich ist, beeinträchtigt diese Vermengung nicht die Darstellung in diesem Kapitel.

8 [Vitruvius, maßgeblicher römischer Architekt; Nimrod »ein gewaltiger Jäger vor dem Herrn« (1. Moses 10, Vers 8 und 9)]

9 [Arabisches Gefäß aus porösem Ton zur Wasser-Verdunstung.]

10 [Eine andere Gattung der Lehmwespen; einen deutschen Namen kenne ich nicht.]

11 [Auf französisch »werr werr«.]

12 [(Besser: Julus-Arten) Sie gehören zu den Diplopoden oder Doppelfüßern, einer Unterklasse der sogenannten Tausendfüßler.]

13 [cause-finalier]

14 Es ist so wenig bekannt, dass ich einen großen Fehler machte, als ich mich im ersten Band dieser Erinnerungen mit ihm beschäftigte. Unter meiner Bezeichnung Chalicodoma sicula (Sizilianische Mörtelbiene) sind eigentlich zwei Arten zusammengefasst. Eine nistet in unseren Anwesen, besonders unter den Ziegeln auf Schuppen, die andere auf Zweigen in Büschen. Die erste Art hat verschiedene Namen, in chronologischer Folge: Chalicodoma pyrenaica Lep. (Megachile), Ch. Pyrrhopeza Gerstacker, Ch. rufitarsis Giraud. Schade, dass der erste Name so missverständlich ist. Ich möchte ein Insekt, das in den Pyrenäen nicht annähernd so häufig wie im Flachland ist, nicht als pyrenäisch bezeichnen. Ich nenne sie Schuppen-Mörtelbiene. In einem Buch, dessen Leser die Klarheit über die Forderungen der systematischen Entomologie stellen, ist nichts gegen diesen Namen einzuwenden. Die auf den Zweigen nistende zweite Art ist die Chalicodoma rufescens J. Pérez. Aus den erwähnten Gründen nenne ich sie Busch-Mörtelbiene. Diese Korrekturen verdanke ich Prof. J. Pérez in Bordeaux, einem hervorragenden Kenner der Hautflügler.

15 [Singvogelgattung, meist tropisch, baut oft riesige Gemeinschaftsnester; Ploceïden.]

16 [Zweirädriger Einspänner]

17 Lobredner der Vergangenheit.

18 [Eine Entwicklungslehre, erschienen 1794.]

19 Wie gerne würde ich einige etwas eilige Zeilen löschen, die ich mir im ersten Band dieser Erinnerungen erlaubte; aber scripta manent (»Geschriebenes bleibt«), und ich kann hier nur in einer Anmerkung den Irrtum korrigieren, dem ich erlegen war. Im Vertrauen auf Lacordaire, der in seiner »Einführung in die Entomologie« von der Beobachtung Erasmus Darwins berichtet, glaubte ich, dass eine Grabwespe die Heldin der Geschichte sei. Wie konnte es auch anders sein, hatte ich doch nicht den Originaltext vor Augen? Konnte ich annehmen, dass ein so verdienstvoller Entomologe den Fehler machte, eine Wespe mit einer Grabwespe zu verwechseln? Angesichts solcher Angaben war ich ratlos. Eine Grabwespe, die eine Fliege fängt, das war unmöglich, und entsprechend rügte ich den Historiker. Aber was hatte der englische Gelehrte gesehen?! Mich der Logik bedienend, behauptete ich, es sei eine Wespe gewesen, und ich hätte es nicht genauer treffen können. Tatsächlich teilte Charles Darwin mir später mit, sein Großvater habe in seinem Buch Zoonomia »eine Wespe« geschrieben. Wenngleich die Berichtigung meinem Scharfsinn Ehre machte, war sie mir höchst peinlich; denn ich hatte Vermutungen, den Scharfblick des Beobachters betreffend, geäußert, ungerechte Vermutungen, zu denen mich die Ungenauigkeit des Übersetzers verleitet hatte. Möge diese Anmerkung meine in missbrauchter Gutgläubigkeit gemachten Behauptungen in die Grenzen der Schicklichkeit zurückführen! Ich führe kuhn Krieg gegen Ideen, die ich für falsch halte; aber Gott bewahre, dass ich diejenigen bekämpfe, die sie verfechten.

20 [Die Übersetzung dieses nicht einwandfreien Lateins lautet: »Wenn unsere Bauern Taranteln fangen wollen, nähern sie sich ihren Schlupfwinkeln und lassen durch einen dünnen Haferhalm einen dem Summen der Bienen nicht unähnlichen Pfeifton an- und abschwellen. Wenn die wilde Tarantel dies hört, kommt sie heraus, um Fliegen oder ähnliche Insekten zu fangen, für deren Summen sie (den Ton) hält; wird aber nun selbst von dem Bauern, der sie überlistet, gefangen.«]

21 [Die Haupt- oder Facettenaugen, im Gegensatz zu den einfach gebauten Punktaugen.]

22 [Reblaus]

23 [bäuerlicher Überlister]

24 [eine Goldregen-Art]

25 [1 ligne = 2 mm]

26 [Fabre war auch Mathematiker. Er hat mehrere Bücher mit Beispielsammlungen für den Unterricht an Grund- und höheren Schulen verfasst.]

27 [Pelzbienenölkäfer]

28 [»Suchend, wen er verschlinge.« Zitat aus der lateinischen Bibelübersetzung von 1. Petrusbrief, 5. Kapitel, Vers 8, das in Lutherscher Verdeutschung heißt: »Wachet, denn euer Widersacher, der Teufel, geht umher wie ein brüllender Löwe und sucht, welchen er verschlinge.«]

29 [Das französische Wort dafür, amphitryon, spielt an auf den gleichnamigen König der griechischen Sage, der den Zeus bei sich aufnimmt und von diesem schamlos betrogen wird, da jener die Frau Amphitryons verführt.]

30 [Donnerstags war schulfrei, für Fabre also der nächste mögliche Tag.]

31 [»Mein lieber Freund, haben Sie die Bienen verhext, dass sie Sie nicht stechen, um Himmels Willen?«]

32 [Mörtelbiene und Pelzbiene sind nahe verwandt. Fabre unterscheidet hier nicht.]

33 [»Die hohe Nährmutter, die alles hervorbringt.«]

34 [Gesichtsteil zwischen Stirn und Oberlippe.]

Die Übersetzung folgt der ersten Ausgabe
Jean-Henri Fabre, Souvenirs entomologiques: études sur l'instinct et les mœurs des insectes, [2ème série], Paris: Librairie Ch. Delagrave, 1879.

Christian Thanhäuser dankt den Entomologen des Staatlichen Museums für Naturkunde Karlsruhe. Die Arbeit wurde durch das Margret Bilger-Stipendium für Bildende Kunst des Landes Oberösterreich ermöglicht.

Zweite Auflage Berlin 2013.

MSB Matthes & Seitz Berlin Verlagsgesellschaft mbH,
Göhrener Straße 7, 10437 Berlin.
info@matthes-seitz-berlin.de
www.matthes-seitz-berlin.de

Druck & Bindung: GGP Media GmbH, Pößneck.

ISBN 978-3-88221-672-1